Power semiconductor
功率半導體
元件與封裝解析

從傳統TO封裝到異質多晶片模組，
解析驅動、保護、散熱等全方位功率封裝設計核心

朱正宇，王可，蔡志匡，肖廣源 編著

深入功率模組、智慧封裝與散熱技術，
掌握SiC、GaN等第三代半導體
的應用全景與產業動態

目 錄

- 序 　　005
- 前言 　　007
- 致謝 　　011
- 第 1 章
  功率半導體封裝的基礎與分類概述 　　013
- 第 2 章
  功率半導體元件的封裝特性與應用考量 　　025
- 第 3 章
  功率封裝的典型製程與工藝解析 　　041
- 第 4 章
  功率元件的測試方法與常見不良解析 　　173
- 第 5 章
  功率元件封裝的設計原則與策略 　　223

目錄

第 6 章
功率封裝的模擬分析與技術應用   253

第 7 章
功率模組封裝技術與系統整合   269

第 8 章
車用規格半導體封裝的特點與技術要求   293

第 9 章
第三代寬能隙功率半導體的封裝挑戰與對策   323

第 10 章
特種封裝與航太級封裝技術   339

附錄
半導體術語中英文對照表   371

序

　　功率半導體元件是進行電能（功率）處理的半導體元件，是電力電子裝備與節能減碳的核心基礎元件，在目前全球「低碳經濟」中發揮越來越重要的作用。隨著 1970 年代中後期，將積體電路製程引入功率半導體元件製造中，以功率 MOS 電子元件為代表的場效型功率半導體元件逐漸成為主流，基於 BCD 多模製程整合的功率積體電路市場不斷擴大，功率半導體元件向高頻、低功耗、高功率密度、更多功能整合和高 CP 值方向發展。近幾年，以碳化矽、氮化鎵為代表的寬能隙（帶隙）功率半導體元件的快速崛起，更進一步推動了功率半導體元件的發展。在市場的推動下，功率半導體元件正朝向以持續推進元件結構、製造工藝和功能整合等領域創新的「More Devices」以及以系統牽引、先進封裝和新型拓撲架構等多學科交叉的「More than Devices」兩個面向融合發展。在此大背景下，功率半導體封裝已不再局限於傳統的電連接和支撐保護功能，其在功率半導體元件電效能和可靠性中，發揮著越來越重要的作用。銀燒結、銅線接合等新材料和新製程不斷地被引入到功率半導體封裝中，雙面冷卻封裝、薄片壓接式封裝、多片式整合功率模組，乃至異質多晶片功率模組等新型封裝技術不斷出現。雖然功率半導體封裝發展迅速，但介紹功率半導體封裝的書籍卻異常缺乏。感謝朱正宇先生等幾位同仁，感謝他們以自身多年的功率半導體封裝經驗為基礎，撰寫了這本關於功率半導體元件封裝的書籍，從功率半導體封裝的定義和分類開始，介紹

序

了功率半導體元件封裝的特點、流程和封裝設計技術。這本書不僅對功率半導體封測行業從業人員大有裨益，對功率半導體元件設計與應用人員也是一本很好的參考書籍。

張波

前言

半導體產業又稱積體電路產業，是電子工業的心（芯）臟產業，積體電路是集多種高技術於一體的高科技產品，幾乎存在於所有工業部門，決定著一個國家的裝備程度和競爭實力。半導體產業是資訊產業的核心，屬於國家策略性基礎產業。半導體產業是當今世界發展最為迅速和競爭最為激烈的產業之一。半導體產業鏈很複雜，設計、製造、封測、設備、材料、EDA、IP，直至晶片成品，其中每一個環節都需要非常專業的知識（見圖 0-1）。

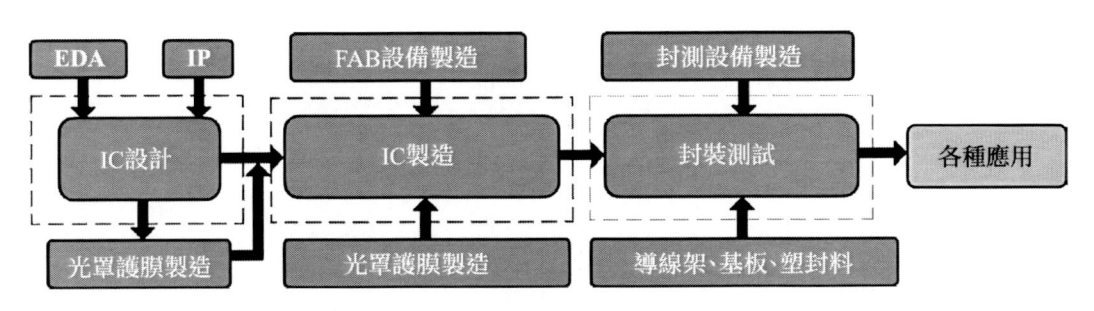

圖 0-1 半導體產業鏈示意圖

晶片的大體製備流程包括晶片設計→圓晶製造→封裝測試。所謂半導體「封裝（Packaging）」，是晶片生產過程的最後一道程序，是將積體電路用絕緣的材料包封的技術。封裝製程主要有以下功能：功率分配（電源分配）、訊號分配、散熱通道、隔離保護和機械支持等。封裝對晶片來說是必需的，也是不可或缺的一個環節，因為晶片必須與外界隔離，以防止空氣中的雜質對晶片電路的腐蝕，而造成電氣性能的下降。另外，封裝後的晶片也更便於安裝和運輸。可以說，封裝是半導體積體電路與

前言

電路板的連結橋梁，封裝技術的好壞，還直接影響晶片自身的效能和印刷電路板（Printed Circuit Board，PCB）的設計與製造。半導體封裝和測試行業，相比半導體晶片晶圓製造（前段）來說，具有投資少、風險低、回饋快、勞動力相對集中等特點，對技術設備等要求，也沒有前段製程複雜。

半導體封裝伴隨著半導體的製造也歷經起伏，不過因為技術特點相對簡單，投資密度小，沒有半導體製造波動那麼大。但也經歷了以下發展階段：

◆ 第一階段是在 1970 年代以前，主要是通孔插裝型封裝。典型封裝形式有：金屬圓形（TO 型）封裝、陶瓷雙列直插封裝（CDIP）、塑膠雙列直插封裝（PDIP）等。

◆ 第二階段是在 1980 年代以後，主要是表面貼裝型封裝。典型封裝形式有：塑膠電極晶片載體（PLCC）封裝、塑膠四方扁平封裝（PQFP）、塑膠小外形封裝（PSOP）、無引線四方扁平封裝（PQFN）。

◆ 第三階段是在 1990 年代以後，主要是球柵陣列封裝（BGA）、晶圓級封裝（WLP）、晶片尺寸封裝（CSP）。典型封裝形式有：塑膠球柵陣列封裝（PBGA）、陶瓷球柵陣列封裝（CBGA）、薄球柵陣列封裝（TBGA）、帶散熱器球柵陣列封裝（EBGA）、覆晶球柵陣列封裝（FCBGA）、引線導線架型 CSP 封裝、柔性剛性線路封裝（CSP）、晶圓級晶片級規模封裝（WLCSP）等。

◆ 第四階段是從 20 世紀末開始，主要是多晶片元件（MCM）、系統級封裝（SIP）、三維立體（3D）封裝。典型封裝形式有：多層陶瓷基板（MCMC）、多層薄膜基板（MCMD）、多層印製板（MCML）。

◆ 第五階段是從 2010 年左右開始，主要是系統級單晶片封裝（SoC）、小晶片封裝、微機電系統（MEMS）封裝等。

作者於 1997 年進入半導體封裝行業，服務過的公司有三星、快捷、漢威聯合國際等，見證了半導體封裝的高速發展歷程。因為長期從事功率半導體封裝相關的技術工作，累積了一些經驗和心得，值此半導體行業大發展時期，做些整理、總結和歸納，希望在此基礎上，與業界專家和學者共同探討、激發創新，並為有志於加入半導體封裝隊伍的新一代半導體封裝工作者，做個技術入門和參考。

本書主要闡述功率半導體封裝技術發展的歷程及其涉及的材料、製程、結構設計及品質控制和認證等方面的基本原理、方法及經驗，限於所知，書中難免有錯誤和遺漏的地方，希望各專家學者給予批評指正。本書可作為各大專院校微電子、積體電路及半導體封裝相關科系開設封裝課程的規劃教材和輔助用書，也可供半導體封裝從業者參考。

朱正宇

前言

致謝

　　本書主要由朱正宇編寫，張波老師作序，王可老師編寫了功率元件封裝和特種封裝／航太級封裝相關的章節，蔡志匡老師編寫了功率元件測試相關的章節，肖廣源編寫了晶片、導線架、外引腳表面處理相關章節，邢衛兵、王睿幫助繪製了封裝設計部分的插圖，高見頭、周淨男、孫澎幫助提供了部分封裝製程的細節。成書的過程中，得到了出版社編輯的指導，在此一併表示衷心的感謝！

朱正宇

致謝

第 1 章
功率半導體封裝的基礎與分類概述

1.1 半導體的封裝

如前言所述，半導體封裝在半導體產品走向應用的過程中，發揮承先啟後的作用，一般來說，封裝主要提供以下功用：

1) 保護晶片，使其免受外界損傷；

2) 重新分配輸入／輸出（I/O），為後續的板級裝配提供足夠的空間；

3) 對多晶片內互連，可以使用標準的內互連技術進行互連，也可採用其他互連方式來實現電氣效能從晶片向外界傳遞的功能；

4) 為晶片提供一定的耐受性保護要求，滿足溫度、壓力或化學等環境條件下的使用要求。按照不同的解讀方式，封裝可以分為以下幾種：

1) 按照和 PCB 連接方式的不同，分為通孔直插式封裝（Through Hole Technology，THT）和表面貼片式封裝（Surface Mount Technology，SMT）。

2) 按照封裝材料，分為金屬封裝、陶瓷封裝、塑膠封裝。積體電路早期的封裝材料是採用有機樹脂和蠟的混合體，用充填或灌注的方法來實現封裝，顯然可靠性很差。也曾應用橡膠來進行密封，由於其耐熱、耐油及電效能都不理想，而被淘汰。使用廣泛、效能最為可靠的氣密密

封材料是玻璃—金屬封接、陶瓷—金屬封接和低熔玻璃—陶瓷封接。出於大量生產和降低成本的需求，塑膠模型封裝開始大量湧現，它是以熱固性樹脂透過模具進行加熱、加壓來完成的，其可靠性取決於有機樹脂及添加劑的特性和成型條件，但由於其耐熱性較差，同時具有吸溼性，還不能與其他封接材料效能相當，尚屬於半氣密或非氣密的封接材料。積體電路發展初期，其封裝主要是在半導體電晶體的金屬圓形外殼基礎上，增加外引線數而形成的。但金屬圓形外殼的引線數，受結構的限制，不可能無限增加，且這種封裝引線過多也會不利於積體電路的測試和安裝，從而出現了扁平式封裝。扁平式封裝不易銲接，隨著波銲技術的發展，又出現了雙列式封裝。由於軍事技術的發展和小型化的需求，積體電路的封裝又有了新的變化，相繼產生了片式載體封裝、四方引線扁平封裝、針柵陣列封裝、載帶自動銲接封裝等。同時，為了適應積體電路發展的需求，還出現了功率型封裝、混合積體電路封裝，以及適應某些特定環境和要求的恆溫封裝、抗輻射封裝和光電封裝。且各類封裝逐步形成系統，引線數從幾條直至上千條，已能充分滿足積體電路發展的需求。

3）按使用環境要求，可分為抗輻射封裝、常溫封裝；

4）按照應用和封裝外形，分為功率型封裝、混合積體電路封裝、光電封裝、記憶體封裝、處理器封裝等，比如，TO封裝、模組封裝，DIP、SOP、PLCC、QFP、QFN、BGA、CSP、Flip—Chip，以及COG、COF等不同封裝類型，可以有交叉，也可以只是單一的品種。我們所介紹的封裝主要是功率型封裝，從材料上來說，涵蓋了塑封、陶瓷和多種基板類型；從安裝方法來說，既有直插式，也有表面貼裝式。所謂功率型封裝是指應用於功率場所的封裝，和一般積體電路封裝明顯的差別是：

1.1 半導體的封裝

功率元件一般用在大電流、高電壓的應用場景，因此散熱是功率封裝首先需要考慮和解決的問題，其次是材料的選擇和相應的製程路線。功率半導體元件是電力電子應用產品的基礎。近年來，由於元件被應用的需求所激勵，發展很迅速。一代新元件總會帶動新一代裝置登上應用的舞臺，使之體積更小，質量更輕，更加安全可靠，更加節能，並開拓出更新的應用領域。半導體離散元件作為半導體元件基本產品門類之一，是介於電子整機行業和原材料行業之間的中間產品，是電子資訊產業的基礎和核心領域之一。近年來，隨著全球範圍內電子資訊產業的快速發展壯大，半導體離散元件──特別是功率半導體離散元件──市場一直保持較好的發展態勢。這些元件是以功率整合為特點，有單晶片上的功率整合，也有功率元件與控制電路的模組整合，有功率、數位和類比電路構成子系統的多晶片整合，有封裝時將多個功能不同的晶片整合在一個外殼或一個模組裡的整合。圖 1-1 是功率封裝的發展路線圖。

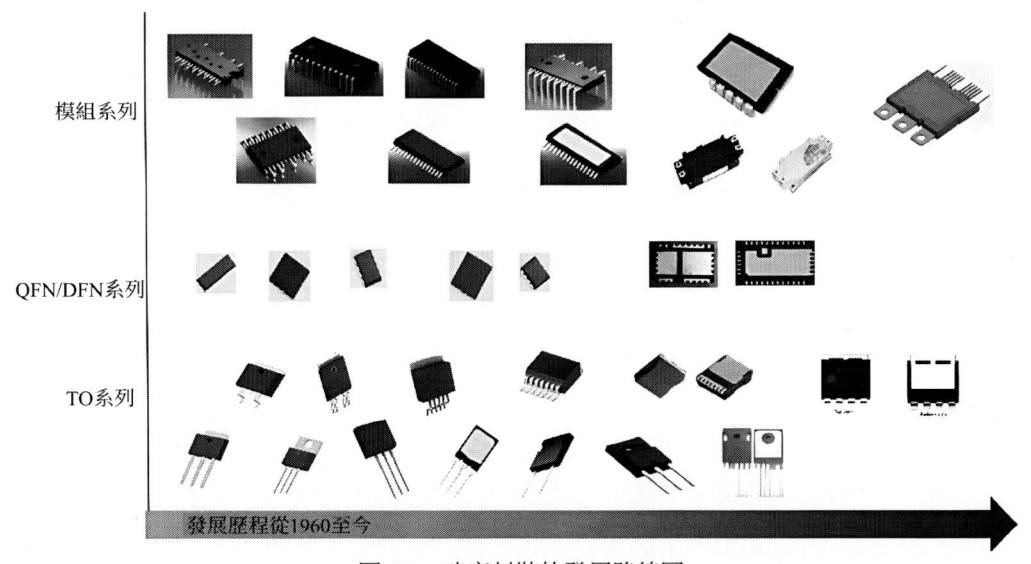

圖 1-1　功率封裝的發展路線圖

功率半導體封裝主要包括三大類：

TO 系列：TO220，TO251/252，TO263，TO247 等系列；

QFN/DFN 系列：包括 MOSFET 和多晶片 Dr. MOS 系列，採用銅片 (Clip) 製程的散熱和電效能更優良；

模組系列：從智慧功率模組 (Integrated Power Module，IPM) 到高功率模組系列。以下就對這些封裝的異同和特點展開詳細介紹。

1.2 功率半導體元件的定義

功率半導體元件又稱電力電子元件，包括功率離散元件和功率積體電路，用於對電流、電壓、頻率、相位、相數等進行變換和控制，以實現整流 (AC/DC)、逆變 (DC/AC)、斬波 (DC/DC)、開關、放大等各種功能，是能耐高壓或能承受大電流的半導體離散元件和積體電路。在功率電子電路，例如整流電路、變頻調速電路、開關電源電路、不斷電系統 (UPS) 電路中，功率半導體元件一般都是產生開關作用，因為在開、關兩個狀態下，半導體元件功率損耗較小。1980 年代以後，隨著新型功率半導體元件，如 VDMOS 元件、IGBT 及功率積體電路的興起，功率半導體元件步入一個新的領域，除了驅動電機之外，還為資訊系統提供電源的功能，這些應用也越來越引人注目。因此，功率半導體元件在系統中的地位，已不僅限於「四肢」，而是為整個系統「供血」的「心臟」。綜合來看，使用功率半導體元件的根本目的，一是將電壓、電流、頻率轉換為負載所需要的數值；二是更有效地利用電能。功率半導體元件的廣泛應用，可以實現對電能的傳輸轉換及最佳控制，能大幅度提高工業生產效率、產品品質和產品效能，大幅度節省電能、降低原材料消耗，它已經愈加明顯地成為加速實現能源、通訊、交通等量大面廣基礎產業的

技術改造和技術進步的支柱。例如，在綠色照明工程中，省電燈泡中使用的 VDMOS 產品，將提高省電燈泡的效能及壽命，徹底改變省電燈泡在人們頭腦中留下的壽命短、省電但不省錢的印象，使省電燈泡應用到千家萬戶。IGBT（絕緣柵（閘）雙極電晶體）的出現，及在冷氣、UPS 等產品中的廣泛應用，採用變頻技術後，效率得到大幅提升，同時體積也大幅縮小。如逆變銲機原本要兩個人才能拿的動，採用 IGBT 元件後，體積只剩書包大小，重量僅為幾公斤，同時其效能、效率及可靠性等，也得到質的發展。概括而言，功率半導體元件的技術領域可以劃分為兩大門類，即以發電、變電、輸電為代表的電力領域，和以電源管理應用為代表的電子領域。隨著技術的進步，這兩大領域的功率半導體元件，正沿著不同的路線發展。在電力領域，功率半導體元件以超高功率閘流體、IGCT（基體閘換向閘流體）技術為代表，繼續向高電壓、大電流的方向發展；而在電子領域，電源管理元件則傾向於整合化、智慧化及更高的頻率和準確度。功率半導體元件的這兩大技術領域，由於用途各異，不存在誰替代誰的問題，這兩個領域的技術發展是並行不悖的。圖 1-2 簡單歸納了功率半導體元件的分類。

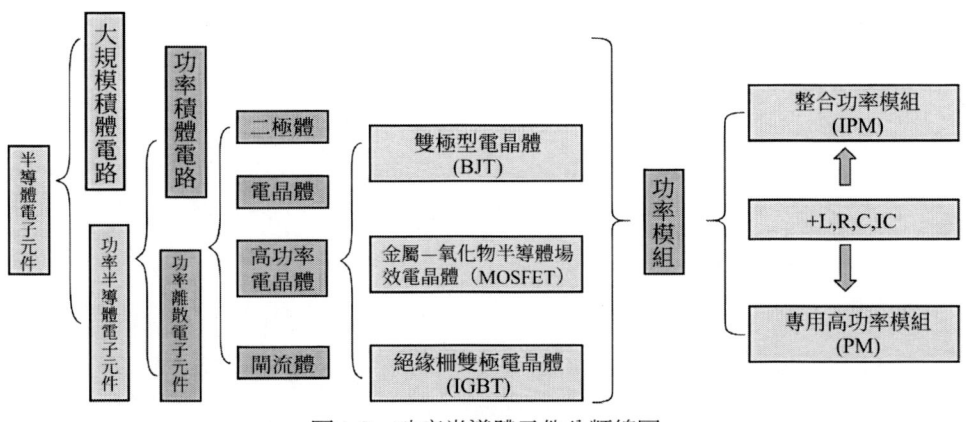

圖 1-2　功率半導體元件分類總圖

1.3 功率半導體發展簡史

1950 年代，電力電子元件主要是汞弧閘流體和高功率真空管。60 年代發展起來的閘流體，因其可靠、壽命長、體積小、開關速度快，在電力電子電路中得到廣泛應用。70 年代初期，閘流體已逐步取代了汞弧閘流體。80 年代，普通閘流體的開關電流已達數千安，能承受的正、反向工作電壓達數千伏特。在此基礎上，為適應電力電子技術發展的需求，又開發出閘極截止閘流體、雙向閘流體、光控閘流體、逆導閘流體等一系列衍生元件，以及單極型 MOS 場效電晶體、雙極型功率電晶體、靜電感應閘流體、功能組合模組和功率積體電路等新型電力電子元件。各種電力電子元件均具有導通和阻斷兩種特性。功率二極體是二端（陰極和陽極）元件，其元件電流由伏安特性決定，除了改變加在二端之間的電壓外，無法控制其導通電流，故稱不可控元件。普通閘流體是三端元件，其閘極訊號能控制元件的導通，但不能控制其關斷，故稱半控型元件。閘極截止閘流體、功率電晶體等元件，其閘極訊號既能控制元件的導通，又能控制元件的關斷，故稱全控型元件。後兩類元件控制靈活、電路簡單、開關速度快，廣泛應用於整流、逆變、斬波電路中，是馬達調速、發電機勵磁、感應加熱、電鍍、電解電源、直接輸變電等電力電子裝置中的核心部件。由這些元件構成的裝置不僅體積小、工作可靠，且節能效果十分明顯（一般可省電 10%～40%）。單個電力電子元件能承受的正、反向電壓是一定的，能通過的電流大小也是一定的。因此，由單個電力電子元件組成的電力電子裝置容量受到限制。所以，在實用中多用幾個電力電子元件串聯或並聯形成元件，其耐壓和通流的能力可以加倍提高，從而可以大大地增加電力電子裝置的容量。元件串聯時，希望各元件能分擔同樣的電流；元件並聯時，則希望各元件能承受同樣的正、

1.3 功率半導體發展簡史

反向電壓。但由於元件的個體差異，串、並聯時，各元件並不能完全均勻地分擔電壓和電流。所以，在電力電子元件串聯時，要採取均流措施；在並聯時，要採取均壓措施。電力電子元件工作時，會因功率損耗引起元件發熱、升溫。元件溫度過高，將會縮短壽命，甚至燒毀，這是限制電力電子元件電流、電壓容量的主要原因。為此，必須考量元件的冷卻問題。而封裝提供了元件的散熱通道，良好的散熱設計，可以大幅提高元件的工作效能。散熱冷卻是封裝要解決的主要問題，常用冷卻方式有自冷式、風冷式、液冷式（包括油冷式、水冷式）和蒸發冷卻式等。按照電力電子元件能被控制電路的訊號所控制的程度分類：

1）半控型元件，例如閘流體；

2）全控型元件，例如 GTO（閘極截止）閘流體、GTR（電力電晶體），MOSFET（金屬—氧化物半導體場效電晶體）、IGBT（絕緣柵雙極電晶體）；

3）不可控元件，例如電力二極體。

按照驅動電路加在電力電子元件控制端和公共端之間訊號的性質分類：

1）電壓驅動型元件，例如 IGBT、MOSFET、SITH（靜電感應閘流體）；

2）電流驅動型元件，例如閘流體、閘極截止閘流體、GTR。

按照驅動電路加在電力電子元件控制端和公共端之間的有效訊號波形分類：

1）脈衝觸發型，例如閘流體、閘極截止閘流體；

2）電子控制型，例如 GTR、MOSFET、IGBT。

第 1 章 功率半導體封裝的基礎與分類概述

　　按照電力電子元件內部電子和空穴（電洞）兩種載流子參與導電的情況分類：

　　1）雙極型元件，例如電力二極體、閘流體、閘極截止閘流體、GTR；

　　2）單極型元件，例如 MOSFET、SIT；

　　3）複合型元件，例如 MCT（MOS 控制閘流體）和 IGBT。

　　各種功率元件的優、缺點如下：

　　電力二極體：結構和原理簡單，工作可靠；

　　閘流體：能夠承受的電壓和電流容量在所有元件中最高；

　　MOSFET：優點是開關速度快，輸入阻抗高，熱穩定性好，所需驅動功率小，且驅動電路簡單，工作頻率高，不存在二次擊穿問題；缺點是電流容量小，耐壓低，一般只適用於功率不超過 10kW 的電力電子裝置。制約因素：耐壓，電流容量，開關的速度；

　　IGBT：優點是開關速度快，開關損耗小，具有耐脈衝電流衝擊的能力，通態壓降較低，輸入阻抗高，為電壓驅動，驅動功率小；缺點是開關速度低於 MOSFET，電壓、電流容量不及閘極截止閘流體；

　　GTR：優點是耐壓高，電流大，開關特性好，通流能力強，飽和壓降低；缺點是開關速度慢，為電流驅動，所需驅動功率大，驅動電路複雜，存在二次擊穿問題；

　　閘極截止閘流體：優點是電壓、電流容量大，適用於高功率場合，具有電導調製效應，其通流能力很強；缺點是電流關斷增益很小，關斷時閘極負脈衝電流大，開關速度慢，驅動功率大，驅動電路複雜，開關頻率低。

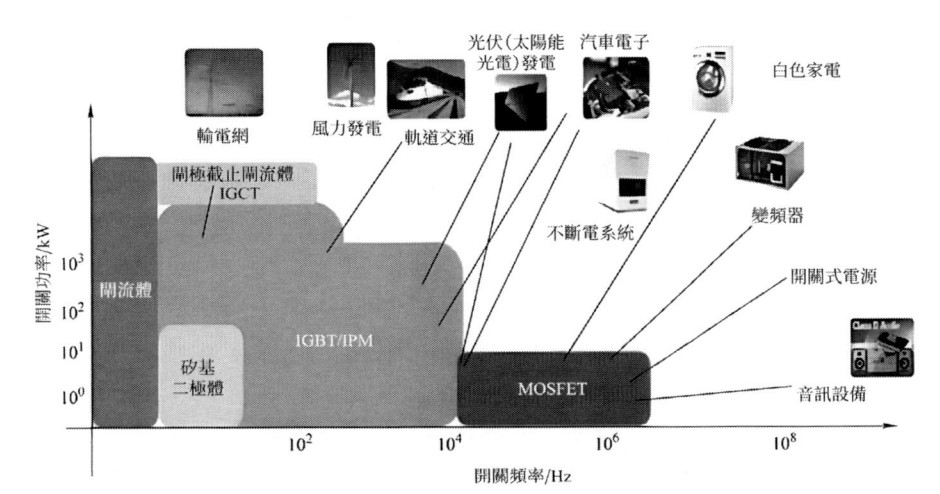

圖 1-3 給出了傳統矽基功率元件的應用範圍。

圖 1-3　傳統矽基功率元件應用範圍（來源 Yoledevelopment）

此外，近年來，以碳化矽（SiC）和氮化鎵（GaN）材料為代表的第三代寬能隙半導體元件，已成為功率半導體領域中未來的發展方向，它們的主要優勢是可以做到高溫、高頻、高效能、高功率和抗輻射能力強，目前是功率半導體領域的一個主要投資方向。

1.4　半導體材料的發展

在科技不斷進步的過程中，半導體材料的發展至今經歷了三個階段：第一代半導體被稱為「元素半導體」，典型如矽基和鍺基半導體。其中，矽基半導體技術應用較廣、技術較成熟。截至目前，全球半導體產業 99％以上的半導體晶片和元件，都是以矽片為基礎材料生產出來的。在 1950 年左右，半導體材料卻以鍺為主導，主要應用於低壓、低頻及中功率電晶體中，但它的缺點也極為明顯，那就是耐高溫和抗輻射效能較差。到了 1960 年，0.75in（19mm）單晶矽片的出現，讓鍺基半導體的缺

第 1 章　功率半導體封裝的基礎與分類概述

點被無限放大的同時，矽基半導體也徹底取代了鍺基半導體的市場。

進入 21 世紀以後，隨著通訊技術的快速發展，GaAs（砷化鎵）、InP（磷化銦）等半導體材料成為新的市場需求，這也是第二代半導體材料，被稱為「化合物半導體」。由於對電子元件使用條件的要求提高，要適應高頻、高功率、耐高溫、抗輻射等環境，第三代寬能隙半導體材料迎來了新的發展。當然，第三代半導體也是化合物半導體，主要包括 SiC、GaN 等材料，至於為何被稱為寬能隙半導體材料，主要是因為其禁帶寬度大於或等於 2.3eV（電子伏特）。同時，由於第三代半導體具有高擊穿電場、高飽和電子速度、高熱導率、高電子密度、高遷移率等特點，因此也被業內譽為固態光源、電力電子、微波射頻元件的「核芯」，以及光電子和微電子等產業的「新發動機」。雖然同為第三代半導體材料，但由於 SiC 和 GaN 的效能不同，所以應用的場景也有差異。GaN 的市場應用偏向高頻小電力領域，集中在 1,000V 以下；而 SiC 適用於 1,200V 以上的高溫大電力領域，兩者的應用領域覆蓋了新能源汽車、太陽能光電、機車牽引、智慧電網、節能家電、通訊射頻等大多數具有廣闊發展前景的新興應用市場。與 GaN 相比，SiC 的熱導率是 GaN 的三倍以上，在高溫應用領域更有優勢；同時 SiC 單晶的製備技術相對更成熟，所以 SiC 功率元件的種類遠多於 GaN。SiC 功率元件主要包括功率二極體和電晶體（開關管）。SiC 功率元件可使電力電子系統的功率、溫度、頻率、抗輻射能力、效率和可靠性倍增，帶來體積、質量以及成本的大幅降低。SiC 功率元件的應用領域，可以按電壓劃分：低壓應用（600V～1.2kV）：高階消費領域（如遊戲控制臺、電漿和液晶電視等）、商業應用領域（如筆記型電腦、固態照明、安定器等），以及其他領域（如醫療、電信、國防等）；中壓應用（1.2～1.7kV）：電動車／混合電動車（EV/HEV）、太

1.4 半導體材料的發展

陽能光伏逆變器、不斷電系統（UPS）以及工業電機驅動（交流驅動）等；高壓應用（2.5kV、3.3kV、4.5kV和6.5kV及以上）：風力發電、機車牽引、高壓／特高壓輸變電等。以SiC為材料的二極體、MOSFET、IGBT等元件，未來有望在汽車電子領域取代Si。對比目前市場主流1,200V矽基IGBT及SiC MOSFET，可以發現SiC MOSFET產品較Si基產品更能大幅縮小晶片尺寸，且表現效能更好。但目前最大的阻礙仍是成本，據測算，單片成本SiC比Si基產品高出7～8倍。但隨著技術進步，成本會逐步降低，第三代寬能隙半導體元件，尤其在電力電子功率半導體領域有廣闊的發展空間，後面的章節將詳細闡述第三代寬能隙半導體元件的特點及其製備、封裝和應用。無論半導體材料的發展如何，所有半導體元件都需要封裝，對功率半導體元件來說，封裝尤為重要，其散熱的效能、功耗、絕緣性，以及工作可靠性，都和封裝有直接且重要的關係，所以選擇合適的封裝並高效能、高品質地完成對晶片的封裝製程，對發揮元件的效能尤為關鍵。

思考題

1. 半導體封裝的目的是什麼？
2. 功率元件的定義和分類有哪些？請列舉出主要的功率元件類型。
3. 功率元件封裝的發展趨勢是什麼？

參考文獻

[1] 畢克允。中國半導體封裝業的發展［J］．中國積體電路，2006，15（3）：3。

第1章 功率半導體封裝的基礎與分類概述

第 2 章
功率半導體元件的封裝特性與應用考量

　　功率半導體元件的封裝可分為離散元件的封裝和多晶片元件等功率模組的封裝，分別有不同的技術特點，以下就不同的類型展開討論。

2.1　離散元件的封裝

　　這種封裝模式被稱為功率電晶體封裝，又被稱為單管封裝，主要表現形式是各種 TO 封裝，根據 JEDEC 固態技術協會（Joint Electron Device Engineering Council，JEDEC），TO 的定義是 Transistor Outline，根據最後組裝到 PCB 上的面積、空間、大小和安裝方式，其典型的封裝形式分為直插式和表面貼裝式。引腳（又稱接腳、管腳）插入式（Through－Hole Mount，THM）是插腳型封裝，這種形式的封裝可靠又利於獨立散熱片的安裝和固定。表面貼裝元件（Surface Mounting Device，SMD）是透過表面貼裝技術，引腳直接銲接在 PCB 表面的封裝形式。功率電晶體相比於積體電路，引腳排列相對簡單，只是外部形狀各異。按照管芯封裝材料來分，大致有兩大類：塑膠封裝和金屬封裝。如今，因成本原因，塑膠封裝最為常見，有裸露散熱片的非絕緣封裝和連散熱片也封裝在內的全塑封裝（也稱為絕緣封裝），後者無須在散熱片絕緣和電晶體之間加裝額外的絕緣墊片，但耗散功率會稍微小一些；金屬封裝又稱為金屬管殼封裝或管帽封裝，有銀白色的圓形蘑菇狀金屬外殼，因為封裝成本較

高，如今已經不太常見了。按照內部管芯的數量，可以分為單管芯、雙管芯、多管芯三大類，多管芯一般耗散功率較大，主要用於電力電子領域，較通用的名稱是模組或電晶體模組，本章後續會進行討論。離散功率元件中，單管芯塑膠封裝最常見，引腳都是 3 個，排列也很有規律，很少有例外。有印字的一面朝向自己，引腳向下，從左至右，常見類型的功率電晶體引腳排列如下：BJT（雙極性接面型電晶體）：B（基極）、C（集電極）、E（發射極）；IGBT（絕緣柵雙極電晶體）：G（閘極）、C（集電極）、E（發射極）；VMOS（V 型槽 MOS 場效電晶體）：G（閘極）、D（汲極）、S（源極）；BCR（雙向閘流體）：A1（陽極 1）、A2（陽極 2）、G（閘極）；SCR（單向閘流體）：K（陰極）、A（陽極）、G（閘極）。高功率二極體除了特有的兩端直接引線封裝外，也常常採用塑封電晶體的封裝形式，三引腳為共陰極或共陽極以及雙管芯並聯，或者將三引腳改為兩引腳，通常是將中間的一腳省去。

對塑膠封裝而言，三引腳的 TO－220 是基本形式，由此擴大，有 TO－3P、TO－247、TO－264 等，由此縮小，有 TO－94、TO－126、TO－202 等，並各自延伸出全絕緣封裝以及更多引腳封裝和 SMD 形式。其目的也很明確，在保證耗散功率的前提下，縮小封裝成本，對於高頻開關元件，還要減小引線電感和電容，採用導線架直接連接晶片，且不採用打線接合方式，無損耗封裝（LFPAK）和 TOLL（TO Lead Less）封裝就是典型的例子。很多封裝僅從外部形狀看來很相似，這時就需要注意其實際的外形尺寸及底板是否絕緣等。有些封裝不止一個名稱，因為封裝原本沒有統一的國際標準，更多的是約定俗成，後來一些

2.1 離散元件的封裝

行業協會也參與了名稱的確認以便於交流,如常見的以 SC 開頭的封裝名稱,就大多是由日本電子資訊技術產業協會(JEITA)統一確認的,對常見的 TO — 220AB,JEITA 命名的名稱是 SC — 46。部分功率電晶體離散元件的封裝外形,見圖 2-1～圖 2-4(圖片來源於 JEDEC)。

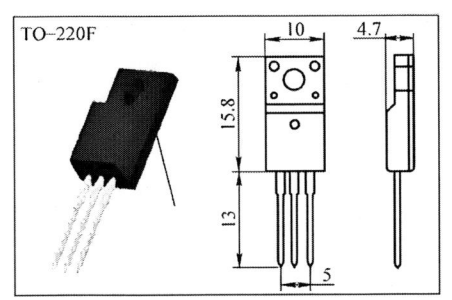

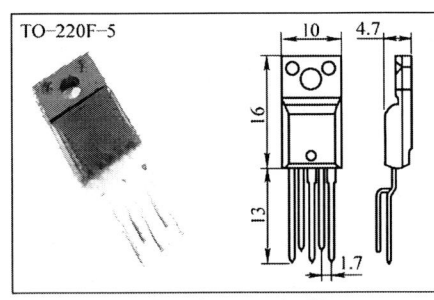

TO-220F(TO-220 ABFP、TO-220全塑封、SOT186A、5引腳的TO-220F、底板絕緣TO-220全隔離5-Pin SC-67)

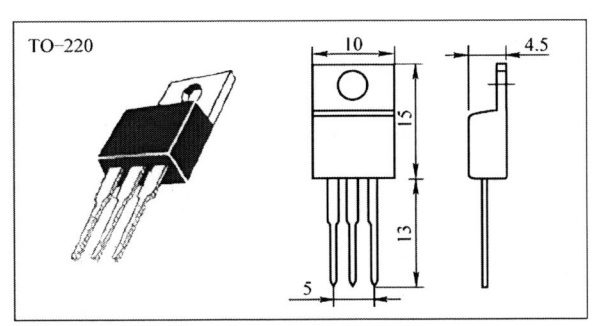

TO-220(SOT-78、SC-46)、TO-220AB表示中間的引腳與散熱片相連

圖 2-1 典型的 TO — 220 封裝外形圖

第 2 章 功率半導體元件的封裝特性與應用考量

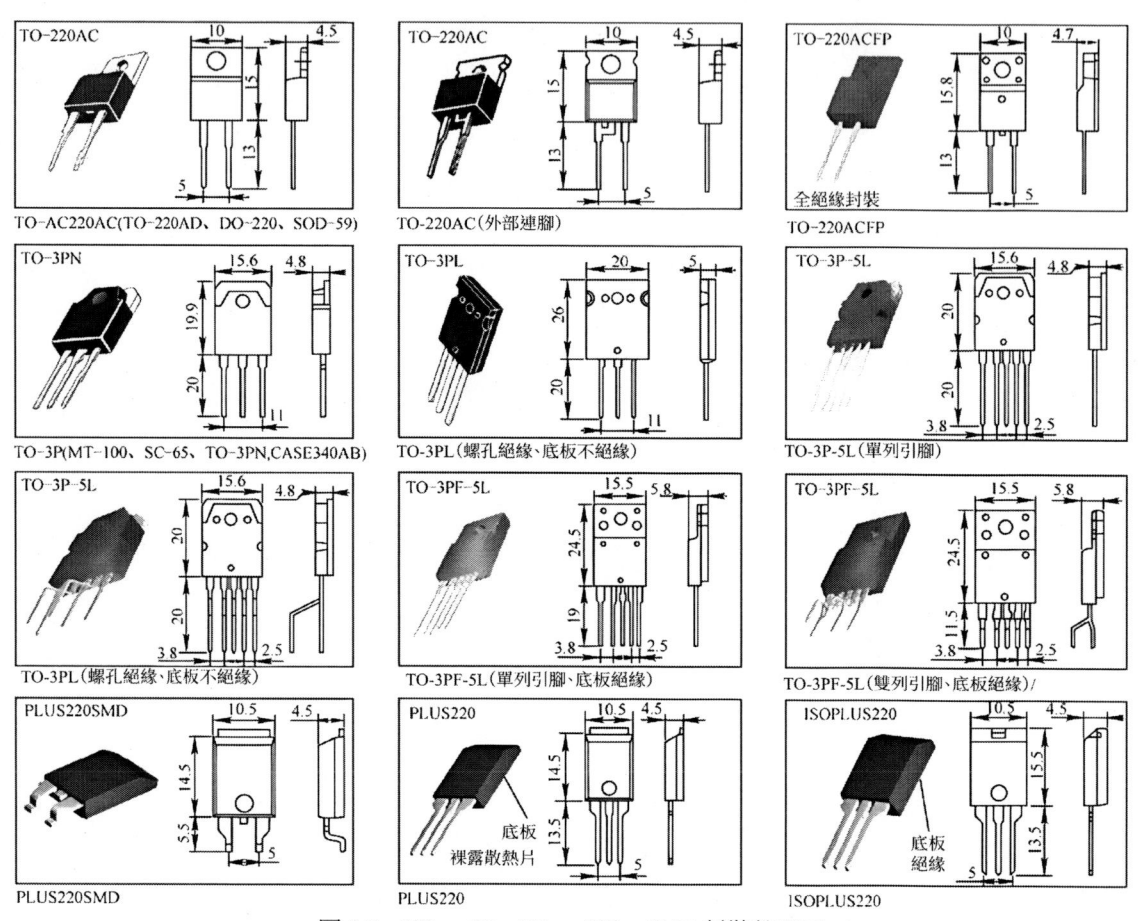

圖 2-2　TO－3P、TO－220、SMD 封裝外形圖

2.1 離散元件的封裝

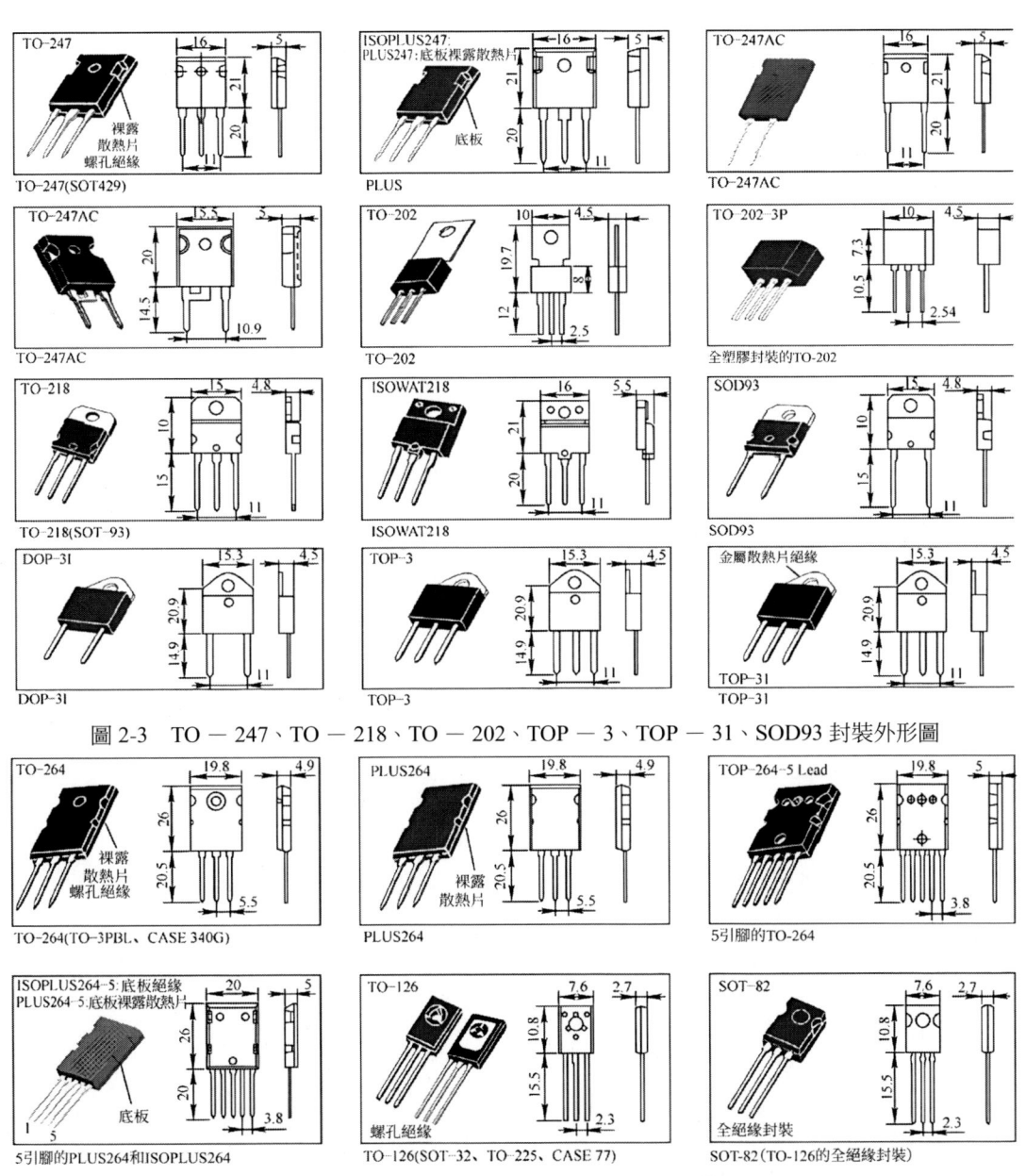

圖 2-3　TO－247、TO－218、TO－202、TOP－3、TOP－31、SOD93 封裝外形圖

圖 2-4　TO－264、TO－126、SOT－82 封裝外形圖

第 2 章　功率半導體元件的封裝特性與應用考量

2.2　功率模組的封裝

　　功率（電源或電力）半導體元件現有兩大類，一類是單片功率或高壓整合電路，英文縮寫為 PIC 或 HIVC。電流、電壓分別小於 10A、700V 的智慧功率電子元件和電路，採用單晶片的產品較多，但由於高壓大電流功率元件結構及製程的特殊性，單晶片的功率和高壓電路產品能處理的功率尚不夠大，一般僅適用於數十瓦的電子電路；另一類是將功率元件、控制電路、驅動電路、接口電路、保護電路等晶片封裝一體化，透過內部打線接合，互連形成部分或完整功能的功率模組或系統功率集合體，其結構包括多晶片混合晶片封裝及智慧功率模組（IPM）、功率電子模組（PEB）、整合功率電子模組等。功率模組以電子、功率電子、封裝等技術為基礎，按照最佳化電路拓撲與系統結構原則，形成可以組合和更換的標準單元，功率模組的設計應該充分考慮封裝結構、模組內部晶片及其與基板的互連方式，各類封裝（導熱、填充、絕緣）的選擇、組裝的製程等精選問題，即讓系統中各種元件元件之間因為互連所產生的不利寄生參數達到最小，發熱點的熱量更易向外散發，並能耐受環境應力的衝擊，具有更大的電流承載能力；同時產品的整體性能、可能性、功率密度得到提升，滿足功率管理、電源管理、功率控制系統應用的需求。圖 2-5 是高功率模組的發展路線圖。

2.2.1　功率模組封裝結構

　　功率模組的封裝外形各式各樣，新的封裝形式日新月異，一般按管芯或晶片的組裝製程及安裝固定方法的不同，分為壓接結構、銲接結構、直接覆銅（Direct Bonded Copper，DBC）基板結構，所採用的封裝形式多為平面型，存在難以將功率晶片、控制晶片等多個不同製程晶片平

面安裝在同一基板的問題。為開發高性能的產品，以混合晶片封裝技術為基礎的多晶片模組（Multi – Chip – Module，MCM）封裝，成為目前主流發展趨勢，即重視製程技術研究，更關注產品類型開發，不僅可將幾個不同類型的晶片安裝在同一基板上，而且採用埋置、有源基板、疊層、嵌入式封裝，在三維空間內使多種不同製程的晶片實現互連，構成完整功能的模組。

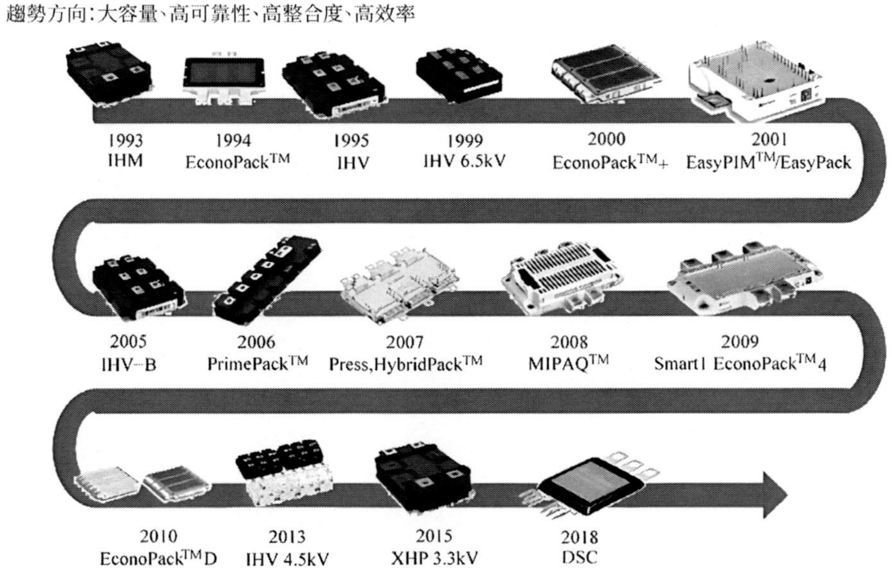

圖 2-5　高功率模組的發展路線圖（圖片來源於英飛凌）

壓接結構採用平板型或螺栓型封裝的管芯壓接互連技術，點接觸靠內外部施加壓力實現，能夠解決熱疲勞穩定性問題，可製作大電流、高整合度的功率模組，但對管芯、壓塊、底板等零元件平整度要求很高，否則不僅將增大模組的接觸熱阻，而且會損傷晶片，嚴重時晶片會撕裂，結構複雜、成本高、很笨重。銲接結構採用打線接合技術為主導的互連製程，包括銲料凸塊互連、金屬柱互連平行板方式、凹陷陣列互

第 2 章　功率半導體元件的封裝特性與應用考量

連、沉積金屬膜互連等技術，解決寄生參數、散熱、可靠性問題，目前已提出多種實用技術方案。例如，利用合理結構和電路設計，二次組裝已封裝元件元件構成模組；功率電路採用晶片，控制、驅動電路採用已封裝元件，構成高效能模組；多晶片元件構成功率智慧模組。雙面覆銅陶瓷基板結構便於將微電子控制晶片與高壓大電流執行晶片密封在同一模組之中，可縮短或減少內部引線，這種結構具備更好的熱疲勞穩定性和較高的封裝整合度，DBC 通道、整體引腳技術的應用，有助於 MCM 的封裝，整體引腳無須額外進行引腳銲接，基板上有更大的有效面積、更高的載流能力，整體引腳可在基板的所有四邊實現，成為 MCM 功率半導體元件封裝的重要方法，並為模組智慧化創造了製程條件。英飛凌公司高功率灌膠類型模組如圖 2-6 所示。

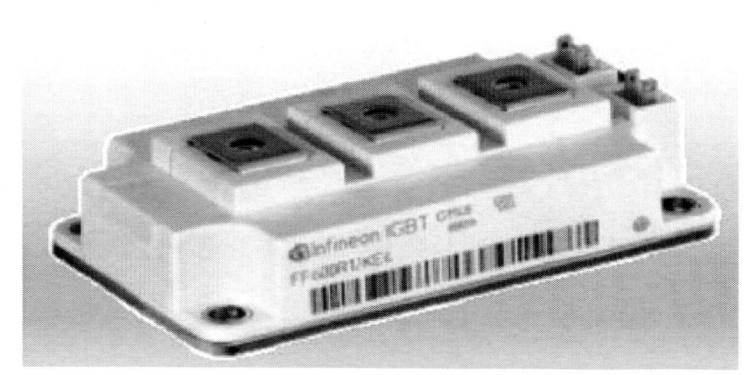

圖 2-6　英飛凌公司高功率灌膠類型模組

　　MCM 封裝解決兩種或多種不同製程所生產的晶片安裝、大電流布線、電熱隔離等技術問題，對生產工藝和設備的要求很高。MCM 外形有側向引腳封裝、向上引腳封裝、向下引腳封裝等。簡而言之，側向引腳封裝的基本結構為 DBC 多層架構，DBC 板帶有通道與引腳，導線架銲於其上，打線接合後，銲上金屬蓋完成封裝。向上引腳封裝的基本結構也採用多層 DBC，上層 DBC 邊緣留有開孔，引腳直接接合在下層 DBC

板上，導線架銲於其上，打線接合後，銲上金屬蓋完成封裝。向下引腳封裝為單層 DBC 結構，銅引腳通過 DBC 基板預留出通孔，直接接合在上層導體銅箔的背面，導線架銲於其上，打線接合、銲上金屬蓋完成封裝。功率模組的研發早已突破最初定義的將兩個或兩個以上的功率半導體晶片（各類閘流體、整流二極體、功率複合電晶體、功率 MOSFET、IGBT 等），按一定電路互連，用彈性矽凝膠、環氧樹脂等保護材料密封在一個絕緣外殼內，並與導熱底板絕緣的概念，邁向將元件晶片與控制、驅動、過電壓、過電流、過熱與欠電壓保護等電路晶片相結合，密封在同一絕緣外殼內的智慧化功率模組時代。

2.2.2　智慧功率模組

IPM 又稱 SPM（Smart Power Module），是一種有代表性的混合晶片封裝，將包含功率元件、驅動、保護和控制電路的多個晶片，透過銲絲或鋁銅帶接合互連，封裝於同一外殼內，形成具有部分或完整功能的、相對獨立的功率模組。用 IGBT 單元構成的功率模組，在智慧化方面發展最為迅速，又稱為 IGBT-IPM，kW 級的小功率 IPM 可採用多層環氧樹脂黏合絕緣 PCB 技術，中高功率 IPM 則採用 DBC 的雙面覆銅陶瓷基板多晶片技術，IGBT 和快恢復二極體組成基本單元並聯，或兩個基本單元組成的二單元及多單元並聯，典型組合方式還有六單元或七單元結構，內部打線接合互連，實現輕、小、超薄型 IPM，內表面絕緣 IPM，程控絕緣智慧功率模組（PI-IPM），品種系列豐富，設計靈活，應用廣泛。此外，也有開發出將閘流體主電路與移相觸發系統以及保護電路共同封裝在一個塑膠外殼內構成的智慧閘流體模組（ITPM），思路類似。圖 2-7 是 IPM 發展路線圖。

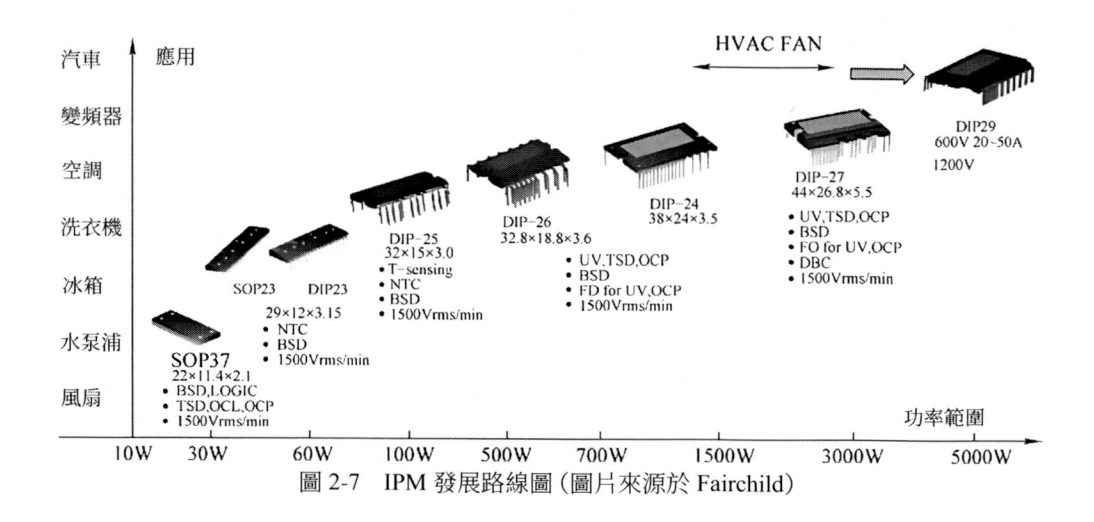

第 2 章　功率半導體元件的封裝特性與應用考量

圖 2-7　IPM 發展路線圖（圖片來源於 Fairchild）

2.2.3　功率電子模組

　　功率電子模組（Power Electronics Building Block，PEBB）是在電力電子整合模組（Integrated Power Electronics Modules，IPEM）基礎上發展起來的模組，是一種針對分散式電源系列進行劃分和構造的新模組化概念，根據系統層面對電路合理細化，抽取出具有相同功能或相似特徵的部分，製成通用 PEBB，作為功率電子系統的基礎部件，系統中全部或大部分的功率變換功能，可用相同的 PEBB 完成，在一定程度上形成通用模組，類似標準化的電子元件元件，應用到電力電子場合中。PEBB 採用多層疊裝三維立體封裝與表面貼裝技術，所有半導體元件及被動元件元件均以晶片形式進入模組，模組在系統架構下被標準化，最底層為散熱器，上面是由 3 個相同的橋臂組成的三相橋式整流器，再上面是驅動電路，頂層是感測器訊號調節電路。

　　PEBB 的應用方便靈活，可靠性高，維護性好 [1]。

　　PEBB 本身就是一個整合功率晶片和相關控制電路，產生集中散熱、

最佳化結構,並節省空間的作用(相對於採用功率離散元件的場合),模組化的電力電子元件,早期並不是採用半導體封裝製程,更多採用的是電子組裝技術,透過把各種電子元件組裝到印刷電路板上,因為電力電子電路設計相對簡單(一般不會有多層高密度電路板),而應用場合多為發熱的場合,所以通常電路板採用覆銅陶瓷基板,其電子組裝技術主要是表面貼裝技術,透過印刷與回流銲接等製程完成組裝,而半導體封裝技術更多採用內互連的方式,直接對晶片進行加工,因此省去了單一元件元件的封裝,從而節省成本,並透過合理化的散熱設計,從結構和效能上,比多離散電子元件封裝組合的模組更具有競爭優勢,所以 PEBB 大多採用了晶片化的元件元件,採用內互連技術,因此把它歸類為功率模組系列。當然,目前的功率模組早已不僅限於單一的製程方法標準定義,怎樣實現產品的效能最大化,可靠性最高化,成本最低化,是目前功率模組的發展方向,在此基礎上的所有製程,從表面貼裝技術到內互連技術,灌膠密封到塑封,都可以在模組上實現,客製化的設計,使功率模組的標準化程序放緩,但靈活度提高,不拘泥於某種技術和定義,而相互融合借鑑是封裝技術發展的方向,也是必然趨勢。

2.2.4 高功率灌膠類模組

高功率灌膠類型的模組有別於 IPM 的地方,主要是其內部對晶片的保護不是採用塑封的形式,而是採用灌封膠的形式,膠體是雙組分的樹脂,在灌膠過程中,透過抽真空的方式,有效去除內部氣泡,其主要材料是導熱性良好的矽脂,且具有類似凝膠的特性,可以好好地吸收機械應力衝擊。其模組內部包含可具有通用性的主電路、控制電路、驅動電路、保護電路、電源電路等電路,以及被動元件技術。內互連多採用鋁

第 2 章　功率半導體元件的封裝特性與應用考量

線接合的方式，也可採用訂製的銅片／銅夾釬接的方式，該方式可以提供更好的散熱能力，同時減少封裝內阻和寄生參數的阻抗。灌膠盒封功率模組的外形如圖 2-8 所示。

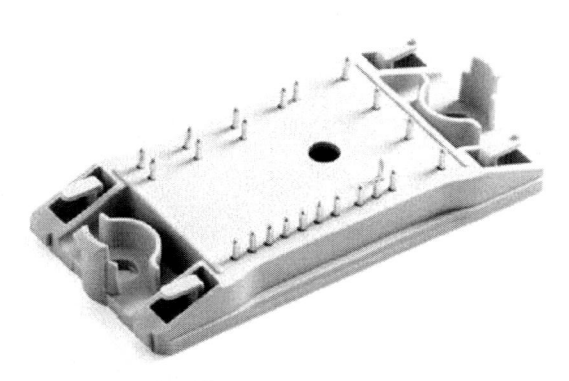

圖 2-8　灌膠盒封功率模組的外形

2.2.5　雙面散熱功率模組

雙面散熱功率模組是結合了高功率功率模組和 IPM 的封裝結構特點，採用雙面 DBC、內部銅柱（Spacer）互連支撐並塑封的結構，透過客製化設計，可以把模組做得很薄，因此其散熱能力非常良好，同時由於是半橋一片式的結構，其安裝靈活，可以有效減小安裝體積，結合銀燒結和打粗銅線製程，是未來第三代功率半導體 SiC 模組的理想封裝體。在新能源汽車領域具有廣闊的應用前景。雙面散熱功率模組如圖 2-9 所示。

2.2.6　功率模組封裝相關技術

功率模組的研發，在相當程度上取決於功率元件和混合晶片封裝技術的新進展。

圖 2-9　雙面散熱功率模組

同時，封裝在模組製造中的作用和地位顯得特別重要。由於功率模組的大電流、高電壓的應用趨勢，所以散熱和絕緣，以及功率循環帶來的應力問題，是封裝要解決的關鍵問題，所涉及的關鍵技術，包括 DBC 基板、互連製程、封裝材料、熱設計等。

1）DBC 氮化鋁雙面覆銅陶瓷基板。傳統模組所用的覆銅陶瓷基板，其中間的絕緣層一般採用氧化鋁（Al_2O_3），在需要更高散熱效率的特殊場合和情況下，會採用氮化鋁（AlN）作為高導熱絕緣層。國際上，各種規格的氮化鋁雙面覆銅陶瓷基板，可大批次商品化供貨。氮化鋁雙面覆銅陶瓷基板具有氮化鋁陶瓷的高導熱性，又具備高絕緣性，其上下表面覆積薄銅層後，即可像印刷電路板一樣，在其表面刻蝕出所需的各種圖形，用於功率元件與模組封裝中。在氮化鋁雙面覆銅陶瓷基板的製備中，有效地控制銅箔與氮化鋁陶瓷基片界面上 Cu-O 共晶液相的產生、分布及降溫過程的固化，是其製程的重點，這些因素都與氧成分有密切的關係。銅箔、AlN 基片在預氧化時都要控制氧化的溫度及時間，使其表面形成的 Al_2O_3 薄層厚度僅為 1μm，兩者間過渡層的結構與成分，對 AlN-DBC 基板的導熱性及結合強度影響極大，加熱敷接過程中，溫度、

第 2 章　功率半導體元件的封裝特性與應用考量

時間及氣氛的控制，都將對最終界面產物的結構及形態產生影響，可將 0.125～0.7mm 厚的銅箔覆合在 AlN 基片上，各類晶片可直接附著在此基板上。在封裝應用中，前後導通可透過敷接銅箔之前在 AlN 基片上鑽孔實現，或採用微導孔、引腳直接接合針柱過孔通道、金屬柱過孔互連等技術，實現密封連接。AlN 基片在基板與封裝一體化，以及降低封裝成本、增加布線密度、提高可靠性等方面均有優勢，例如，AlN-DBC 基板的銲接式模組與普通銲接模組相比，體積小、重量輕、熱疲勞穩定性好、密封功率元件的整合度更高 [2]。

2) 接合製程。晶片安裝與打線接合互連是封裝中的關鍵製程，功率元件管芯採用共晶接合或合金銲料銲接安裝晶片，引線互連多採用鋁絲接合技術，製程簡單、成本低，但存在接合點面積小（導熱性差）、寄生電感大、鋁絲載流量有限、各鋁絲間電流分布不均勻、高頻電流在引線中形成的機械應力易使其銲點撕裂或脫落……等諸多問題，採用薄銅片 (clip) 技術互連，可省略晶片與基板間的引線，使電連接作用的銲點路徑短、接觸面積大、寄生電感／電容小。在中小功率的時候，採用銅片 (clip) 的優勢較明顯，但缺點也很明顯，主要是晶片尺寸和銲墊尺寸的變化，會帶來不同 clip 客製化的需求，很難標準化。同時，在高功率應用情況下，封裝內互連的弱點，從銲線的疲勞失效，轉化為銅片下面的銲料層疲勞裂紋失效。據此，採用銀燒結製程可以顯著提高可靠性，目前的技術趨勢是在高功率場合，尤其是以第三代 SiC 為主的寬能隙半導體應用場合，採用在晶片上燒結薄銅層，再採取粗銅線接合的方式實現，後面章節我們將詳細介紹其內互連製程。

2.2 功率模組的封裝

3)封裝外殼。功率模組的封裝外殼是根據其所用的不同材料和品種結構形式來研發的，常用散熱性好的金屬封裝外殼、塑膠封裝外殼，按最終產品的電效能、熱效能、應用場合、成本來設計，並選定其整體布局、封裝形式、結構尺寸、材料及生產製程。例如，DBC基板側向、向上、向下引腳封裝，均採用腔體插入式金屬外殼，由浴盆形狀導線架腔體和金屬蓋板構成，平行縫銲封接密封封裝。為提高塑封功率模組外觀品質，抑制外殼變形，選取收縮率小、耐擊穿電壓（崩潰電壓）高，有良好功能及軟化溫度的外殼材料，並灌封矽凝膠保護。新型的金屬基複合材料鋁碳化矽、高矽鋁合金，也是重要的功率模組常用的封裝外殼材料。此外，功率模組內部結構設計、布件與布線、熱設計、分布電感量的控制、裝配模具、可靠性試驗工程、品質保證系統等各個方面的和諧發展，促進封裝技術更能滿足功率半導體元件的模組化和系統整合化需求。系統級封裝（System in Package，SIP）對比系統級晶片（System On Chip，SOC），更具有技術靈活的優勢，可有效降低對晶片晶圓製造的高技術製程要求。高電壓、大電流功率元件，通常採用縱向導電結構，因製作工藝極為不同，而難以完成單片整合。在一定技術條件下，混合晶片封裝有更好的技術效能與較低的成本，並具備良好的可實現性，在資訊電子中有很多成功的案例，如微處理器核心與高速快取封裝，構成奔騰處理器。功率模組採用混合晶片技術方案，同樣可達到整合的目的，封裝是最為關鍵的核心，能夠解決不同製程元件晶片間的電路組合、高電壓隔離、分布參數、電磁相容、功率元件散熱等技術性問題，針對實際生產中的技術與製程困難點進行包裝，現以中功率IPM、DC/DC模組為主流，進一步向高功率發展。

第 2 章　功率半導體元件的封裝特性與應用考量

思考題

1. 功率元件常見的封裝形式有哪些？
2. 功率模組的主要種類和特點有哪些？
3. 功率模組封裝的關鍵技術包含哪些方面？

參考文獻

［1］龍樂．功率模組封裝結構及其技術［J］．電子與封裝，2005，5（11）：5。

［2］王樺，秦先海．一種新穎的陶瓷基板金屬化技術：DBC 基板的原理及應用［J］．混合微電子技術，1998，9（3）：7。

第 3 章
功率封裝的典型製程與工藝解析

我們以 TO 封裝為例來介紹功率離散元件的封裝過程，TO 系列的封裝過程，基本可以涵蓋整個離散元件封裝的過程，具有典型的代表意義。封裝的本質是對晶片進行內互連和包封，因此掌握離散元件的封裝基本過程，可以在此基礎上進行創新，開發出多元封裝的技術。掌握基礎封裝知識，對封裝從業人員和半導體行業相關工作人員有重要的現實意義。以下就每個具體環節的製程特點和過程、設備特點及材料特性等，展開詳細論述。

3.1 基本流程

TO 系列功率封裝的一般流程，如圖 3-1 所示。

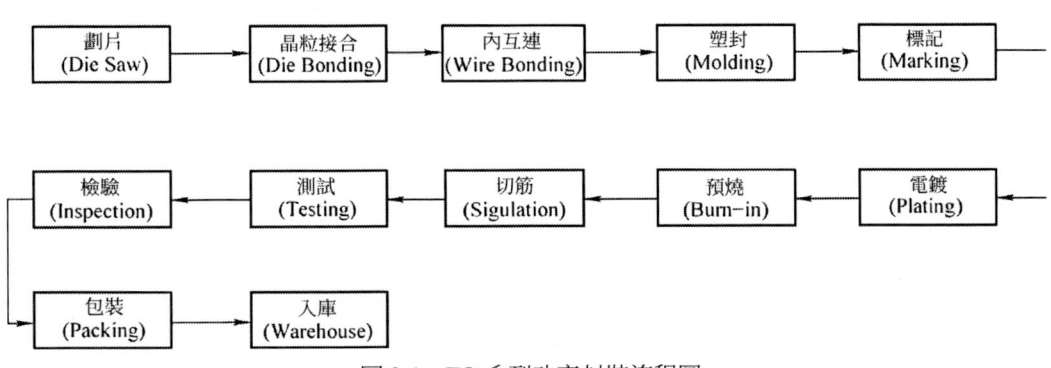

劃片(Die Saw) → 晶粒接合(Die Bonding) → 內互連(Wire Bonding) → 塑封(Molding) → 標記(Marking) → 電鍍(Plating) → 預燒(Burn-in) → 切筋(Sigulation) → 測試(Testing) → 檢驗(Inspection) → 包裝(Packing) → 入庫(Warehouse)

圖 3-1　TO 系列功率封裝流程圖

第 3 章 功率封裝的典型製程與工藝解析

這個過程實際上也和大多數離散元件及晶片的封裝過程類似，只是在具體的製程上略有差別，比如在晶粒接合製程，晶片類別採用銀膠工藝，而功率元件晶片背面往往是個電極，需要採用高溫軟銲的方式。再比如內互連打線製程，功率元件因為要通過大電流，所以往往採用粗鋁線作為內互連銲材，而晶片類往往是採用細的金銅線作為銲材。此外，因為對導熱和絕緣要求的不同，在塑封料的選擇上，也有不同的考量。總之，為了更容易理解半導體封裝，我們將詳細介紹封裝每道製程的基本原理，這將為今後理解複雜的封裝技術、先進的封裝技術等，打下堅實的基礎。以下展開詳細論述。

3.2 劃片（晶圓切割）

在進行劃片之前，需要把晶圓片固定起來，防止在分離後晶片散亂，這個過程叫貼膜，或叫貼片，英文稱為 Wafer Mounting。這個膜有一定的黏性，且黏性會隨時間的延長而增加，後面會詳細介紹膜的特性。所謂劃片，就是把晶片從整張晶圓上分離成一個一個獨立的、具有特定功能單元的過程。早期的劃片，是用金剛刀片在顯微鏡下手工切割分離，這種方法較原始，效率低，成品率低，所以依靠精密的半自動化設備來替代原始的人工劃片，是必然的結果。所謂自動化設備，是指安裝了精密對準、對焦功能的機械裝置，金剛刀片被設計成圓片，安裝在高速旋轉的軸上，透過高精密步進馬達的控制，做上下精密機械運動。晶圓放在合適尺寸的平面上，平面的移動由精密電機控制，XY 方向做水平移動，透過和刀頭接觸，形成類似伐木的切割過程。透過程序控制，完成整張晶圓的切割，並通以具有一定電阻率的去離子水或含活性化學

溶劑的溶液，來沖走矽屑並冷卻，切割完成後，還需要進行一定程度的清洗，防止異物黏附在晶圓晶片上，並烘乾。劃片示意圖如圖 3-2 所示。

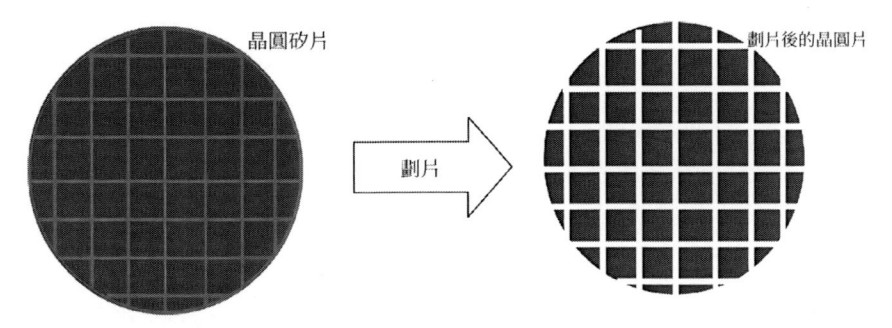

圖 3-2　劃片示意圖

3.2.1　貼膜

晶圓在減薄之前，會在晶圓的正面貼一層黏性膜，該層膜的作用是在晶圓正面固定晶片，便於磨片機在晶圓的背面研磨矽片。一般在研磨之前，矽片的厚度為 700μm 左右，研磨之後，晶圓的厚度變為 200～300μm，甚至達到 50～100μm 的程度，具體將視客戶需求和晶片的應用環境情況而定。晶圓在劃片之前，會在晶圓的背面黏一層膜，該層膜的作用是將晶片黏在膜上，可以保持晶粒在切割過程中的完整，減少切割過程中所產生的崩碎，確保晶粒在正常傳送過程中，不會有位移和掉落的情況，晶片減薄劃切的過程中，都會用到一種用來固定晶圓和晶片的膜。實際生產過程中，這種膜一般選用 UV 膜或藍膜。UV 膜和藍膜在晶片減薄劃切過程中，具有非常重要的作用，但兩者特性有明顯的差別。所謂 UV，其英文全稱是 Ultra Violet，即紫外線照射的意思。UV 膜的字面意思是可經過紫外線照射改變黏性的膜。標準的切割製程中，首先將減薄的晶圓放置好，使其元件面朝下，放在固定於鋼圈的膠膜上。這樣

的結構，在切割過程中，可以確保晶圓固定，並且將晶片和封裝繼續保持在對齊的位置，方便後續製程的轉運。製程的局限來自於膠膜黏性會隨時間的增加而增大，在長時間保存之後，很難從膠膜上取下晶片，採用雷射切割的方式，容易切到膠膜，同時在切割過程中，冷卻水的衝擊也會對晶片造成損傷。貼膜時，需要考量物料傳遞移動放置系統，以及所採用的膠膜類型對晶圓來說是不是適合切割。ADT（Advanced Dicing Technologies）公司 966 型晶圓貼膜機是一款高產出自動貼膜系統，可採用藍膜和 UV 膜，放置操作均勻，並具有膠膜張力，可以消除空氣氣泡。該放置系統具有用於切割殘留薄膜的環形切割刀，以及可程式設計的溫度調整裝置。Disco 公司為晶棒和晶圓分割設計了不同的工具，包括切割鋸、切割刀和切割引擎。

3.2.2 膠膜選擇

所有的膠膜都由三部分組成：塑膠基膜，其上覆有對壓力敏感的黏膜，以及一層釋放膜。在大部分應用中使用的膠膜分為兩類：藍膜（價格最低）和 UV 膜。藍膜是用於標準矽晶圓的切割，有時在切割像 GaAs 這樣更脆弱的晶圓時，也使用昂貴的 UV 膜。選擇合適的膠膜，需考量固定、黏結和其他機械效能，目標是在切割過程中保持足夠強的黏性，可以穩定晶片的位置，但也需要足夠弱，在切割後的晶片黏結製程中，能方便地將晶片吸走，而不產生損壞。如果在切割過程中採用帶有潤滑劑的冷卻劑，需要確保其中的添加劑不會與膠膜上的黏著劑發生反應，或者晶片不會在其位置上滑動。大部分膠膜的使用時間限於一年。之後，膠膜會逐漸喪失黏性。UV 膜提供兩個層次的黏結：切割製程中更強的黏結，之後易於剝離。儘管 UV 膜價格昂貴，但對於像 GaAs 和光學元件這

3.2 劃片（晶圓切割）

些敏感基板來說，非常合適。

UV 膜和藍膜均具有黏性，其黏性程度使用剝離強度來表示，通常單位使用 N/20mm 或者 N/25mm，例如，1N/20mm 的意義，是對於測試條寬度為 20mm，用 180°的剝離角度，從測試板上將其剝離的力是 1N。UV 膜是將特殊配方的油漆塗布於 PET 薄膜基材表面，達到阻隔紫外線及短波長可見光的效果。一般 UV 膜由 3 層構成，其基層材質為聚乙烯氯化物，黏性層在中間，與黏性層相鄰的為離型膜（Release film），部分型號的 UV 膜沒有該離型膜。UV 膜通常叫紫外線照射膠帶，價格相對較高，未使用時有效期限較短，它分為高黏度、中黏度和低黏度三種。對於高黏度的 UV 膜而言，其未經過紫外線照射時黏度很大，剝離強度在 5000mN/20mm～12000mN/20mm，但是在紫外線燈光照射的時間延長和照射強度增加之後，剝離強度會降到 1,000mN/20mm 以下；對於低黏度的 UV 膜而言，未經過 UV 照射時，其剝離強度為 1,000mN/20mm 左右，而經過紫外線照射後，其剝離強度會降到 100mN/20mm 左右；中黏度的 UV 膜的剝離強度介於高黏度 UV 膜和低黏度 UV 膜之間。低黏度的 UV 膜在經過一定時間和一定強度的紫外線照射後，儘管其剝離強度會降到 100mN/20mm 左右，但在晶圓的表面不會有殘膠現象，晶粒容易取下；同時，UV 膜具有適當的擴張性，在減薄劃片的過程中，水不會滲入晶粒和膠帶之間。

藍膜通常又稱為電子級膠帶，價格較低，它是一種藍色的、黏度不變的膜，相對於未經過紫外線照射的高黏度UV膜，對紫外線並不敏感，其剝離強度一般較低，為（1,000～3,000）mN/20mm，而且受溫度影響，會發生殘膠。最早將其命名為藍膜，是由於該膠膜為藍色，現在隨著技術的發展，也陸續出現了其他的顏色，而且用途也得到拓寬。

第 3 章　功率封裝的典型製程與工藝解析

　　UV 膜和藍膜相比，UV 膜較藍膜穩定。UV 膜無論在紫外線照射之前還是照射之後，UV 膜的黏度都很穩定，但成本較高；藍膜成本相對便宜，但是黏度會隨著溫度和時間的變化而發生變化，且容易殘膠。通常來說，小晶片減薄劃片時使用 UV 膜，大晶片減薄劃片時使用藍膜，因為，UV 膜的黏度可以透過紫外線的照射時間和強度來控制，防止晶片在抓取的過程中漏抓或抓壞。若晶片在減薄劃切之後，晶片的尺寸較小，建議最好使用 UV 膜，因為晶粒接合的頂針相對於晶片來說，在頂起的過程中，機械衝擊力較大，如果晶片黏度強，勢必會提高頂出力，容易造成晶片損傷。同樣，晶片大而薄且價值較高時，在綜合成本考量下，還是選用 UV 膜較好。藍膜由於其受溫度和時間影響，其黏度會發生變化，且本身黏度較大，因此，控制從劃片到晶粒接合完成的時間是一個重點。針對晶片尺寸小於 1mm 的晶片，通常使用低黏度 UV 膜，如 D－184。該 UV 膜僅僅有基層和黏性層，沒有離型膜，其基層為 PVC 材料，厚度為 80μm，黏性層為丙烯酸樹脂漆（Acrylic），其厚度為 10μm，未經過紫外線照射之前的剝離強度為 1,100mN/25mm，經過 UV 照射後，剝離強度為 70mN/25mm，因此其黏度範圍可以在 (70～1,100) mN/25mm 內調整。該型號的 UV 膜具有一些特點：其一，該 UV 膜在矽片表面使用剝離角度為 180°進行剝離時，其速度可以達到 300mN/25mm；其二，該 UV 膜規定了自己的照射條件，紫外線照射密度為 230mW/cm2，紫外線照射功率為 190mJ/cm2；其三，輻射的紫外線波長應在 365nm 左右。如果遇到 UV 燈功率不足時，建議：其一，擦淨 UV 燈管和燈罩，改善 UV 光的反射效果；其二，UV 燈老化應更換；其三，提高 UV 燈管單位長度內的功率，確保其達到 80～120W/cm［1］。筆者認為目前大多數封裝廠都沒有針對膜的黏度進行管控，都以實際晶粒接合發生時的難易程度或劃片中有無晶片鬆動以致造成損傷等不良作為判斷，這種判斷大

部分是事後判斷，不僅反應慢，損失大，而且也沒有相應的數據來標示控制點，不利於大規模生產和品質控制。所以，有必要研究黏度的測量方法和相應對劃片晶粒接合的影響，得到每種膜相對應的黏度控制區間和範圍，來指導生產和品質控制，根據膜的特性，調整合適的黏度，能夠提高晶片封裝作業效率。

3.2.3 特殊的膠膜

多家製造商提供多種額外的特殊膠膜可以滿足一些小規模市場的特殊要求。Nitto － Denko 製造了一種熱釋放型膠膜，可以採用加熱代替 UV 輻射固化。當對膠膜加熱時，它就失去了對基板的黏結力。Adwill 公司提供了一種無頂針切割膠膜，採用這種膠膜，使晶粒接合機從膠膜上拾取晶片時，不需要在膠膜下面使用頂針（見後圖 3-11）。在切割過程中，該膠膜具有很強的黏附力，切割後透過 UV 輻射和加熱，使晶片間的距離自動擴大，這樣就不會造成由頂針引起的晶片受損破裂。Furoka-wa Electric 公司製造了靜電釋放（ESD）膠膜，該膠膜可以降低汙染，適用於 MEMS 和影像感測器之類敏感元件的分割。AI Technology 公司製造了一種切割和晶片黏結薄膜（Dicing and Die － Attach Film，DDAF），將高溫、防靜電、超低殘留的劃片膠膜與導電、高接合強度的晶片黏結環氧樹脂結合在一起，這樣確保了從膠膜到黏著劑的低殘留轉移。這種將切割膠膜和晶片黏結薄膜進行複合的薄膜，具有可控和 UV 釋放等多種優勢。還有適合雷射切割製程的膠膜，晶圓劃片是一個傳統工業，目前大部分切割和劃片製程都是採用機械金剛刀鋸和劃針完成的。隨著雷射劃片切割系統的上市，在晶圓切割和分離市場上，雷射方法會成為一個新選擇。因為雷射的優點很明顯，高效率，切割槽寬細小，沒有飛渣

第 3 章　功率封裝的典型製程與工藝解析

和毛邊、毛刺，最重要的是，不會有類似機械金剛刀帶來的裂片風險，後者是半導體封裝可靠性的永恆話題。如果選擇了雷射切割，那麼即使採用標準的切割膠膜，也不會有任何問題。切割時會透過控制雷射的切割深度，在晶圓表面找到最佳的折斷位置。透過平衡切割深度和折斷的關係，可以獲得高產出率和最佳成品率。較淺的切割深度，可以在折斷時獲得 100% 的成品率，因此在可實現最高產量的條件下，是最佳的切割深度。然而，如果採用雷射切割晶圓，並把所有連接結構都切斷，同時消除了折斷步驟，由於雷射同樣會切斷膠膜，那膠膜就會成為一個問題。但這種方法的優點，是將晶圓上幾乎所有的連接結構都切斷，可以直接在膠膜上完成整個分割流程，而不需要折斷機。在 V 型溝底部殘留的材料，只有幾個微米厚，在膠膜背面，僅僅透過手指的滑動，就可以完成折斷。Synova 公司開發了用於切割的噴水引導雷射工藝，還推出了雷射切割專用膠膜 Laser Tape，可以在雷射切割過程中保持分割的部件。由於該專用膠膜無法吸收雷射，在切割製程中不會被切斷，且具有多孔結構，可以使噴出的水流走而不會產生機械損壞。在 UV 照射後，由於黏結層已不再黏附到晶圓背面，因此晶片可以較容易地被吸取和剝離。當與該公司獨特的噴水引導技術聯合使用時，據說會成為一種可靠的分割方法。噴水引導技術採用類似髮絲那樣細的噴水引導雷射束，消除了熱損壞和飛濺汙染。在進行低產量的切割矽晶圓時，進入晶片黏結製程之前，需要運轉並保存一段時間的情況下，基於一定可控黏性的膠膜系統，仍是最主流的選擇。當然，如果需要大量地切割更堅固的封裝體時，例如 BGA、QFN 或 SiC，一般推薦採用無膠膜的系統，在相對真空中進行操作，可以在密閉的系統中保護和傳遞晶圓。與基板相匹配，並使用橡膠將切割對象固定。在每個晶片或封裝下，都有一個氣孔抽氣。

當產品被切割時，晶片或封裝都保持在原位陣列中，直到進入下一個製程取放晶片。

膠膜切割方法的另一個替代方案，是厚晶圓切割工藝。晶圓在減薄之前先進行切割，該切割可以在真空卡盤，而不是膠膜上完成，之後晶圓減薄到合適的厚度，在預先切割的位置便可折斷。無論採用何種方法，減薄製程都會造成晶圓的彎曲或翹曲，使得後續的精確劃線或分割操作變得相當困難。如果晶圓在劃線之後減薄，在減薄過程中出現的彎曲或翹曲，都不是嚴重問題。另一種無膠膜切割方法是採用其他意義上的黏著劑，例如，敏感的基板需要塗覆黏著劑並放置到玻璃上。切割鋸切過基板並進入玻璃，而玻璃抓牢切割的晶片並減小其移動。這種系統，通常用在研發和低產量情況，或者使用的基板非常昂貴，且晶片很小。

3.2.4 矽的材料特性

在進入晶圓切割前，我們先了解一下我們所講述的半導體矽晶圓的材料特點，矽屬元素週期表第三週期Ⅳ A族，原子序數14，原子量28.085。矽原子的電子排布為 $1s^22s^22p^63s^23p^2$，原子價主要為4價，其次為2價，因而矽的化合物有二價化合物和四價化合物，四價化合物較穩定。地球上矽的含量為25.8％。矽在自然界的同位素及其所占的比例分別為：^{28}Si 為 92.23％，^{29}Si 為 4.67％，^{30}Si 為 3.10％。矽晶體中原子以共價鍵結合，並具有正四面體晶體學特徵。在常壓下，矽晶體具有金剛石型結構，晶格常數 a=0.5430nm，加壓至 15GPa，則變為面心立方型，a=0.6636nm。矽是最重要的半導體元素，是電子工業的基礎材料，它具有許多重要的物理性質，表 3-1 是矽的一些基本材料常數。

第 3 章 功率封裝的典型製程與工藝解析

表 3-1 矽的基本材料常數 [2]

關於矽的物理量	符號	單位	數值
原子序數	Z		14
原子量或分子量	M		28.085
原子密度或分子密度		個／cm^3	5.00×10^{22}
晶體結構			金剛石型
晶格常數	a	nm	0.5430
熔點	T$_m$	℃	1,420
熔化熱	λ	kJ/g	1.8
蒸發熱		kJ/g	16（熔點）
比熱容	Cp	J／(g·K)	0.7
熱導率（固／液）	K	W／(m·K)	150（300K）／46.84（熔點）
膨脹係數		1/K	2.6×10^{-6}
沸點		℃	2,355
密度（固／液）	ρ	g/cm^3	2.329/2.533
臨界溫度	T$_c$	℃	4,886
臨界壓力	P$_c$	MPa	53.6
硬度（莫氏／努氏）			6.5/950
彈性常數		N/cm	C11：16.704×10^6

矽的電學性質在半導體物理中有詳細介紹，這裡我們著重介紹矽的力學性質。室溫下，矽無延展性，屬脆性材料。但當溫度高於 700℃ 時，矽具有熱塑性，在應力作用下會出現塑性形變。矽的抗拉應力遠大於抗剪應力，所以矽片容易碎裂。矽片在加工過程中有時會產生彎曲，影響微影精度。所以，矽片的機械強度問題變得很重要。

抗彎強度是指試樣破碎時的最大彎曲應力，用於表徵材料的抗破碎能力。抗彎強度可以採用「三點彎曲」方法測定，也有人採用「圓筒支中

心集中載荷法」和「圓片衝擊法」測定。可以使用顯微硬度計測定矽單晶硬度特性，一般認為目前大體上有下列研究結果：

1) 矽單晶體內殘留應力和表面加工損傷對其機械效能有很大的影響，表面損傷越嚴重，機械效能越差。但熱處理後形成的二氧化矽層，對損傷會產生癒合「傷口」的作用，可提高材料強度。

2) 矽單晶中的塑性形變是差排滑移的結果，差排滑移面為 {111} 面。晶體中原生差排和製程誘生差排，以及它們的移動，對機械效能產生至關重要的作用。在室溫下，矽的塑性形變不是熱激發機制，而是由於劈開產生晶格失配差排造成的。

3) 雜質對矽單晶的機械效能有重要影響，特別是氧、氮等輕元素的原子或透過形成氧團及矽氧氮錯合物等結構對差排產生「釘扎」作用，從而改變材料的機械效能，使矽片強度增大。矽在熔化時體積縮小，反過來，從液態凝固時體積膨脹，熔矽有較大的表面張力（736mN/m）和較小的密度（2.533g/cm^3）。

3.2.5 晶圓切割

晶圓劃片已不再只是把一個矽晶圓劃片成單獨晶片這樣簡單的操作。隨著更多的封裝製程在晶圓級完成，並且要進行必要的微型化，針對不同任務的要求，切割工藝有不同的選擇。通常來說，切割分離物體的方法有許多種，如機械分割，典型的像砂輪切割、鋸齒分割等；利用熱源，如氧乙炔氣割、放電切割、電漿切割、雷射切割等；還有利用其他方式，如超音波切割、水刀切割、高壓氣切割。切割本質上就是打破晶體間穩定的原子結構，實現分離的過程。最常見的、針對半導體矽晶圓的傳統切割方式，是機械式分離方式。除了切割分離晶圓，也可用於

第 3 章　功率封裝的典型製程與工藝解析

分離基板以及封裝體的切割。

對於切割對象有基板的情況，如先進封裝等，需要具有可以切割由柔性和脆性材料組成的複合基板的能力。MEMS 封裝則常常具有微小和精細的結構，包含梁、橋、鉸鏈、轉軸、膜和其他敏感形態，這些都需要特別的操作技術和注意事項。在切割矽晶圓厚度低於 100μm，或像第二代化合物半導體 GaAs 這樣的脆性材料時，又增添了額外的挑戰，例如碎片、斷裂和殘渣的產生。對晶圓開槽劃線和切割，這是兩種將晶圓分割成單獨晶片的製程中，最常見的技術，通常分別採用金剛石鋸和金剛石劃線工具（鑽石刀）完成。雷射技術的更新，使雷射劃線和雷射劃片成為一種可行的選擇，特別是在藍光 LED 封裝和第三代寬能隙半導體如 SiC 的切割應用上。無論選擇哪種晶圓分割工藝，所有的方法，都需要先將晶圓固定起來，之後進行切割，以確保在進入晶片黏結製程之前的轉運和保存過程中晶片的完整性。其他可能的方法，包括基於膠膜的系統、基於篩網的系統，以及採用其他黏著劑的無膠膜系統。能夠處理 200mm 或 300mm 晶圓的 UV 固化單元可以被放置在桌子上，採用 365nm 波長的雷射，每小時可以處理 50 片晶圓。採用基於膠膜的系統時，需要著重考量置放系統，以及所採用的膠膜類型是不是適合需要切割的材料。對於導線架置放系統來說，有多種選擇。

SEC（Semiconductor Equipment Corporation）公司擁有晶圓／薄膜導線架膠膜兩種模型，可在受控的溫度和氣壓參數下使用膠膜。

3.2.6　劃片的工藝

傳統的機械分離式劃片，一般採用金剛石刀片，因此劃片刀又被稱為金剛石劃片刀，包含三個主要元素：金剛石顆粒的大小、密度和黏貼

3.2 劃片（晶圓切割）

在晶圓背面的黏結材料。劃片刀的選擇，一般來說要兼顧切割品質、劃片刀壽命和生產成本。金剛石顆粒尺寸，會影響劃片刀的壽命和切割品質。較大的金剛石顆粒，可以在相同的刀具轉速下，磨去更多的矽材料，因而刀具的壽命可以得到延長。然而，它會降低切割品質（尤其是正面崩角和金屬分層）。所以，對金剛石顆粒大小的選擇，要兼顧切割品質和成本。實驗發現，高密度的金剛石顆粒，可以延長劃片刀的壽命，同時也可以減少晶圓背面崩角。而低密度的金剛石顆粒，可以減少正面崩角。硬的黏結材料更可以「固定」金剛石顆粒，因而可以提高劃片刀的壽命，而軟的黏結材料能加速金剛石顆粒的「自鋒利」效應，使金剛石顆粒保持尖銳的稜形，因而可以減小晶圓的正面崩角或分層，但代價是劃片刀壽命的縮短。對一些晶圓而言，金屬層分層、剝離和崩角比生產成本更重要（在生產成本允許範圍內）。出於品質成本綜合考量，一般選用較低的金剛石密度和較軟的黏結材料的刀片，作為製程最佳化的基礎。

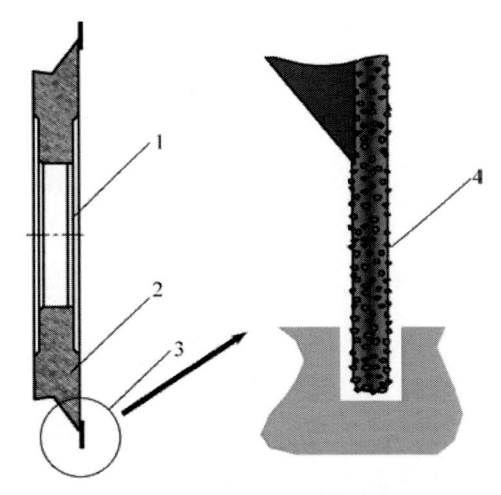

圖 3-3　金剛石刀片結構示意圖
1－金剛刀安裝孔　2－金剛刀輪轂
3－金剛刀刀刃　4－刀刃放大結構

劃片機一般提供兩種切割模式，單刀切割（Single Cut）和臺階式切割（Step Cut），實驗證明，劃片刀的設計不可能同時滿足正面崩角、分層及背面崩角的品質控制要求。為了減少正面金屬層與 ILD 層的分層，薄的刀片被優先選擇，如果晶圓較厚，就需要選取鋒刃較長的刀片。須注意，具有較高刃寬比的刀片，在切割時會產生擺動，反而會造成較大的正面分層和背面崩片。臺階式切割採用兩個刀片，第一個刀片較厚，切入晶圓內某一深度；第二個刀片較薄，沿第一個刀片切割的中心位置，切透整個晶圓，並深入到膠膜的一定厚度（一般小於 25% 的膠膜厚度）。臺階式切割的優點在於：①減小劃片刀在切割中對晶圓施加的壓力，②降低了必須使用較高長寬比的刀所引起的機械振動會帶來崩片問題的機率，提供選擇不同類型的劃片刀來最佳化切割品質的可能性。圖 3-3 為金剛石刀片結構示意圖。

在切割的過程中，由於金剛石刀片和矽晶圓發生劇烈摩擦，會產生大量熱和矽屑粉塵，因此需要冷卻並清理矽屑來確保切割品質。對功率元件來說，沒有線寬的要求，即使有少許矽屑殘留在晶片表面，也不會影響電效能，只要確保在銲接區沒有太多雜質異物殘留，不影響銲接即可，而對整合度較高的晶片來說，不僅是銲接可靠性的問題，還有短路造成晶片功能失效的風險，因此，無論是功率元件還是晶片晶圓，都對切割過程的表面清洗和靜電管控提出要求。早期在對功率電子元件晶圓進行切割時，通常採用的是在去離子水裡通入一定濃度的二氧化碳，二氧化碳溶於水會形成碳酸根離子，使去離子水呈現一定的弱酸性，因此去離子水的電阻，從原本的十幾兆歐姆，降低到幾百、幾千歐姆的級別，這些弱酸性溶液可以有效降低作為絕緣體的去離子水、金剛石刀、矽晶圓等劇烈摩擦產生的靜電，而靜電除了對 MOS 等基本結構產生靜電

3.2 劃片（晶圓切割）

放電損傷外，還有吸附作用，使矽屑牢牢被吸附在晶片金屬層表面，為後續作業帶來品質的可靠性。對晶片來說，只是透過二氧化碳控制靜電吸附效應，還是無法完全滿足品質要求，因此在劃片機冷卻水中新增某些化學添加劑（主要是增加表面活性，作用類似肥皂水的清潔功能），能夠有效地降低去離子水在晶圓及劃片刀表面的張力，並去除其表面的汙染，從而消除了晶圓切割產生的矽屑，及金屬顆粒在晶圓表面和劃片刀表面的堆積，清潔了晶片表面，並減少了晶片的背部崩角。這些矽屑和金屬碎屑的堆積，是造成晶片上的銲線區域銲墊（Bonding Pad）的汙染和晶圓背部崩角的一個主要原因。因此，當最佳化劃片刀和劃片參數無法消除晶片背部崩角時，可以考慮選擇新增適當的劃片冷卻水添加劑來減少崩角。近年來由於這個原因，許多功率元件也採用了化學添加劑來提高切割品質。

在確定了劃片刀、承載薄膜及切割模式的設計與選擇之後，下一步就是透過對劃片工藝參數的最佳化來進一步減小晶圓的劃片缺陷。根據先前實驗結果和對劃片工藝參數的篩選，三個重要的工藝參數被選中，用來進行工藝最佳化，包括劃片刀轉速、工作臺步進速度和第一劃片刀切割深度。切割工藝最佳化的困難點之一，在於對實驗設計回應的確定上。

在一個晶圓上，通常有幾百個至數千個晶片，需要把它們分割開來，成為一個個獨立的單元晶片，晶片之間一般留有 80～150μm 的間隙，此間隙被稱之為劃片切割槽（Street），將每一個具有獨立電氣效能的晶片分離出來的過程，叫做劃片或切割（Dicing Saw）。目前，機械式金剛石切割是劃片工藝的主流技術。在這種切割方式下，金剛石刀片以 $(3～4)\times10^4$r/min 的高轉速切割晶圓的切割槽，同時，承載著晶圓的

第3章 功率封裝的典型製程與工藝解析

工作臺，以一定的速度沿刀片與晶圓接觸點的切線方向呈直線運動，切割晶圓產生的矽屑被去離子水沖走。按照能夠切割晶圓的尺寸，目前半導體界主流的劃片機，分 8in 和 12in 兩種。

3.2.7 晶圓劃片工藝的重要品質缺陷

1. 崩角（Chipping）

因為矽材料的脆性，機械切割方式會對晶圓的正面和背面產生機械應力，結果在晶片的邊緣產生正面崩角（Front Side Chipping，FSC）及背面崩角（Back Side Chipping，BSC）。正面崩角和背面崩角會降低晶片的機械強度。初始的晶片邊緣裂隙，在後續的封裝製程中，或在產品的使用中，會進一步擴散，從而可能引起晶片斷裂，導致電氣效能失效。另外，如果崩角進入了用於保護晶片內部電路、防止劃片損傷的密封環（Seal Ring）內部時，晶片的電氣效能和可靠性都會直接受到影響。封裝工藝設計規則限定崩角不能進入晶片邊緣的密封環。如果將崩角大小作為評定晶圓切割製程能力的一個指標，可計算晶圓切割製程能力指數（C_{pk}）。

2. 分層與剝離（Delamination & Peeling）

對一些低 k 材料獨特的特性（為了定量分析介電質的電氣特性，用介電常數 k 來描述介電質的儲電能力），低 k 晶圓切割的失效模式，除了崩角缺陷外，晶片邊緣的金屬層與鈍化層的分層和剝離，是另一主要缺陷。一般功率元件沒有低 k 晶片類切割的考量，但剝離和金屬層分層除了晶圓本身的製造品質外，也和切割工藝有一定的關係。需要指出的是，絕大部分功率元件，其晶片背面是經過金屬化處理的，以 MOSFET 為例，其背金主要是鈦（Ti）／鎳（Ni）／銀（Ag）三層金屬，其厚度各

是 0.3μm 左右，總厚度在 1μm 左右，對劃片來說，如果背金結合品質不好，或劃片參數失當，可以在高倍光學顯微鏡（200x）下清晰地看到金屬層與矽層的分離，後續塑封時，水氣或塑封料進入，引起分層和裂紋擴展帶來的可靠性問題，或導致元件的電氣效能不良，例如 R_{DSON} 和 V_{DS} 也是後續品質控制的重點。影響晶圓劃片品質的重要因素是劃片工具（Dicing Blade）、膠膜（Mounting Tape）及工藝參數，劃片工藝參數主要包括：切割模式、切割參數（步進速度、刀片轉速、切割深度等）。對於由不同的半導體製程製作的晶圓，需要進行劃片工具的選擇和參數的最佳化，以達到最佳的切割品質和最低的切割成本。除了傳統的金剛刀機械切割方式外，還有幾種切割方式值得關注。

3.2.8 雷射劃片

雷射劃片作為一種新興的劃片方式，於近幾年得到了快速發展。雷射劃片是將高峰值功率的雷射束經過擴束、整形後，聚焦在藍寶石基片（或矽片、SiC 基片、金剛石等材料）表面，使材料表面或內部發生高溫汽化或昇華現象，從而使材料分離的一種劃片方法。雷射劃片具有以下優點：①非接觸劃切，無機械應力，基本上無崩角現象，切口光滑無裂紋，切割品質好，成品率較高；②切割精度高，切割槽窄，甚至可以進行無縫切割，允許晶圓排列更為緊密，節省成本；③可進行線段、圓等異型線型的劃切，在同樣大的晶圓上，排列更多晶粒，有效晶粒數量增加，節省基底空間；④消耗資源少，不需要更換刀具，不使用冷卻濟，既節省成本，又不會汙染環境。雷射劃片的上述優點，使其特別適用於高精度、高可靠性的聲波元件等產品的加工。

雷射劃片光源——雷射器。雷射器作為雷射劃片設備的核心部件

之一，通常會占據整個設備成本的 40% 左右。雷射器的分類有多種方法，按工作物質分類，常用的加工用雷射器，主要有固體雷射器、CO_2 雷射器、準分子雷射器、半導體雷射器、光纖雷射器等。由於固體雷射器具有易於維護與運輸、使用週期長等特點，雷射劃片設備通常使用脈衝固體雷射器作為雷射源。目前，大部分固體雷射器廠商可以保固 1 萬小時，有的廠商還可以對某些型號的雷射器保固 10 萬小時。這無疑使雷射器的維護成本大大降低。雷射束的品質對最終的劃切效果有重要的影響。使用雷射束模式為基模，其光斑直徑小於 1.3μm 為佳。一般來說，精細劃片常用的脈衝固體雷射器，波長有 1064nm、532nm、355nm、266nm 這四種。受雷射器生產發展及相應光學配套系統限制，雷射的脈衝寬度一般在 1～100ns，重複頻率從幾千赫到幾百千赫不等。對於光束的傳遞與聚焦系統，雷射是高斯光束，具有方向性好，光強度大和功率密度大等特點。雷射的重複頻率會影響劃切槽的品質，重複頻率越高，效果越好，劃切槽邊緣越光滑。雷射束的功率密度，決定了雷射對材料去除的能力，功率密度越大，去除能力越強。但由於雷射束有一定的發散角（通常在毫弧度量級），同時受出口光斑大小（通常直徑為 1mm 左右）的限制，無法滿足劃片對光斑直徑及功率密度的應用需求，需要採用聚焦透鏡對光束進行進一步聚焦，以滿足劃片對雷射功率密度及光斑大小的需求。光斑直徑越小，功率越大。增大功率密度可以增強雷射加工的能力。實際應用中，可根據不同的材料和要求，設計不同的光斑直徑、焦深及功率密度等系統參數，在精密加工時，可以得到符合要求的劃痕。雷射劃切時，雷射相對靜止，工作臺承載被加工材料以指定的速度和方式進行運動，劃出需要的圖形。需要注意的是，由於工作臺運動的啟動與停止需要時間，在切割時，工作臺的運動與雷射器的協調控制尤為重要，如果控制不當，可能會導致良率損失，嚴重情況，會導致無

法進行下一道程序，甚至造成廢片。對於不同種類、不同型號的材料及不同的劃切要求，雷射的波長、功率、脈衝寬度、重複頻率、工作臺運動速度及方式等參數，需要根據實際情況進行大量實驗，得到最佳化組合。以藍光 LED 的藍寶石晶圓為例，要求劃切槽寬度在微米量級，深度為 20～30μm，通常採用 355nm 或 266nm 的紫外脈衝固體雷射器作為雷射源，切割產量最高可達 20 片／h。

儘管雷射劃片具有諸多優點，但在實際應用中也容易產生一些問題，主要包括熱效應、回銲現象、粉塵等異物對晶片產生的不良影響。熱效應使劃切槽邊緣發生化學和物理性質的變化，粉塵容易掉落，並黏在晶粒表面而影響下一道製程，這些都會對元件效能產生不良影響。對於熱效應問題，即使是單個光子能量極高的紫外線雷射束，也無法完全避免熱效應的產生，有報導稱，只有在雷射脈衝寬度達到皮秒級或更短的情況下，才能夠完全避免熱效應的產生，但目前皮秒雷射器價格昂貴，設備成本倍數增加，使一般封裝廠商難以接受。針對這些問題，同時為了進一步最佳化雷射劃片的效率及生產製程問題，一些設備生產廠商開發了各種加工工藝，以減小粉塵或熱效應等不良影響。主流應用的工藝方法有：

1）表面塗覆保護膜。劃片之前在晶圓表面塗覆一層水溶性保護膜，這樣一來，切割時產生的粉塵或其他異物，會掉落在保護膜上，而不會黏附在晶粒上，劃切後再利用純水沖洗乾淨。這種方法可以大幅度減少異物黏附，增加元件可靠性。

2）多光束雷射劃片工藝。這是一種利用分光技術，將一束雷射分成幾束、甚至幾十束排成一列，對材料進行加工的方法，單光束雷射切割通常為了確保切割品質而採用較低功率，進而影響切割速度。而該方法

能夠在確保切割品質的同時，提高雷射切割速度，並能得到尺寸更小的切割槽。

3）微水導雷射切割工藝。這是一種將雷射束耦合在極細的高壓水柱內，雷射與高壓水柱同時作用於材料表面進行加工的方法。該方法利用雷射「自聚焦現象」，雷射束作用在材料表面的光斑大小，取決於高壓水柱的尺寸，對被加工材料厚度變化不敏感。而且該方法能夠迅速帶走由於雷射與材料相互作用時產生的微塵，同時能帶走大部分對晶圓效能有重大影響的熱量，降低熱影響。1998年瑞士的SYNOVA公司首先利用該方法製造了成熟的晶圓切割設備，切割寬度從22μm到100μm不等。

4）「隱形切割」工藝。這是一種將雷射束聚焦在被加工材料內部，使其內部產生變質層，再借由擴展膠膜等方法，將晶粒分離的工藝方法，該工藝方法與雷射直接刻蝕相比，具有無汙染的特點，在製程上減少了清洗這個步驟，節省了時間成本，特別適合抗負荷能力差的加工對象。雷射劃片作為一門新興技術，其具有非接觸、高品質、高速度的加工特性，使其在特殊硬脆材料，如碳化矽的加工、太陽能電池製程、3D封裝等領域，有廣泛的應用。

3.2.9 超音波切割

超音波切割的一般過程是透過超音波發生器，將50/60Hz的電流頻率轉換成20kHz、30kHz或40kHz。然後轉換成同等頻率的機械振動，隨後機械振動通過一套可以改變振幅的調幅器裝置，傳遞到切割刀。切割刀將接收到的振動能量傳遞到待切割工件的切割面，所以本質上，超音波切割也是機械切割方式的一種。尤其對黏性和彈性材料、冰凍材料，如食品、橡膠等，或對不便施加壓力的物體進行切割，特別有效。超音

波切割還有一個很大的優點，就是它在切割的同時，在切割部位有熔合作用，可防止被切割材料產生組織飛邊。業界暫時還沒有成熟的、能直接切割半導體晶圓的超音波刀具，但隨著科技的發展，超音波在半導體矽片切割方面必有用武之地，Disco 公司已有類似應用，目前還在研發推廣，據了解，已經開發出來的樣機具有以下特點：

　　超音波振動作用在刀軸和刀片上，刀軸的振動方向是軸向水平方向，刀片的振動是以圓心為原點，沿著半徑的方向。金剛石顆粒在幾種運動的綜合作用下，不斷地錘擊、衝擊、拋磨和刮擦矽材料的工件表面。超音波振動之所以能提高切削效率，分析其原因，主要有以下三點：①在對工件施加超音波振動平面切削過程中，磨粒摩擦、擠壓的路徑增加，使材料去除率增加；②由於超音波加工時速度是變化的，磨粒與工件有接觸，也有分離，這時磨粒對工件有錘擊、衝擊、空化（空蝕）等作用。磨料顆粒的直接錘擊作用，導致橫向裂紋進一步擴展，加速了材料的去除；③超音波振動造成固結在刀片表面的金剛石形成微破碎，破碎的金剛石磨粒產生微切削的作用，形成對材料的去除。當然，由於需要施加超音波能量，所以其金剛刀和轉軸設計都與傳統的切割系統有差別，從了解到的數據來看，其切割品質和軸向電流都比無超音波的狀況穩定，且可以精確控制切割槽的寬度到 850nm 左右，其切割效率也和傳統金剛刀切割系統接近，尤其適合切割 SiC、玻璃、硬質合金等高硬度的脆性材料。

　　超音波切割技術是利用超音波銲接工藝對工件進行切割，超音波銲接設備及其組件，也適用於自動化生產環境。超音波切割技術的基本原理，是利用一個電子超音波發生器產生一定範圍頻率的超音波，然後透過置於超音波切割頭內的超音波—機械轉換器，將原本振幅和能量都很

第 3 章　功率封裝的典型製程與工藝解析

小的超音波，振動轉換成同頻率的機械振動，再透過共振放大，得到足夠大的、可以滿足切割工件要求的振幅和能量（功率），最後將這部分能量傳導至鎝頭，再對產品進行切割。其優點是切口光潔、沒有膠絲。超音波切割振動系統，主要由超音波換能器、超音波變幅桿、鎝頭組成。其中，超音波換能器的作用，是將電訊號轉換為聲訊號；超音波變幅桿是超音波加工設備中的一個重要組成部分，它主要有兩個作用：①聚能作用——即將機械振動位移或速度振幅放大，或把能量集中在較小的輻射面上進行聚能；②有效地將聲能傳遞給負載，作為機械阻抗的轉換器，在換能器和聲負載之間進行阻抗匹配，使超音波能量由換能器更有效地向負載傳輸。超音波晶圓切割系統結構示意圖，如圖 3-4 所示。

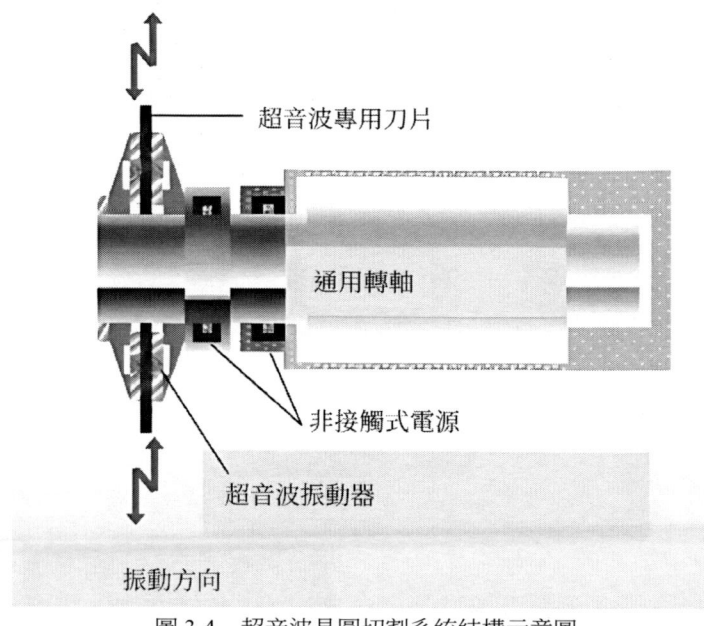

圖 3-4　超音波晶圓切割系統結構示意圖

　　總之，對超音波技術結合成熟的金剛刀切割技術的研究值得關注。此外，電漿切割技術，因為電漿是高溫電離氣體，產生電離子和電弧，

電弧溫度可達攝氏幾千度，因此切割金屬等材料特別有效，也可以用於水下切割等特殊場景，但是，聚焦到幾十微米級別的劃片切割槽非常困難，溫度過高對晶片的影響較大，對冷卻的要求也較高，此外，需要特殊游離特性好的氣體作為游離介質（一般是惰性氣體），這樣也會帶來成本和安全問題。所以，目前電漿切割技術還未應用於晶圓切割，有一些嘗試，但還不成熟。

3.3　晶粒接合

所謂晶粒接合，就是把裸晶片透過導電或不導電的方式，裝到合適的載體上，載體分為基板和導線架這常見的兩大類，用來實現部分內互連，同時為後續的接合實現工藝可能。晶粒接合的產品品質要求：晶片與引線導線架的連接機械強度高，導熱效能（ΔV_{BE} 小）和導電效能好（V_{CEsat} 小），裝配平整，銲料厚度適中，定位準確，能滿足接合的需求，能承受接合或塑封時可能出現的高溫，確保元件在各種條件下使用都具有良好的可靠性。晶粒接合的品質要求：晶片位置正確，晶片無汙染、無碎裂、無劃傷、無倒裝、無誤裝、無扭轉，引線導線架無汙染、無氣泡、無氧化、無變形，銲料熔融良好，無氧化、無漏裝、無結球、無翹曲、無空洞。良好的成品率不但要有合適的製程條件，還要有理想的合金銲料，理想的銲料應有以下特點：

1）在半導體晶片中的溶解度高，這樣製成的歐姆接觸電阻就小；

2）具有較低的蒸氣壓，即在合金溫度下不應大量蒸發；

3）熔點應低於晶片表面的鋁與半導體的合金溫度，否則會影響元件的電性參數；

第 3 章 功率封裝的典型製程與工藝解析

4)機械效能良好,要有延展性,且熱膨脹效能與半導體材料、襯底材料的熱膨脹效能相接近或相匹配。

但晶粒接合的方式有很多種,目前主流的方式有以下 4 種,分別是膠聯晶粒接合(分為導電或非導電樹脂)、銲料晶粒接合(以鉛錫合金為主)、共晶晶粒接合、銀燒結晶粒接合。

3.3.1 膠聯晶粒接合

導電膠是一種固化或乾燥後具有一定導電效能的膠黏劑,它通常以基體樹脂和導電填料,即導電粒子為主要組成成分,透過基體樹脂的黏接作用,把導電粒子結合在一起,形成導電通路,實現被黏材料的導電連接。常用的樹脂,由環氧、聚醯亞胺、酚醛、聚胺樹脂及有機矽樹脂組成作為黏合劑,加入銀粉的,稱為導電樹脂(或導電膠);有的加入氧化鋁粉作為填充料,導熱性好,絕緣性也好,稱為非導電樹脂(或非導電膠),適用於積體電路與小功率的電晶體。由於銀粉導電性優良且化學穩定性高,它在空氣中氧化速度非常慢,在膠層中幾乎不會被氧化,即使氧化了,生成的銀氧化物仍具有一定的導電性,因而在市場中,以銀粉為導電填料的導電膠應用範圍最廣,尤其是在對可靠性要求高的電氣裝置上應用最多。導電銀膠主要由環氧樹脂、銀粉、固化劑、促進劑及其他添加劑等構成。晶粒接合膠黏合劑的成分(Epoxy adhesive composition)有含銀填料(Filler)的導電性型與含氧化矽(Silicon)或鐵氟龍(PTFE,又稱特夫綸)填料的絕緣型兩種,導電性型與絕緣型的填料完全不同。導電性型一般使用銀粉,銀粉有球狀、樹枝狀、鱗片型等形態,這些銀粉的混合技術,是決定銀膠黏合劑各種特性的重點。絕緣型的填料雖然只要是絕緣粉末即可,但大部分使用熱傳導性較佳的氧化矽或鐵

氟龍。一般銀膠黏合劑是裝在容量為 10～25g 的注射筒（Syringe）中，保存於 -40℃的冰箱中。

　　導電銀膠中高分子樹脂的選用原則，一般為液態、無毒、低黏度、含雜質量少、脫泡性好及不吸水。較為理想的環氧樹脂為液態雙酚 A 型環氧樹脂和雙酚 F 型環氧樹脂這兩類。根據導電銀膠對基體樹脂的要求，選擇使用最為廣泛、性能最穩定的環氧樹脂。固化劑的一般選用原則為液態、無毒、中溫固化，配製成的導電膠在室溫下適用期長，低溫下保存效果好。目前，固化劑主要有三類：胺類固化劑、酸酐類固化劑及咪唑類固化劑。

　　銀粉的選擇主要考慮兩方面：粒子形態和粒徑大小。兩者對導電膠的導電性能及導熱效能都有較大的影響。根據導電膠的導電原理，粒子形態的一般選用原則如下：粒子相互之間能形成更大的接觸面積。銀粒子的形態主要有球狀、磷片狀、枝葉狀、桿狀，共四種類型。為使粒子間得到更大的接觸面積，銀粒子形態選用的優先次序為枝葉狀、磷片狀、桿狀、球狀。其中磷片狀和桿狀較為接近。此外，磷片狀和枝葉狀有時統稱為片狀。根據粒徑大小的不同，銀粒子主要有微晶、微球、片狀（包含枝葉狀和磷片狀）三種。粒子的尺寸區間如下：微晶小於 $0.1\mu m$；微球為 $0.1～2\mu m$；片狀大於 $2\mu m$。而片狀銀粉根據尺寸不同，又可細分為 $2～4\mu m$，$5～438\mu m$，$8～10\mu m$，$10\mu m$ 以上等多個系列。粒徑大小也會影響導電銀膠的電阻率，使用粒徑大的銀粉製備的導電膠，單位體積內形成的導電通路較少，這樣會降低導電性，而粒徑小的銀粉製備的導電膠，單位體積內形成的導電通路較多，導電膠的導電性也會比較好。因此，從導電性方面考慮，選擇小片狀銀粉應該最適合。銀粉形狀電子顯微鏡圖，如圖 3-5 所示。

图 3-5　银粉形状电子显微镜图

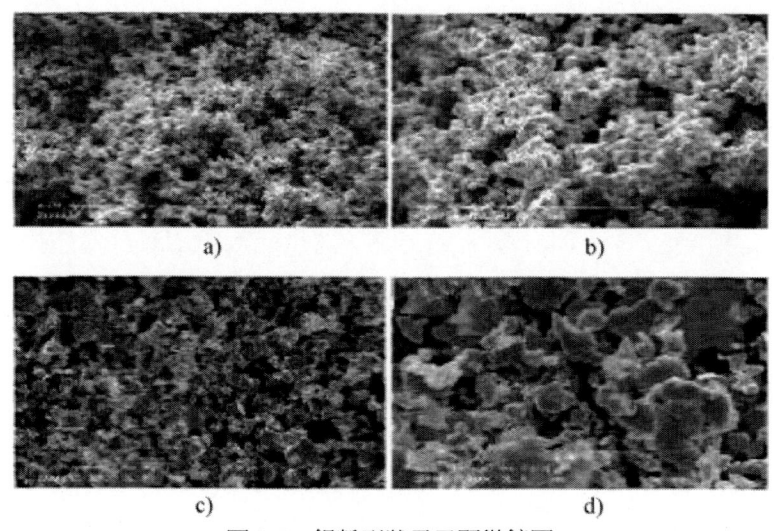

其中，图 3-5a 和 b 为球状银粉；图 c 和 d 为片状银粉。从图 3-5 中也可以看出球状银粉为小球状的絮状堆积，由于静电吸附作用，团聚在一起，比表面积大，颗粒之间接触面积小；片状银粉为不规则片状，尺寸为 4～6μm，接触面积大。根据导电原理，片状银粉更利于导电。银粉填充量对导电胶的导电效能和拉伸剪切性能有重要的影响。随着银粉填充量的增加，银粉的排列更加紧密，导电胶的导电性能提高。当银粉填充量为 60% 时，体积电阻率大于 2.5×10^{-2}Ωcm，几乎不导电；当银粉填充量为 75% 时，体积电阻率为 1×10^{-3}Ωcm；当银粉填充量为 80% 时，体积电阻率为 2×10^{-4}Ωcm。当银粉的填充量大于 75% 时，导电胶的体积电阻率已达 10^{-4} 的数量级。导电胶在应用时需要面对的问题包括：

1）电导率低，对于一般的元件元件，大多数导电胶均可良好应用，但对于有较高散热和较低导通电阻要求的功率元件，则不太适合。

2）黏接效果受元件元件类型、PCB 类型影响较大。

3)固化時間長。由基體樹脂和金屬導電粒子組成的導電膠,其電導率往往低於 Pb/Sn 銲料。為了解決這個問題,科學研究工作者做了以下的努力:增加樹脂網路的固化收縮率;用短的二羧酸鏈去除金屬填充物表面的潤滑劑;用醛類去除金屬填充物表面的金屬氧化物;採用奈米級的填充粒子等。

4)導電膠的另一個技術問題是相對較低的黏接強度,在節距小的連接中,黏接強度直接影響元件元件的抗衝擊效能。由於黏結成型的主要原理是環氧樹脂的交聯反應,因此,有必要簡單了解一些環氧樹脂的知識。由兩個碳原子和一個氧原子形成的環,稱為環氧環,含這種三元環的化合物,統稱為環氧化合物(Epoxide)。圖 3-6 為環氧環和三維網狀結構樹脂示意圖。

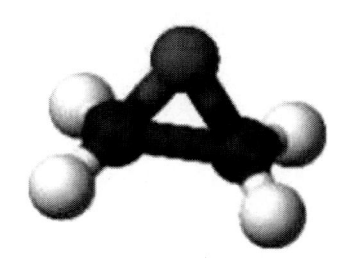

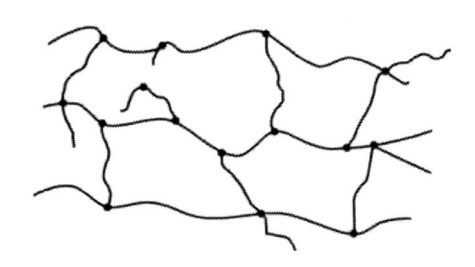

圖 3-6　環氧環和三維網狀結構樹脂示意圖

環氧樹脂(Epoxy Resin)是指分子結構中含有 2 個或 2 個以上環氧基,並在適當的化學試劑存在下,能形成三維網狀固化物的化合物的總稱,是一類重要的熱固性樹脂。環氧樹脂既包括環氧基的低聚物,也包括環氧基的低分子化合物,環氧樹脂作為膠黏劑、油漆和複合材料等的樹脂基體,廣泛應用於水利、交通、機械、電子、家電、汽車及航空航太領域。環氧樹脂分類圖,如圖 3-7 所示。

第 3 章　功率封裝的典型製程與工藝解析

```
                        ┌─ 固態環氧樹脂
         ┌─ 按物質狀態 ──┤
         │              └─ 液態環氧樹脂
         │
         │              ┌─ 縮水甘油酯型環氧樹脂 ──┬─ 雙酚A
         │              │                        └─ 其他
         │              ├─ 縮水甘油胺型環氧樹脂
環氧樹脂 ─┤              │
         │              ├─ 混合型環氧樹脂        ┌─ 脂環族環氧樹脂
         ├─ 按化學結構 ──┤                        ├─ 脂肪族環氧樹脂
         │              ├─ 環氧化烯烴化合物
         │              │
         │              ├─ 雜環型縮水甘油環氧樹脂
         │              │                        ┌─ 有機溴環氧樹脂
         │              └─ 鹵化環氧樹脂          └─ 有機氟環氧樹脂
         │
         │              ┌─ 雙官能基環氧樹脂
         └─ 按環氧基數量 ┤
                        └─ 單官能基環氧樹脂
```

圖 3-7　環氧樹脂分類圖

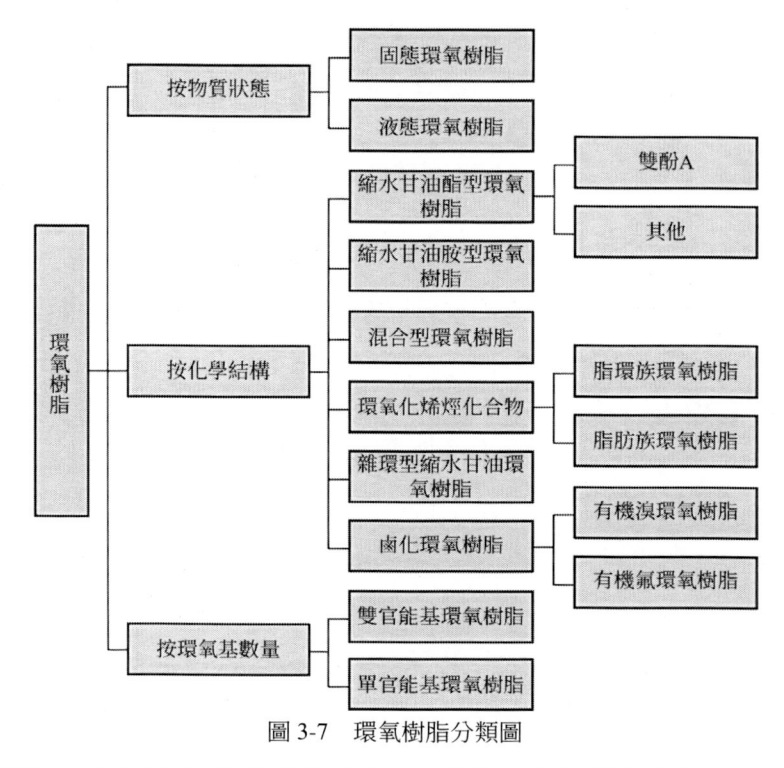

雙酚 A 環氧樹脂是最具代表性、應用最廣的環氧樹脂，其結構式如下：

$$H_2C-\underset{O}{\underbrace{}}-\overset{H}{\underset{}{C}}-\overset{H_2}{\underset{}{C}}-O-\text{C}_6\text{H}_4-\underset{CH_3}{\overset{CH_3}{C}}-\text{C}_6\text{H}_4-O-\overset{H_2}{C}-\underset{OH}{\overset{H}{C}}-\overset{H_2}{C}-O-\text{C}_6\text{H}_4-\underset{CH_3}{\overset{CH_3}{C}}-\text{C}_6\text{H}_4-O-\overset{H}{C}-\overset{H_2}{\underset{O}{\underbrace{}}}-CH_2$$

其中，氫化雙酚 A 環氧樹脂固化物的耐候性優異，耐電弧性、耐漏電痕跡性很好，特別適宜配製耐久性戶外用環氧膠黏劑。未固化的環氧樹脂是黏性液體或固體，沒有實用價值，只有加入固化劑固化生成三維交聯網路結構後，才能實現最終用途。半導體封裝所用到的環氧樹脂，都是加熱固化類型的。對環氧樹脂膠黏劑的研究，可追溯到上世紀末、本世紀初，它具有優良的效能。素有「萬能膠」之稱的環氧樹脂，含有活

3.3 晶粒接合

潑環氧基團和其他極性基團，可與金屬、木材、塑膠等多種材料生成化學鍵，牢固結合，有良好的黏結力。環氧樹脂已廣泛應用於航空航太、建築、電氣、交通工具、機械工業等各個方面，在使用時通常會加入適當的稀釋劑、固化劑、催化劑、添加劑等對其進行改性，從而使其效能更優良，如製成具有良好導電性的環氧樹脂導電膠，或高度絕緣的環氧塑封料。由於導電膠的導電特性是由填料決定的，所以在填料裡新增石墨烯改善導電性和導熱性是一個發展的方向，且可以嘗試不同填料之間的比例，來減少貴金屬的含量，並追求導電效能的提升。導電膠的主要特性是黏結力、導電性、導熱性，根據半導體產品的不同應用環境和製程特點而選用。在此過程中，隨著新材料、新工藝技術的發展，相信在未來，會有多種新型複合銲料誕生，從而統一功率元件和 IC 製品晶粒接合的材料和工藝。膠聯晶粒接合的一般過程，如圖 3-8 所示。

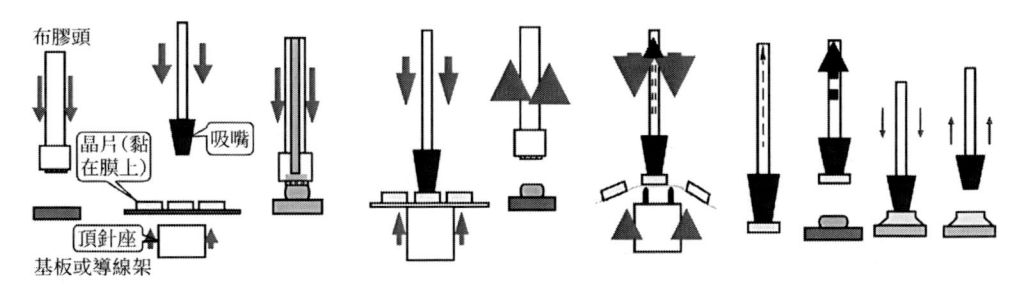

圖 3-8　膠聯晶粒接合過程示意圖

3.3.2　晶粒接合常見問題分析

晶片拾取和黏片到基板或導線架的過程，無論是膠聯晶粒接合或銲料晶粒接合，其過程都是類似的，所不同的是使用的「黏合」材料，因此了解這個過程和所用到的工具，對理解整個晶粒接合製程是十分重要的。以下列出晶粒接合常見問題：

第3章 功率封裝的典型製程與工藝解析

1)晶片位置問題。晶片位置問題包括晶片傾斜、偏倚。通常晶片的位置是透過設備的精度來確保的，在過程中，輸入晶片尺寸和對應的位置參數，透過照相機，將晶片位置參數和實際基島進行比較，設定參考點，一般是導線架或基板上某一固定特徵點，形成相對位置演算法，透過電腦算出晶片需要放置的位置，這個過程被稱為影像辨識。輸出的位置參數，透過執行單元，比如精密的步進馬達等，給銲頭行程和位置動作，從而實現晶片放置。設備的精度一般都是指執行單元所能達到的精度。造成位置偏移的原因主要與設備相關，在確認設備電機等執行單元的精度動作沒有問題的前提下，需要檢查拾取系統的安裝設定，如晶片的中心、拾取的中心，及頂針的中心，是否在一條直線上，所謂的三點一線的確認，如圖3-9所示。

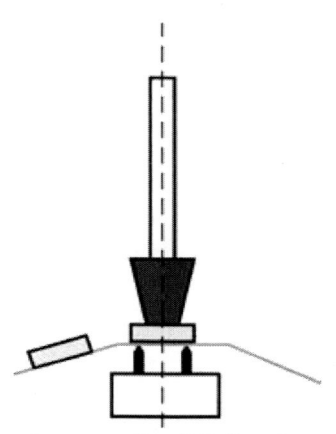

圖3-9 三點一線校準示意圖

除了設備精度和工具設定的原因外，造成傾斜和位置偏移的原因，也和布膠的位置、膠量以及晶片底部的品質有一定的關係。布膠位置的偏移，造成晶片地面膠的不均勻，在後續固化的過程中，表面張力的差異，會造成晶片移動。這個問題在膠聯晶粒接合中非常嚴重，因為膠本身具有一定的黏度，其表面張力的影響不顯著，一般來說，只要布膠的

時候位置準確,就能滿足晶片位置的要求,但在銲料晶粒接合過程中,由於表面張力及金相反應等情況,容易導致晶片傾斜和銲料層厚度失控的問題,後面再詳細介紹。

2)晶片裂紋。由圖 3-8 可以知道,在晶片拾取的過程中,頂針有頂出晶片的作用,與此同時,吸嘴需要下壓,透過抽真空,把晶片吸到吸嘴上並維持,這個過程中,吸嘴需要往下壓,頂針需要往上推,因此對晶片來說,這個過程是兩面受力的過程,上面是吸嘴的壓力,呈圓形分布作用在晶片表面,下面是頂針衝擊力(有一定的速度)作用在頂針接觸點,一旦參數設定不當——這裡的參數主要是指頂針的衝擊速度——就會受到頂針的尖銳度,頂針的數量和設置,頂針的設定高度,以及吸嘴下壓的壓力。晶片的面積不同,其受力模式會有不同的表現,受力一旦超過材料(矽基和矽背面的金屬層)的極限,會對材料產生損害,常見的損害是晶片背面被頂出一個洞,或留下較深的印痕。打個比方,就好像在一個玻璃平面上,同時被一個或多個錘子衝擊,嚴重的情況,會導致晶片直接碎裂,稍好一點的情況是晶片本身沒有碎裂,但產生了會隨時間增加而延伸的裂紋,這種情況尤其可怕,因為此時晶片本身還能夠通過測試,但會在應用時失效,在重要的場合,會帶來致命的問題。所以合理設定參數,以及選擇合適的工具和安裝,對晶粒接合非常重要,銲料尤其重要。下面是格里菲斯(A. A. Griffith)裂紋擴展原理和晶片裂紋計算模型。

圖 3-10 中:

1)導線架材料銅的厚度表徵為「t_{cu}」;

2)矽晶片厚度表徵為「t_{si}」;

3)銲料厚度表徵為「$t_{銲料}$」;

4）在晶片 X 方向上的長度表徵為「L」；

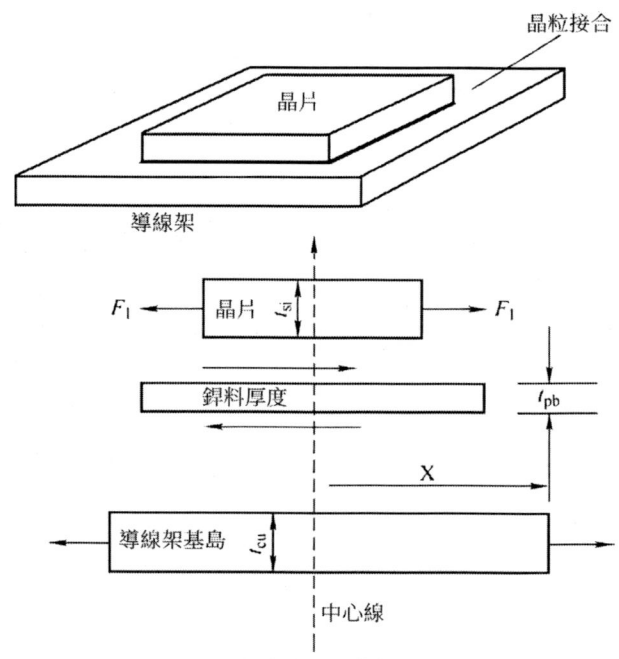

圖 3-10　晶片裂紋計算模型示意圖

5）假設晶片、銲料和導線架都是中心均勻。

$$\sigma = \frac{E_{si}}{1-\gamma_{si}}(\alpha_{si}-\alpha_{da})(T_{da}-T_0)$$

(3-1)

式中，E_{si} 是矽的楊氏模量；γ_{si} 是矽的蒲松比；α 是材料的熱膨脹係數「CTE」；T 是溫度，T_0 是室溫；σ 是熱應力。建立微分方程式如下：

$$\frac{dF_1}{dx} - \tau dx = 0 \text{ 和} \frac{dF_2}{dx} + \tau dx = 0$$

(3-2)

矽晶片上下表面應變微分方程式：

$$\frac{dU_1}{dx} = \frac{F_1}{E_{si} \cdot t_{si}} + \alpha_{si}\Delta T \quad \text{和} \quad \frac{dU_2}{dx} = \frac{F_2}{E_{cu} \cdot t_{cu}} + \alpha_{cu}\Delta T$$

(3-3)

根據虎克定律：

$$\frac{\tau}{G_{銲料}} = \frac{U_1 - U_2}{t_{銲料}}$$

(3-4)

上式可變為：

$$\frac{U_1 - U_2}{t_{銲料}} G_{銲料} = \tau$$

(3-5)

式中，U_1 和 U_2 分別是晶片和銲料的應變；$G_{銲料}$ 是銲料的剪切模量；τ 是剪切應力。

經兩次微分及代入 U_1、U_2 微分方程式後得到：

$$\frac{d^2\tau}{d^2x} = \frac{G_{銲料}}{t_{銲料}}\left(\frac{1}{E_{si} t_{si}} + \frac{1}{E_{cu} t_{cu}}\right)\tau$$

$$\beta = \sqrt{\frac{G_{銲料}}{t_{銲料}}\left(\frac{1}{E_{si} t_{si}} + \frac{1}{E_{cu} t_{cu}}\right)}$$

定義材料常數 (3-6)

簡化後得到：

$$\frac{d^2\tau}{d^2x} = \beta^2\tau$$

解這個微分方程式，得到：

$$\tau = A\sin(\beta x) + B\cos(\beta x)$$

(3-7)

這裡 x 的取值範圍是 0（正中心）到 L（晶片邊緣），代入邊界條件得到：

$$\tau(x) = \frac{G_{銲料}(\alpha_{cu} - \alpha_{si})\Delta T}{\beta t_{銲料}} \frac{\sin(\beta x)}{\cos(\beta L)}$$

$$\tau_{max}(x) = \frac{G_{銲料}(\alpha_{cu} - \alpha_{si})\Delta T}{\beta t_{銲料}} \tan(\beta L)$$

當 X=L 時得到 (3-8)

特別說明一下，銲料厚度（Bond Line Thickness，BLT）在這裡表徵為 $t_{銲料}$，β 是材料常數，也包含了 BLT，如果將晶片厚度 t_{si} 和導線架或基板厚度 t_{cu} 視為定值，β 就是 BLT 的一個函式，可表徵為 β（BLT）。

$$\beta(BLT) = \sqrt{\frac{G_{銲料}}{BLT}\left(\frac{1}{E_{si} t_{si}} + \frac{1}{E_{cu} t_{cu}}\right)}$$

(3-9)

其中，

$$G_{銲料} = \frac{E_{銲料}}{2(1+\gamma_{銲料})}$$

重寫 τ_{max}（x）的公式得到：

$$\tau_{max}(x) = \frac{G_{銲料}(\alpha_{cu} - \alpha_{si})\Delta T}{\beta(BLT)BLT}\tan[\beta(BLT)L]$$

(3-10)

可見剪切應力是一個與 BLT 相關的函式。當 X=L 時，可求得晶片邊緣的最大剪切應力值，對 BLT 求導，可得到極值。這裡可以得到結論：

當 BLT 增加時，τ 值減小，所以增加銲料厚度，對裂紋的預防和控制有益。裂紋的起源，是在前面晶片切割分離的製程中，由於大多數情況下採用金剛刀切割的方式，相當於砂輪打磨、切掉晶片間的切割道（矽材質），形成獨立的晶片單元，這個過程中，不可避免會有微裂紋產生，微裂紋英文表達為 Mirco Crack，在劃片製程中，稱為 Die Chipping，根據斷裂力學理論，微裂紋在沒有達到臨界應力和臨界尺寸的條件下，是不會擴展的。所以控制微裂紋的尺寸大小，是控制裂紋產生的一個方向。此外，晶粒接合時，頂針在頂出晶片的過程中所留下的針痕，微觀下看猶如彈坑，也形成了應力集中點和內部隱藏的微裂紋，同樣也是裂紋的起源，因此控制微裂紋的產生，還需要嚴格控制頂針痕跡，最好是肉眼看不見針痕，所以合理的晶粒接合參數設計和最佳化，對裂紋的預防會產生重要作用。拋開晶粒接合本身，回到貼膜的製程，膜的黏性控制也是個課題，因為黏性太高，晶粒接合時頂針的設定可能會造成晶片頂出後吸不起來，造成良率損失，因此，可能會造成頂針高度增加或吸嘴壓力加大的情況，從而使裂紋產生的可能性增加，所以從源頭上控制貼膜的黏性很有必要。一般藍膜的黏性，會隨時間的增加而增大，因此控制切割和晶粒接合之間的等待時間，對晶粒接合的品質本身有重要意義。在特殊的場合，須採用 UV 膜作為解決方案，在切割時具有較強的黏性，可以確保晶片不分離，在晶粒接合前，採用 UV 照射的方式，減少膜的黏性，從而使晶片容易完成拾取，而不會造成額外的損傷現象。

頂針是用來頂出晶片的工具，一般有幾種直徑，材質是鋼。頭部太尖銳的頂針，容易造成針痕和坑洞，推薦採用直徑較大的針，針的質地不能過硬、過脆，容易折斷並讓晶片造成損傷。頂針實物圖，如圖 3-11 所示。

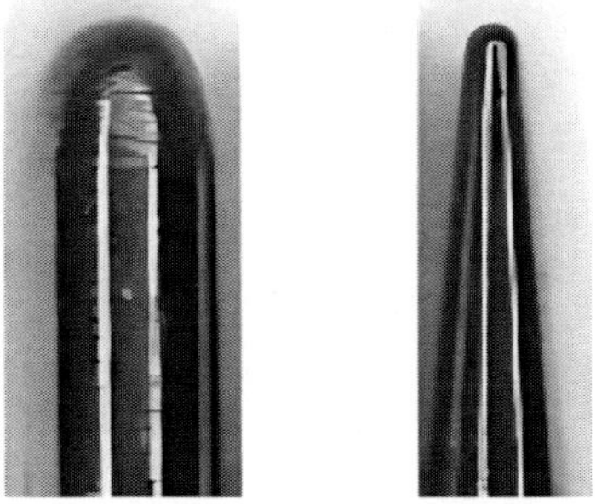

第 3 章 功率封裝的典型製程與工藝解析

直徑0.3mm　　直徑0.1mm

圖 3-11　頂針實物圖

也有新材質的頂針,如塑膠頂針和空氣頂針,總之,目的都是滿足頂出晶片的同時,不為晶片帶來額外的機械應力損傷。

3.3.3　銲料晶粒接合

銲料晶粒接合的定義,就是用銲料實現晶片和載體(基板或導線架)的固定,並實現導電導熱的結構,為後續內互連創造工藝條件。一般來說,主要有兩種方式:軟釬釬料銲接;表面印刷再流銲(波銲)。

3.3.3.1　銲料晶粒接合的過程和原理

軟釬銲接,本質上是釬銲的一種,釬料是錫鉛銀釬料,透過高溫熱軌道加熱成液態,在導線架上用壓模機對液態釬料整形,把晶片(通常背面是 Ti/Ni/Ag 的金屬層,一般功率元件都需要做背金)和導線架透過一定的溫度曲線設定,形成牢固釬接面的晶片連接方式。這種方式具有效率高、成型牢固、導熱導電性良好等特點,因而廣泛應用於各種功率離散元件,但缺點是釬料的形狀控制、厚度控制很困難,高溫熱軌道設計複雜,價格貴,維護困難,還需要額外的氮氫混合保護氣體,防止導線架和晶片氧化變質。銲料晶粒接合示意圖,如圖 3-12 所示。為了更容

易理解銲料晶粒接合的過程，有必要了解一下釺銲的原理，釺銲分為硬釺銲和軟釺銲。主要是根據銲料的熔化溫度來區分，一般把熔點在450℃以下的銲料叫軟銲料，使用軟銲料進行的銲接，就叫軟釺銲；把熔點在450℃以上的銲料叫硬銲料，使用硬銲料進行的銲接，就叫硬釺銲。在美國軍用標準中，是以 800 °F [01]（429℃）的金屬銲料熔點作為區分硬釺銲和軟釺銲的標準。

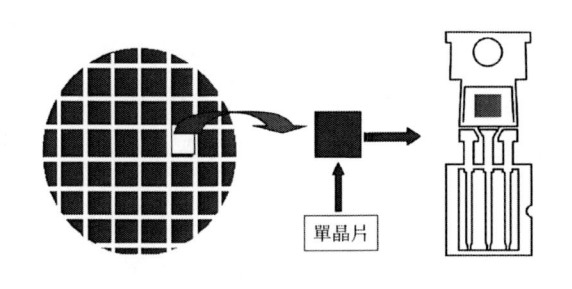

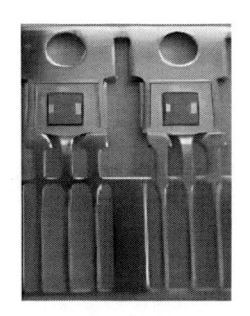

圖 3-12　銲料晶粒接合示意圖

半導體封裝用的錫銲是一種軟釺銲，其銲料主要使用錫（Sn）、鉛（Pb）、銀（Ag）、銦（In）、鉍（Bi）等金屬，目前使用最廣的是 Sn－Pb 和 Sn－Pb－Ag 系列共晶銲料，熔點一般在 185℃左右。

釺銲意味著固體金屬表面被某種熔化合金浸潤。這種現象可用一定的物理定律來表示。如果從熱力學角度來看浸潤過程，也有各種解釋的觀點。有一種觀點是用自由能來解釋的。$\Delta F=\Delta U-T\Delta S$，在這裡，F 是自由能；U 是內能；S 是熵。$\Delta F$ 與兩種因素相關，即與內能的變化和熵的變化相關。一般 S 常常趨向於最大值，因此促使－$T\Delta S$ 也變得更小。實際上，當固體與液體接觸時，如果自由能 F 減小，即 ΔF 是負值，則整個系統將發生反應或趨向於穩定狀態。由此可知，熵是浸潤的促進因素，

---

[01]　1 °F =℃

因為熵使 ΔF 的值變得更小。ΔF 的符號最終決定了 ΔU 的大小和符號，它控制著浸潤是否能夠發生。為了產生浸潤，銲料的原子必須與固體的原子產生接觸，這就引起位能的變化，如果固體原子吸引銲料，熱量被釋放出來，ΔU 是負值。如果不考慮 ΔU 的大小和量值，那麼，熵值的改變與表面能的改變有同樣的意義，浸潤同樣是有保證的。在基體金屬和銲料之間產生反應，這就顯示有良好的浸潤性和黏附性。如果固體金屬不吸引銲料，ΔU 是正值，這種情況下，ΔU 在特殊溫度下的大小值才能決定能否發生浸潤。這時，增加 TΔS 值的外部熱能，會對浸潤產生誘發作用。這種現象可以解釋為弱浸潤。在銲接加溫時，表面可能被浸潤，在冷卻時，銲料趨於凝固。在開始凝固的區域，ΔU 是正值，其值比 TΔS 大得多，當 ΔF 最終變為正值時，浸潤現象就發生了。有兩種情況，一種是兩種浸潤材料互相發生浸潤，導致結合，二者都呈現低表面能，這時的銲點具有良好的強度。一種是單純的黏附作用，無法產生良好的浸潤性。假如把兩種原子構成的固體表面打磨得很光滑，在真空中疊合在一起，它們可能黏附在一起，這種現象，是兩個光滑斷面之間的凡得瓦力作用。這種結合以凡得瓦力為基礎，超過了任何接點的應用強度。實際中不會出現這種情況，因為凡得瓦力是在距離很短時才會發揮作用。實際工程中，工件表面都有粗糙性，會阻止原子密切接觸。可是在一些局部，原子結合力也會發揮作用，這是很微小的。實際上，從宏觀角度來觀察時，也包括凡得瓦力在內。

一般情況下，低表面能的材料在高表面能的材料上擴展，在這種情況下，整個系統的表面自由能減小。同一個系統、兩個元件元件表面自由能相同時，就不發生擴展，或者說，會停止擴展。

在使用封裝及電子組裝常用的錫—鉛系列銲料銲接銅和黃銅等金屬

時，銲料在金屬表面產生潤溼，作為銲料成分之一的錫金屬，就會在母材金屬中擴散，在界面上形成合金金屬，即金屬間化合物，使兩者結合在一起。在結合處形成的合金層，因銲料成分、母材材質、加熱溫度及表面處理等因素的不同，會有變化。銲料的原理，必須從擴散理論、晶間滲透理論、中間合金理論、潤溼合金理論和機械齧合理論等幾個方面來進行解釋。

漫流也叫擴展或鋪展，它是一種物理現象，服從一般的力學規律，沒有金屬化學的變化。通常低表面能的材料在高表面能的材料上漫流。正如前面所述，漫流的過程，就是整個系統的表面自由能減小的過程。同一個系統、兩個元件元件自由能相同時，不會產生漫流。在封裝及電子組裝中，我們所討論的一般都是液體在固體表面上的漫流，漫流與液體的表面能和固體的表面性質相關。這是一種液體沿固體表面流動，即流體力學問題，同時也有毛細作用。漫流是浸潤的先決條件。

軟銲銲的第一個條件，就是已熔化的銲料在要連接的固體金屬表面上充分漫流，使之熔合一體，這樣的過程叫做「浸潤」（或潤溼）。乍看起來，金屬表面是很光滑的。但是，如果用顯微鏡放大來看，就能看到無數凹凸不平、晶粒界面和劃痕等，熔化的銲料沿著這種凹凸與傷痕，就會產生毛細作用，引起漫流浸潤。

為了使已熔銲料浸潤固體金屬表面，必須具備一定的條件。條件之一就是銲料與固體金屬表面必須是「清潔」的，由於清潔，銲料與母材的原子間距離就會很小，能夠相互吸引，也就是使之接近原子間的力能發生作用的程度。斥力大於引力，這個原子就會被推到遠離這個原子的位置，不可能產生浸潤。當固體金屬或熔化的金屬表面附有氧化物或汙垢時，這些東西就會變成障礙，這樣就不會產生潤溼作用，金屬表面必

須是清潔的，這是一個充分條件。表面張力是液體表面分子的凝聚力，它使表面分子被吸向液體內部，並呈收縮狀（表面積最小的形狀）。液體內部的每個分子，都處於其他分子的包圍之中，被平均的引力所吸引，呈平衡狀態。但是，液體表面的分子則不然，其上面是一個異質層，該層的分子密度較小，均勻承受著垂直於液面的方向，指向液體內部的引力，其結果出現在液體表面形成一層薄膜的現象，表面面積收縮到最小，呈球狀。這是因為在體積相同的情況下，表面積最小的形狀是球體。這種自行收縮的力，是表面自由能，這種現象叫表面張力現象，這種能量叫表面張力或表面能。這個表面能是對銲料的潤溼發揮重要作用的一個因素。

將熔化的、清潔的銲料放在清潔的固體金屬表面上時，銲料就會在固體金屬表面上擴散，直到把固體金屬潤溼。這種現象是這樣產生的：銲料藉助毛細管現象產生的毛細作用力，沿著固體金屬表面上微小的凸凹面和結晶的間隙，向四方擴散。液態金屬不同於固體金屬，其點陣排列不規則，以原子或分子的形態做布朗運動。因此，處在這種狀態下的金屬，具有黏性和流動性，而沒有強度。在這種情況下，金屬在熔點附近的體積變化為3%～4%。

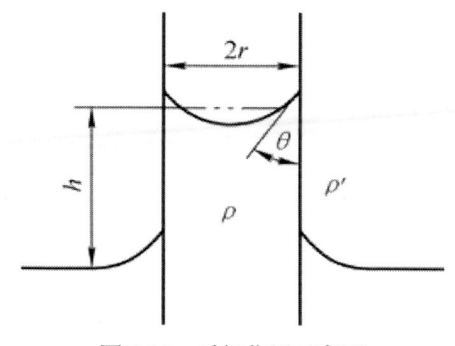

圖 3-13　毛細作用示意圖

關於毛細現象，有多種圖表對其進行解釋，物理課本的水銀和水在細玻璃管壁的平衡狀態，就是一個很好的解說。如圖 3-13 所示。

1) 當 θ<90°、h>0，液體沿間隙上升 —— 潤溼（酒精溫度計）。

2) 當 θ>90°、h<0，液體沿間隙下降 —— 不潤溼（水銀溫度計）。

釬銲時，只有在液態釬料能充分潤溼母材的條件下（液面「上升」），釬料才能填滿釬縫。液體沿間隙「上升」的高度 h 與間隙大小 2r 成反比 —— 釬銲。接頭設計、裝配時應使間隙小。液體沿間隙「上升」的速度與 h 成反比 —— 應確保足夠的釬銲溫度和保溫時間。毛細現象的原理是液態金屬和固體金屬間潤溼的基礎，有一個著名的湯瑪士·楊格 (Thomas Young) 方程式，大致是表示液態金屬原子之間的作用力，液態金屬和固體金屬原子之間的作用力，液態金屬原子和環境（空氣、助銲劑等）原子作用力之間，三者的合力與液體球面切線的夾角，指向液態金屬擴展的方向。浸潤示意圖，如圖 3-14 所示。

1) 當 cosθ 為正值時，即 0°<θ<90°，這時可認為液體能潤溼固體；

2) 當 cosθ 為負值時，即 90°<θ<180°，這時可認為液體不能潤溼固體；

3) 當 θ=0°時，表示液體完全潤溼固體；當 θ=180°時，表示完全不潤溼。

釬銲時，釬料的潤溼角應小於 20°。上述液體與固體相互潤溼的前提，是它們之間無化學反應發生。液體釬料對固態金屬的潤溼程度，可由潤溼角 θ、鋪展面積 S 及潤溼係數 W 來表示：W=S·cosθ。

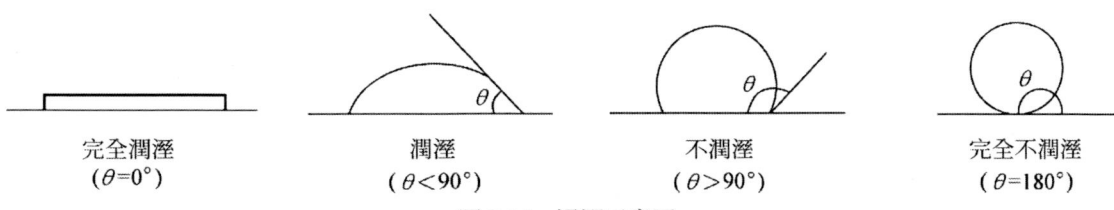

完全潤溼　　　　潤溼　　　　　不潤溼　　　　完全不潤溼
(θ=0°)　　　(θ<90°)　　　(θ>90°)　　　(θ=180°)

圖 3-14　浸潤示意圖

介面

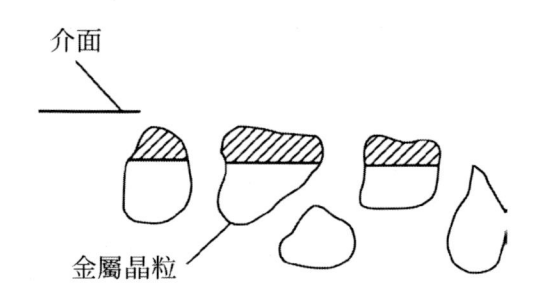

金屬晶粒

母材側

圖 3-15　擴散示意圖

　　前面對軟釺銲中的重要條件——浸潤問題做了敘述，與這種浸潤現象同時產生的，還有銲料對固體金屬的擴散現象。由於這種擴散，在固體金屬和銲料的邊界層，往往容易形成金屬化合物層（合金層）。擴散示意圖，如圖 3-15 所示。通常，由於金屬原子在晶格點陣中呈熱振動狀態，所以在溫度升高時，它會從單個晶格點陣自由地移動到其他晶格點陣，這種現象稱為擴散現象。此時的移動速度和擴散量，取決於溫度和時間。例如，把金放在清潔的鉛面上，在常溫加壓狀態下，放置幾天就會結合成一體，這類的結合，也是依靠擴散而形成的。一般的晶內擴散，擴散的金屬原子即使很少，也會成為固溶體而進入基體金屬中。不能形成固溶體時，可認為只擴散到晶界處。因為在常溫加工時，靠近晶界處的晶格紊亂，從而極易擴散。固體之間的擴散，一般可認為是在相鄰的晶格點陣上交換位置的擴散。除此之外，也可用複雜的空穴學說（電洞理論）來解釋。當把固體金屬投入到熔化金屬中攪拌混合時，有時可形成兩個液相。一般說來，固體金屬和熔化金屬之間就會產生擴散。以下，就來介紹這些金屬間發生的擴散。

　　擴散的程度因銲料的成分和母材金屬種類的不同，以及不同的加熱溫度而異，它可以從簡單擴散到複雜擴散分成幾類。大體上說，擴散可

分為兩類，即自擴散（Self-diffusion）和異種原子間的擴散——化學擴散（Chemical diffusion）。所謂自擴散，是指同種金屬原子間的原子移動；而化學擴散是指異種原子間的擴散。如從擴散的現象上看，擴散可分為三類：晶內擴散（Bulk diffusion）、晶界擴散（Grain-boundary diffusion）和表面擴散（Surface diffusion）。透過擴散而形成的中間層，會使結合部分的物理特性和化學特性發生變化，尤其是機械特性和耐腐蝕性等變化更大。因此，有必要對結合金屬與銲料成分的組合，進行充分的研究。

1）表面擴散。結晶組織與空間交界處的原子，總是易於在結晶表面流動。可認為這與金屬表面的正引力作用相關。因此，熔化銲料的原子，沿著被銲接金屬結晶表面的擴散，叫表面擴散。表面擴散可以看成是金屬晶粒形核（成核）長大時發生的一種表面現象，也可以認為是金屬原子沿著結晶表面移動的現象，是宏觀上晶核長大的主要動力。當氣態金屬原子在固體表面上凝結時，撞到固體表面上的原子，就會沿著表面自由擴散，最後附著在結晶晶格的穩定位置上。這種情況下的原子移動，也稱為表面擴散。一般認為，這時的擴散活動能量是很小的。如前所述，表面擴散也分為自擴散和化學擴散兩種。用錫—鉛系列銲料銲接鐵、銅、銀、鎳等金屬時，錫在其表面會有選擇地擴散，由於鉛使表面張力下降，還會促進擴散。這種擴散也屬於表面擴散。

2）晶界擴散。這是熔化的銲料原子向固體金屬的晶界擴散，液態金屬原子由於具有較高的動能，沿著固體金屬內部的晶粒邊界，快速向縱深擴展。與異種金屬原子間晶內擴散相比，晶界擴散是較容易發生的。另外，在溫度較低的情況下，與後面說到的體擴散相比，晶界擴散更容易產生，且其擴散速度也較快。一般來說，晶界擴散的活化能量比體擴散的活化能量小，但是，在高溫情況下，活化能量的作用不占主導

地位，所以晶界擴散和體擴散都會很容易地發生。然而低溫情況下的擴散，活化能量的大小成為主要因素，這時晶界擴散非常顯著，而體擴散減少，所以看起來只有晶界擴散產生。用錫—鉛銲料銲接銅時，錫在銅中既有晶界擴散，又有體擴散。另外，越是晶界多的金屬，即金屬的晶粒越小，越易於結合，機械強度也就越高。由於晶界原子排列紊亂，又有空穴（空穴移動），所以極易熔解、熔化的金屬，特別是經過機械加工的金屬，更易結合。然而經過退火的金屬，由於出現了再結晶、孿晶，晶粒長大，所以很難擴散。經過退火處理的不鏽鋼難以銲接，就是這個道理。為了易於銲接，加工後的母材的晶粒越小越好。

3）體擴散（晶內擴散）。熔化銲料擴散到晶粒中的過程叫體擴散或晶內擴散。銲料向母材內部的晶粒間擴散。由於晶界之間的能量起伏，因此在這個擴散階段，可形成不同成分的合金。沿不同的結晶方向，擴散程度不同。由於擴散，母材內部生成各種組成的合金。在某些情況下，晶格變化會引起晶粒自身分開。對於體擴散，如果銲料的擴散超過母材允許的固溶度，就會產生像銅和錫共存的那種晶格變化，使晶粒分開，形成新晶粒。這種擴散是在銅及黃銅等金屬被加熱到較高溫度時發生的。

4）晶格內擴散。將銲料沿著晶體內特定的晶面，以特定的方向擴散的過程，叫晶格內面擴散或網孔狀擴散。這是由於固體金屬的不規則，熔化的金屬原子向某一個面析出，或晶格缺陷而引起的。這種擴散也可沿結晶軸方向發生，銲料金屬可分割晶粒，引起和晶界擴散相類似的現象。在電子產品用的錫鉛銲料中，幾乎不會發生這種擴散，這裡僅作為參考。

5）選擇擴散。用兩種以上的金屬元素組成的銲料銲接時，其中某一種金屬元素先擴散，或只有某一種金屬元素擴散，其他金屬元素根本不

擴散，這種擴散叫選擇擴散。前面所說的擴散，都是以熔化金屬向母材中的擴散現象作為分類依據的。這裡所說的擴散，是指熔化屬自身的擴散方式。當用錫—鉛銲料銲接某一金屬時，銲料成分中的錫向固體金屬中擴散，而鉛不擴散，這就是選擇擴散。因此在合金層靠銲料一側，在顯微鏡下觀察金相，可看到一層薄薄的黑色帶狀，這就是富鉛層。銲接紫銅和黃銅時，也同樣存在這種擴散。

3.3.3.2　銲絲銲料的晶粒接合過程

銲絲一般是錫鉛銀合金銲料，常用的銲料成分有 Pb92.5Sn5Ag2.5、Pb93.5Sn5Ag1.5 和 Pb88Sn10Ag2，不同成分的銲絲，對應的熔點、共晶點也有不同，一般新增少量的貴金屬銀，能增加導電性和導熱性，同時能夠改善銲絲金相性質，防止在貴金屬表面銲墊銲接時發生過溶析溶蝕現象。如同使用環氧樹脂類型導電膠的晶粒接合過程，首先是做點膠、布膠，這裡用銲料代替膠，所以，銲料熔化成液態，首先需要將銲料加熱到其熔點溫度以上，然後把這個銲料準確布置在導線架上，因為一般高溫銲料的熔點在 250～350°C 範圍內，溫度較高，整個銲料絲頭埋在密封的加熱軌道裡，軌道裡通入氮氫混合保護氣體，含有 10% 左右的氫，因為導熱功率元件的要求，一般採用銅作為導線架基板材料，混合氣體產生氧化還原反應作用，確保在晶粒接合過程中，材料不會被氧化。銲料晶粒接合過程示意圖，如圖 3-16 所示。

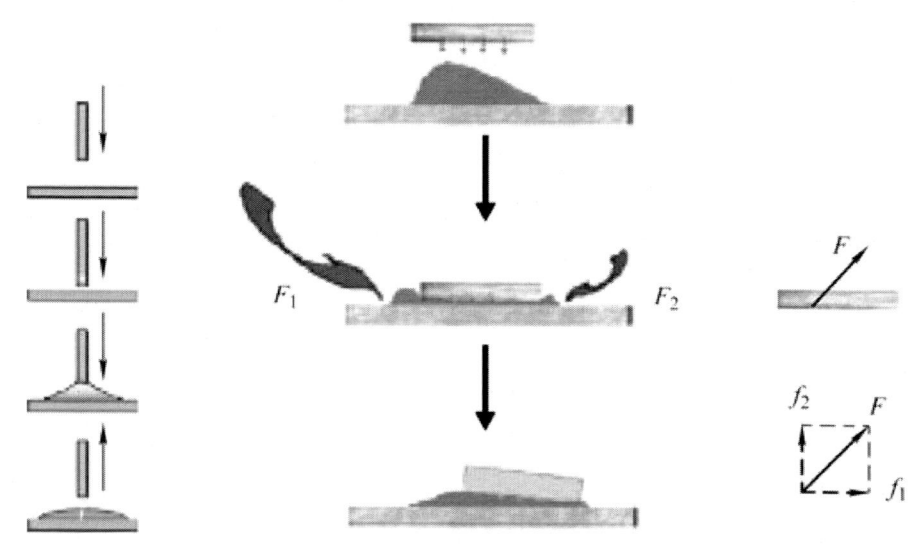

第 3 章　功率封裝的典型製程與工藝解析

圖 3-16　銲料晶粒接合過程示意圖

這裡需要著重介紹的是銲料整形工具壓模（Spanker），它是銲料成形整形的必要工具，如果不使用壓模，由於浸潤角度的差異存在，晶片在和銲料形成釺銲結構時，不均勻的表面張力作用，會導致晶片傾斜，壓模作用示意圖，如圖 3-17 所示。

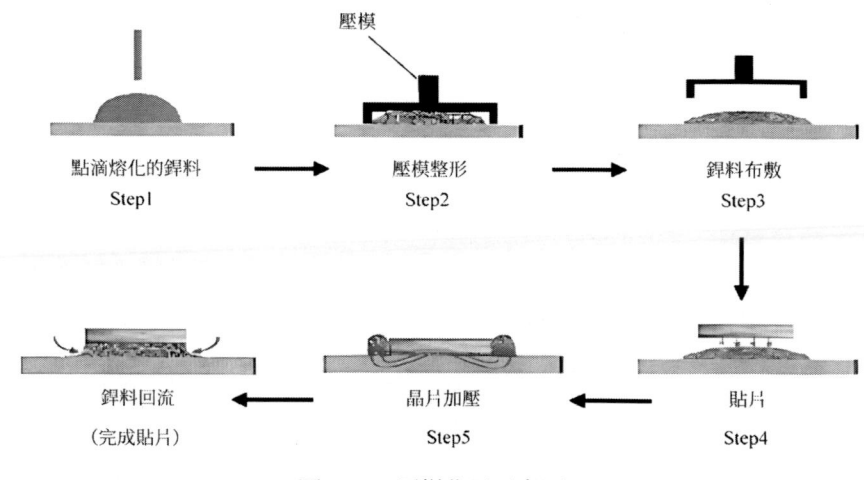

圖 3-17　壓模作用示意圖

局部地區的銲料厚度變得極低,有應力集中和吸收應力失效的風險,前文已經闡述了銲料厚度(BLT)對晶片裂紋預防的重要性。此外,晶片傾斜對後續接合製程來說,也有作業連續性和可靠性問題。因此必須控制晶片的傾斜程度,原則上,如果晶片的各點BLT都控制在25～75μm範圍內的話,傾斜也就得到了控制,所以控制好BLT是晶粒接合的重要內容。具體來說,要做好以下幾點:

1)採用壓模(Spanker)。Spanker的特殊電鍍層,可以有效地被整形且並不會黏上銲料,檢測Spanker內鍍層壽命。

2)安裝時,確保銲絲布敷頭的對中和Spanker的中心在一條直線上。

3)合適的溫度曲線。

4)材料表面均勻一致,並無氧化物等異物。

圖3-18　壓模組SSD壓模示意圖

5)晶片中心、頂針和吸嘴中心在一條直線上——所謂的三點一線。也有新型壓模組SSD類型的產生,如圖3-18所示。這種壓模點銲料一體式的工具,效率較高,成型穩定,缺點是對不同晶片尺寸的情況需要更換不同的點銲料頭,生產靈活性不夠。總之,控制BLT的關鍵,是選擇合適的壓模組和正確的設備工具安裝設定,一般來說,目前的功率元件封裝生產線,都能滿足這個要求。

3.3.3.3 溫度曲線的設置

合適的溫度曲線對產品的品質有重要的影響，在銲料絲晶粒接合過程中，主要是前端的加熱和晶粒接合後的冷卻，以 ESEC2009 銲料晶粒接合機為例，整個熱軌道有八個溫區，如圖 3-19 所示。

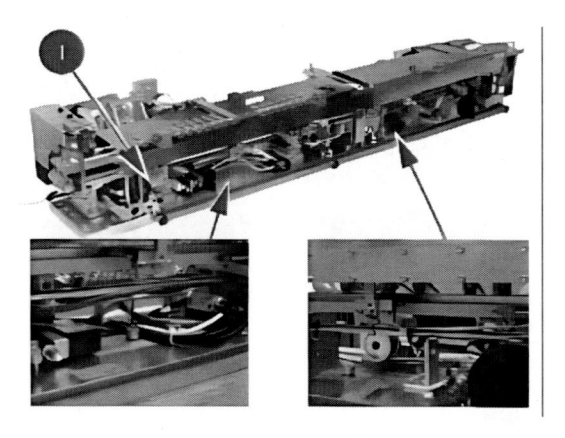

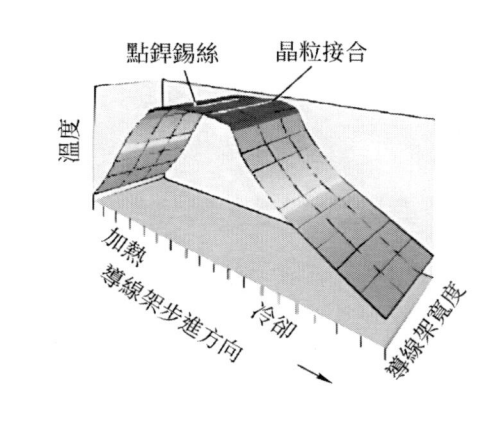

圖 3-19　ESEC 熱軌道及溫區分布圖

前面兩個溫區是預熱，第三、四個溫區是點銲錫絲，第四、五溫區是用來晶粒接合的，第六、七、八溫區是用來冷卻的。這裡著重說明冷卻速率，冷卻速率以℃/s 來表示，冷卻過快會造成晶片受熱應力過大，導致晶片微裂紋的擴展，嚴重情況會導致晶片直接碎裂。打個比方，在冬天，在厚的玻璃杯內倒熱開水，有些情況下，杯子會直接裂開。一樣的道理，矽是脆性材料，過冷會施加額外的應力，造成失效。以 TO252（D-Pak）為例，用有限元分析計算，如圖 3-20 所示。

計算顯示 15℃/s 的冷卻速度對比 5℃/s 的冷卻速度，15℃/s 冷卻速度時的主應力最多可高達 14%。因此控制合理的冷卻速率，對品質和可靠性有很重要的影響。一般控制在 10℃/s 以內，常見 7～8℃/s。

3.3 晶粒接合

		冷卻速率 15°C/s	冷卻速率 5°C/s	冷卻速率 15°C/s	冷卻速率 5°C/s
晶片應力	S1	26(3.2%)	25.2	41.3(14.1%)	36.2
	S3	130.9(3.3%)	126.7	231.9(14.8%)	202
銲料應力	S1	20.4(3%)	19.8	35.1(14.7%)	30.6
	S3	29.6(3.5%)	28.6	51.5(14.4%)	45
	Seqv	30(3.4%)	29	53.1(14.4%)	46.4

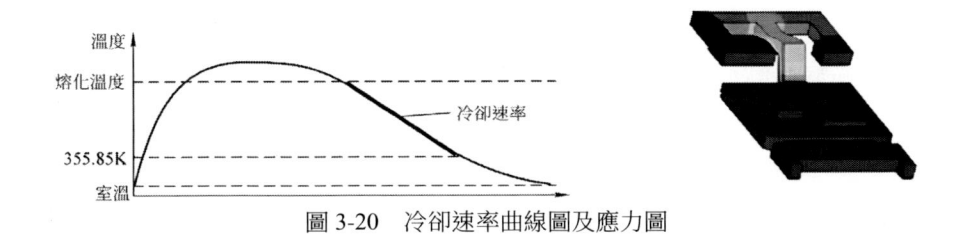

圖 3-20　冷卻速率曲線圖及應力圖

3.3.4　共晶銲接

所謂共晶銲接，就是要形成異種金屬間的共晶組織，來形成可靠牢固的金屬間連接的方式，所以對半導體封裝的晶粒接合來說，首先，晶片背面必須有金屬面存在，一般功率元件是 Ti/Ni/Ag 層，晶片背面是矽，因為共晶的溫度較高，而晶片功率較小，發熱不大，對地電阻不敏感，所以一般不採用共晶晶粒接合，而是採用導電膠黏結的方式晶粒接合。特殊情況下，若基板銲墊表面鍍金後，也可對晶片純矽背面進行共晶加工，後面再詳述這個過程，這裡的特殊場合，通常是對可靠性和密封性要求較高的場合。在詳細論述共晶銲接工藝之前，我們還是先了解一下共晶銲接的原理。

當兩組元在液態能無限互溶，在固態只能有限互溶，並具有共晶轉變，這樣的二元合金系所構成的相圖，稱為二元共晶相圖。如 Pb － Sn、Pb － Sb、Cu － Ag、Al － Si 等合金的相圖，都屬於共晶相圖。Pb － Sn 合金相圖是典型的二元共晶相圖，見圖 3-21 錫鉛合金相圖中的

第3章 功率封裝的典型製程與工藝解析

水平線 CED 稱為共晶線。在水平線對應的溫度（183℃）下，E 點成分的液相，將同時結晶出 C 點成分的 α 固溶體和 D 點成分的 β 固溶體：LE ⇌ (αC + βD)。這種在一定溫度下，由一定成分的液相，同時結晶出兩個成分和結構都不相同的新固相的轉變過程，稱為共晶轉變或共晶反應。共晶反應的產物，即兩相的機械混合物，稱為共晶體或共晶組織。發生共晶反應的溫度，稱為共晶溫度；代表共晶溫度和共晶成分的點，稱為共晶點；具有共晶成分的合金，稱為共晶合金。在共晶線上，凡成分位於共晶點以左的合金，稱為亞共晶合金；位於共晶點以右的合金，稱為過共晶合金。凡具有共晶線成分的合金液體冷卻到共晶溫度時，都將發生共晶反應。發生共晶反應時，L、α、β 三個相平衡共存，它們的成分固定，但各自的重量在不斷變化。

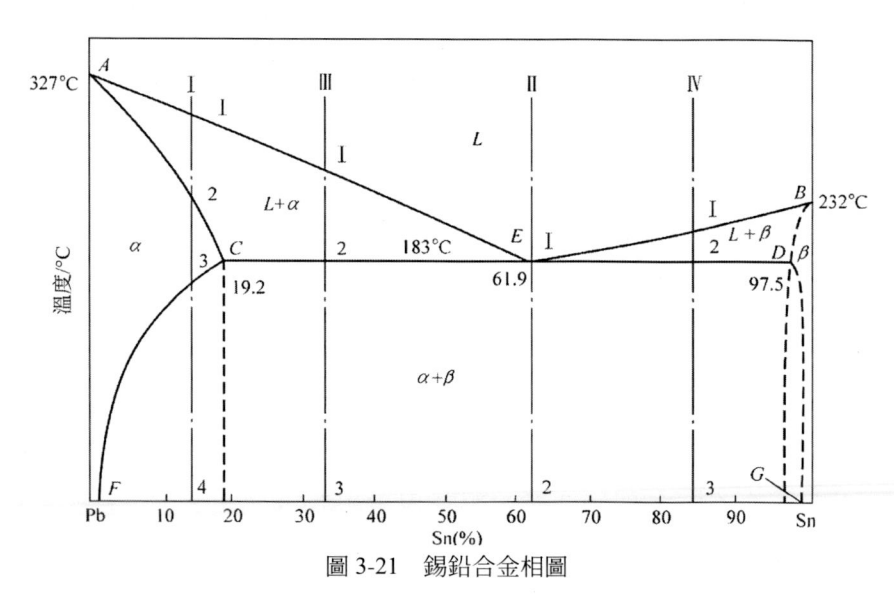

圖 3-21 錫鉛合金相圖

共晶合金的結晶過程（合金Ⅱ）。該合金液體冷卻到 E 點（即共晶點）時，同時被 Pb 和 Sn 飽和，並發生共晶反應：LE ⇌ (αC + βD)，析出成分為 C 的 α 和成分為 D 的 β。反應終了時，獲得 α + β 的共晶組織。

從成分均勻的液相同時結晶出兩個成分差異很大的固相，必然要有元素的擴散。假設先析出富鉛的 α 相晶核，隨著它的長大，必然導致其周圍液體貧鉛而富錫，從而有利於 β 相的形核，而 β 相的長大，又促進了 α 相的形核。就這樣，兩相相間形核、互相促進，因而共晶組織較細，呈片、針、棒或點球等形狀。一般來說，共晶組織具有結構穩定、機械效能好等特點，可以在異種金屬間形成牢固的連接。

共晶銲接是利用晶片背面的金矽合金和基座或引線導線架上鍍的金屬（銀層）在高溫氮保護和 400 ～ 440℃高溫下形成合金的方法來固定晶片，這種方法需要有相應的背面蒸金（金屬化）晶片才能進行銲接，導電導熱效能都很好，適用於較小尺寸的晶片。特別適用於功率電晶體晶片，這樣的晶粒接合方式，比合金銲料晶粒接合方式更有利於工作中晶片的散熱。

共晶銲接技術在電子封裝行業得到廣泛應用，如晶片與導線架或基板的連接、基板與管殼的連接、管殼封帽等。與傳統的環氧導電膠連接相比，共晶銲接具有熱導率高、電阻小、傳熱快、可靠性高、連接後的剪切力大等優點，適用於高頻、高功率元件中晶片與基板、基板與管殼的互連。對於有較高散熱要求的功率元件，採用共晶銲接，可以有效提升散熱效率。共晶銲接是利用共晶合金的特性來完成銲接工藝，共晶合金具有以下特性：①比純單組元熔點低，對比熔化銲接，大大簡化了銲接製程；②共晶合金比純單組元金屬有更好的流動性，在凝固中可防止阻礙液體流動的枝晶形成，從而具有更好的鑄造效能；③恆溫轉變（無凝固溫度範圍）減少了缺陷，如偏聚和縮孔；④共晶凝固可獲得多種形態的顯微組織，尤其是規則排列的層狀或桿狀共晶組織，可成為效能優異的原生複合材料。

第 3 章　功率封裝的典型製程與工藝解析

　　共晶是指在相對較低的溫度下共晶銲料發生共晶成分熔合的現象，共晶合金直接從固態變到液態，而不經過塑性階段，其熔化溫度稱為共晶溫度。「真空／可控氣氛自動共晶爐」是國際上近幾年推出的新設備，可實現元件的各種共晶工藝。共晶時無需使用助銲劑，並具有抽真空或充惰性氣體的功能，在真空中，共晶可以有效減少共晶空洞，若輔以專用的夾具，則能實現多晶片一次共晶。真空／可控氣氛自動共晶爐主要應用於晶片銲接。晶片與基板的銲接，是共晶銲接的主要應用方向。通常使用金錫（AlaSn80/20）、金矽（AuSi）、金鍺（AuGe）等合金材料的銲片，將晶片銲接到基板（載板）上，將合金銲片放在晶片與基板間的銲墊上。為了抑制氧化物的形成，通常在晶片的背面鍍一層金。以上 3 種合金材料的銲料，已經被成功地應用於半導體元件，具有較好的機械效能和熱傳導性。在微波、毫米波電路中，合金銲料通常選用 AuSn（熔點 280°C）、AuGe（熔點 365°C），由於這兩種合金的熔點相差較大，故一般採用 AuGe 合金，將薄膜電路銲接在載板上，再採用 AuSn 合金銲接微波晶片、電容等元件元件。為了避免晶片等元件元件受到高溫熱衝擊，不少公司採用 AuSn 合金，將薄膜電路共晶銲接到載板上，其他晶片元件元件採用導電膠銲接的方式。在多晶片元件中，銲接晶片和基板的材料及組裝工藝與混合電路中使用的大致上差不多。和混合電路一樣，90％以上的多晶片元件中，使用低成本、易於修復的環氧樹脂。銲料或共晶銲接法，主要用於高功率封裝內互連或必須達到航太級要求的封裝內互連。後面關於特種封裝的章節，有詳細介紹。

　　多晶片元件是當前微組裝技術的代表產品，是一種可以滿足民用、軍用、航太電子裝備和巨型電腦微小型化、高可靠性、高效能等方面迫切需求的先進微電子組件。它將多個晶片和其他片式元件元件組裝在一

3.3 晶粒接合

塊高密度多層互連的基板上,封裝在管殼內。多晶片元件以其高密度、高效能、高可靠性、輕重量、小體積等明顯的優勢,被廣泛應用於航空航太、軍用通訊和常規武器等軍事領域。多晶片元件在密度不斷增加的趨勢下,還朝著高功率、高頻的方向發展,而多晶片共晶內互連工藝,有助於提升高功率、高頻元件製造的關鍵技術。使用真空／可控氣氛自動共晶爐進行晶片共晶銲接時,需要注意以下幾個方面的問題:

1) 銲料的選用。銲料是共晶銲接非常關鍵的因素。有多種合金可以作為銲料,如 AuGe、AuSn、AuSi、SnIn、SnAg、SnBi 等,各種銲料因其各自的特性,適用於不同的應用場合。例如,含銀的銲料 SnAg,易於與鍍層含銀的端面接合;含金、含銦的合金銲料,易於與鍍層含金的端面接合。根據被銲接元件的熱容量大小,一般共晶爐設定的銲接溫度要高出銲料合金的共晶溫度 30～50℃。晶片能耐受的溫度與銲料的共晶溫度,也是進行共晶銲接時應當關注的問題。如果銲料的共晶溫度過高,就會影響晶片材料的物理化學性質,使晶片失效。因此銲料的選用,要考慮鍍層的成分與被銲接元件的耐受溫度。此外,如果銲料存放時間過長,會使其表面的氧化層過厚,因銲接過程中沒有人工干預,氧化層是很難去除的,銲料熔化後留下的氧化膜,會在銲接後形成空洞。在銲接過程中,向爐腔內充入少量氫氣,可以產生還原部分氧化物的作用,但最好是使用新銲料,使氧化程度降到最低。

2) 溫度控制工藝曲線參數的確立。共晶銲接方法主要用於高頻、高功率電路或必須達到航太級要求的電路。銲接時的熱損耗、熱應力、溼度、顆粒及衝擊或振動,是影響銲接效果的關鍵因素。熱損傷會影響薄膜元件的效能;溼度過高可能引起黏連、磨損、附著現象;無效的熱部件會影響熱傳導。共晶銲接時最常見的問題,是加熱基座 (Heater

Block）的溫度低於共晶溫度，在這種情況下，銲料仍能熔化，但沒有足夠的溫度使晶片背面的鍍金層擴散，而操作者容易誤認為銲料熔化就是共晶了；另一方面，加熱基座的時間過長，會導致電路金屬的損壞，可見共晶時溫度和時間的控制是十分重要的。由於以上原因，溫度曲線的設定，是共晶好壞的重要因素。由於共晶時需要的溫度較高，特別是用 AuGe 銲料共晶，對基板及薄膜電路的耐高溫特性提出了要求。要求電路能承受 400℃的高溫，在該溫度下，電阻及導電性能不能受到影響。因此共晶的其中一個關鍵因素是溫度，它不是單純到達某個定值溫度，而是要經過一個溫度曲線變化的過程。在溫度變化過程中，還要具備處理任何隨機事件的能力，如抽真空、充氣、排氣等事件，這些都是共晶爐設備具備的功能。多晶片共晶的溫度控制與單晶片共晶不同，多晶片共晶時，會出現晶片材料不同，共晶銲料不同，因此共晶溫度不同的情況，這時需要採用階梯共晶的方法，一般先對溫度高的共晶銲料共晶，再處理共晶溫度低的共晶銲料。共晶爐控制系統可以設定多條溫度曲線，每條溫度曲線可以設定 9 段，透過連結的方式，可擴展到 81 段，在溫度曲線執行過程中，可增加充氣、抽真空、排氣等步驟。

　　3) 降低空洞率。共晶後，空洞率是一項重要的檢測指標，如何降低空洞率，是共晶的關鍵技術。空洞通常是由銲料表面的氧化膜、粉塵微粒、熔化時未排出的氣泡形成。由氧化物所形成的膜，會阻礙金屬表面的結合物相互滲透，留下的縫隙冷卻凝結後，形成空洞。共晶銲接時形成的空洞，會降低元件的可靠性，增加晶片斷裂的可能，並會增加元件的工作溫度、削弱管芯的黏貼能力。共晶後銲接層留下的空洞，會影響銲接的效果及其他電氣效能。消除空洞的主要方法有：①共晶銲接前清潔元件與銲料表面，去除雜質；②共晶時，在元件上放置加壓裝置，直接施加正壓；③在真空環境下進行共晶。

4）實現多晶片一次共晶。進行多晶片元件共晶時，由於晶片的尺寸越來越小，數量越來越多，就必須採用特製的夾具來完成共晶。這類夾具不但需要具有固定晶片和銲料位置的功能，本身還要具有易操作、耐高溫、不變形等特性。由於有些晶片的尺寸只有 $0.5mm^2$，甚至更小，不易定位，人工放置不便，所以共晶爐一般銲接 $1mm^2$ 以上的晶片。在共晶時，由於有氣流變化，為防止晶片移動，用夾具定位是必需的。夾具除了對加工精度有要求外，還須耐受高溫且不變形，物理化學性質不會改變，或者說，其變化不會為共晶帶來不利影響，甚至有助於共晶。製造夾具的材料還必須易於加工，如果加工很困難，不利於功能實現。另外，易於使用也是要著重考慮的方面。石墨基本上符合以上要求，共晶爐的夾具一般選用的就是高純石墨，它具有以下特點：①高溫變形小，對元件影響較小；②導熱性好，有利於熱量傳播，溫度均勻性好；③化學穩定性佳，長期使用不變質；④可塑性好，容易加工。在氧化環境中，石墨中的碳形成 CO 和 CO_2，具有乾燥氧氣的優點。石墨是各向同性材料，晶粒在所有方向上均勻、密集分布，受熱均勻。銲接元件元件被固定在石墨上，熱量直接傳導，加熱均勻，銲接面平整。

5）基板與管殼的銲接。與晶片和基板的銲接工藝相似，基板與管殼的銲接也是共晶銲接很好的應用領域。由於基板一般比晶片尺寸大，且材質較厚、較硬，對位置精度要求低，所以用共晶爐更能良好地完成銲接。

6）封帽工藝。元件封帽也是共晶爐的用途之一。通常元件的外殼是由陶瓷等材料外鍍金鎳製成的。「陶瓷封裝」在實際應用中，由於其容易裝配、容易實現內部連接和成本較低，而成為最佳封裝介質。陶瓷能承受苛刻的外部環境，如高溫、機械衝擊和振動，它是一個剛硬的材料，

第3章 功率封裝的典型製程與工藝解析

且有接近矽材料的熱膨脹係數值。這類元件的封裝，可以採用共晶銲接的方法，陶瓷腔體上部有一個密封環，用來與蓋板進行共晶銲接，以獲得一個氣密、真空封銲。金層一般需要 1.5μm，但由於工藝處理及高溫烘烤，腔體和密封環都需電鍍 2.5μm 的金，過多的金，用來保護鎳的遷移。鍍金蓋板可被用來作為氣密性封銲陶瓷管殼的材料，在共晶前，一般會進行真空烘烤。共晶爐還可應用於晶片電鍍凸塊再流成球、共晶凸塊銲接、光纖封裝等製程。晶片背面不同的合金材料，在晶粒接合過程中，會在晶片周圍出現不同的溢料現象，五層背金、六層背金的晶片周圍沒有合金溢出痕跡，而 AuGe 背金的晶片周圍則有明顯的合金溢出痕跡。不同合金背金溢出現象，如圖 3-22 所示。共晶銲接晶粒接合工藝也存在一定的缺陷，因為共晶晶粒接合是要靠機械手臂向下的壓力才能有好的共晶結構出現，如果晶粒接合的機械手臂上，吸嘴的截面與晶片不平行，則會導致晶片的受力不均，從而出現晶片一邊與銀形成共晶合金接合良好，另一邊接合不佳的現象。而加壓的時間、壓力的大小也有規定值，關於晶片表面材料極限應力的研究，結果顯示，在 50MPa 壓力以內，晶片是安全的（矽的臨界壓力值是 53.6MPa）。

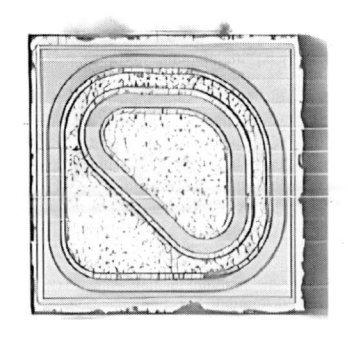

a）五層背金、六層背金　　　　　　　b）AuGe背金

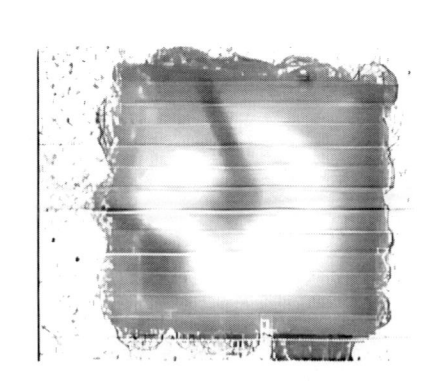

圖 3-22　不同合金背金溢出現象

3.3.5　銀燒結

　　所謂燒結就是將礦粉、熔劑和燃料按一定比例均勻混合，藉助燃料燃燒產生的高溫，部分原料熔化或軟化，發生一系列物理、化學反應，並形成一定量的液相，在冷卻時相互黏結成塊的過程。兩種不同的金屬，可在遠低於各自熔點的溫度下，按一定比例形成共熔合金，這個較低的溫度，即為它們的低共熔點。封裝中所用到的燒結工藝，就是在晶片和載體（基片或管殼）之間放入一合金薄片（銲料），在一定的真空或保護氣氛中，將其加熱到合金共熔點，使其融熔，熔化成液態合金，浸潤整個晶片襯底的銲接層金屬和載體（基板或導線架）銲接面，銲料與銲接層金屬和載體銲接面的金屬發生物理化學反應，生成一定量的金屬間化合物，然後在其冷卻到共熔點溫度以下的過程中，透過銲料及金屬間化合物，將晶片與載體銲接在一起，形成良好的歐姆接觸，從而完成晶片與載體的銲接。

　　銀燒結技術也被稱為低溫連接技術，具有以下幾方面優勢：①燒結連接層的成分為銀，具有優異的導電和導熱效能；②由於銀的熔點高達961°C，將不會產生熔點小於300°C的軟銲銲接層中出現的典型疲勞效應，具有極高的可靠性；③銀燒結技術所用的燒結材料，基本成分是銀顆粒，根據銀顆粒狀態的不同，燒結材料可分為銀漿、銀膜和銀粉等，根據銀顆粒尺寸的不同，可分為微米級別、奈米級別及微米奈米混合尺寸級別；④金屬銀具有較高的熱導率和優良的抗腐蝕效能與抗蠕變效能，在長期使用過程中，不存在疲勞現象。

　　由於尺寸效應，奈米級銀顆粒的熔點和燒結溫度遠低於銀塊體材料。表面融化的奈米級銀顆粒，透過液相毛細作用燒結在一起，最終形成具有與銀塊體材料相似熔點的燒結材料。

第 3 章　功率封裝的典型製程與工藝解析

　　近年來，有很多對奈米級銀漿銲料的應用研究。為了形成互連接頭，通常會在燒結過程中施加壓力。但是壓力不利於自動化的實施，且有破壞晶片的風險，因此想了許多方法來避免加壓，如無壓燒結和半燒結工藝等；另一方面，對於奈米級銀顆粒的一個普遍觀點是，奈米顆粒的燒結只有在有機包覆層完全分解後才能發生，因此加熱溫度一般均超過 200℃，以確保有機物充分分解，使燒結溫度在 250～350℃ 範圍內。這種較高的加熱溫度，不能相容其他封裝材料，且在製程上，不能替代 Sn－Pb 銲料。綜上兩點，儘管有很多研究證實奈米級銀漿具有可替代銲料用於電子互連的潛在應用價值，但很少有研究能成功地在不施加壓力且加工溫度與 Sn－Pb 銲料相似的工藝條件下，用奈米級銀漿替代銲料形成互連接頭。

　　此外，由於奈米級銀漿中的銀顆粒非常小，達到奈米級別 (10～9m)，以至於其顆粒可以通過皮膚毛孔、滲透進入人體，因此在加工和使用過程中，需要做好嚴密防護，實際上也存在對人體的危害性。所以從這個角度來看，奈米級銀漿也沒有得到廣泛的應用推薦。為了防止微米或奈米級別的銀顆粒在未燒結時就發生團聚現象，需要在其成分內新增有機物，在燒結過程中，這些有機成分一部分會揮發掉，一部分會在較高的溫度下與氧氣反應燒蝕掉，最終，連接層只剩下純銀。這種燒結連接技術，透過銀原子的擴散，而達到連接的目的。

3.3 晶粒接合

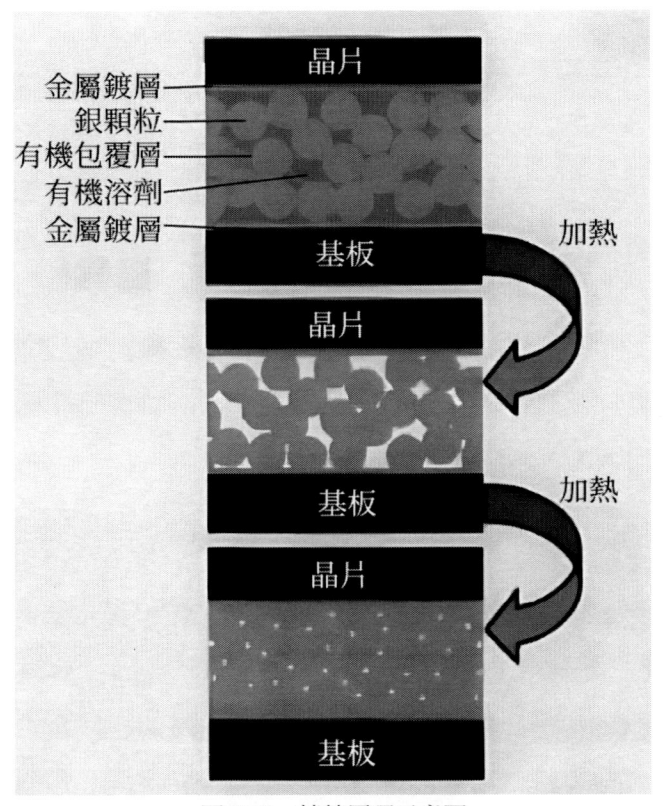

圖 3-23 燒結原理示意圖

　　以奈米級銀顆粒為例，奈米顆粒的燒結可分為燒結初期黏接階段、燒結頸長大階段、閉合孔隙球化和縮小階段。在燒結過程中，銀顆粒透過接觸，形成燒結頸，銀原子透過擴散，遷移到燒結頸區域，使燒結頸不斷長大，相鄰銀顆粒間的距離逐漸縮小，形成連續的孔隙網路。隨著燒結過程的進行，原本穩定存在的孔隙會逐漸變小，連續的孔洞也會逐漸變成孤立的小孔洞，在此階段，燒結層密度和強度顯著增加。在燒結的最後階段，多數孔洞被完全分割，小孔洞逐漸消失，大孔洞體積逐漸變小，直到到達最終的細密程度。燒結原理示意圖，如圖 3-23 所示。燒結過程的驅動力，主要來自體系的表面能和體系的缺陷能，系統中顆粒

尺寸越小，其表面積越大，從而表面能越大，燒結驅動力越大。外界對系統所施加的壓力、系統內的化學位差及兩接觸顆粒間的應力，也是銀原子擴散遷移的驅動力。燒結得到的連接層為多孔性結構，孔洞尺寸在微米及亞微米級別，連接層具有良好的導熱和導電效能，熱匹配效能良好。當連接層孔隙率為 10% 的情況下，其導電及導熱能力可達到純銀的 90%，遠高於普通軟釬銲料。相比於軟釬銲接方式，在功率模組中，採用銀燒結工藝的內互連，其功率循環壽命比軟釬銲料內互連高 2～3 倍，燒結層的厚度比軟釬銲層薄 70%，熱傳導率提升大約 3 倍，熱阻約為軟釬銲結構熱阻的 1/15。

銀燒結工藝的可靠性如此優良，使得在對元件元件成本不太敏感的汽車用高功率模組領域，得到大規模的應用，但我們也要清楚地了解銀燒結的特點和影響其品質的因素。一般的銀燒結過程中，燒結壓力、燒結溫度和時間是主要工藝參數，會影響最後的燒結品質，比如燒結壓力，高達 40MPa，一般矽材料的極限在 53.6MPa 左右，因此，對晶片的壓應力，展現在直接作用於晶片表面的壓力夾持工具上，容易形成應力集中點和表面缺陷，且施加和保持壓力不利於自動化的實施。所以也開發了無壓力條件下的銀燒結技術。與有壓力條件下的燒結技術相比，無壓燒結得到的燒結層孔隙比率高，因此銀銲料的密度小，其導電效能、導熱效能及可靠性均優於有壓燒結技術，更適合小面積晶片和功率密度較低的導線架類封裝。一定程度上，無壓銀燒結工藝和軟釬料相比，在相同效能的情況下，生產經濟性不高，在特殊場合的應用，需要綜合考量其效率。在成本和設備的複雜性等方面，燒結溫度是影響燒結品質的重要因素。在燒結過程中，銀漿料中的有機物成分，一部分在 100°C 以下就會揮發，另一部分在 200～300°C 會與氧氣發生反應而燒蝕，只有有機物成分完全揮發、燒蝕後，銀顆粒間才可以直接接觸，產生可靠的燒

結層。為了充分燒蝕銀銲料中的有機成分,燒結溫度應在200°C以上。在壓力一定的情況下,提高燒結溫度,可以顯著提升燒結層的剪切強度,當超過一定的溫度範圍,則剪切強度變化不明顯。對不同銀顆粒尺寸的燒結材料施加不同壓力的話,溫度範圍也會有所不同。延長燒結時間,可以得到剪切強度更高的燒結層。在合適的溫度下,銀顆粒的結合長大以及燒結層的細緻化,在燒結前期就會發生,對於有壓燒結技術,這個時間一般是幾秒到幾十秒,此階段燒結層的剪切強度會迅速增加,而隨著時間的延長,剪切強度增加不明顯。所以,增加燒結壓力、溫度和時間,都有利於得到可靠的燒結層,但受限於晶片材料的耐受極限及相應的應力集中(由夾持工具產生),且增加溫度、壓力和時間,都會帶來效率方面的問題。所以找到合理的範圍,做試驗設計,最佳化各個輸出,以得到CP值最佳的燒結方案,是工程師的主要目標。一般指導策略是在確保可靠性的前提下,減小燒結壓力,降低燒結溫度,縮短燒結時間。為防氧化和提高燒結層的可靠性,銀燒結技術通常需要在基板金屬層表面鍍金或鍍銀,相比裸銅,銀漿可以在銀、金、鈀和鉑等貴金屬表面快速燒結,具有貴金屬鍍層的基板,具有更好的燒結效能。高溫下,鍍銀層下面的銅原子,會擴散到基板表面而發生氧化,氧化現象的發生,增加了連接界面熱膨脹係數的失配,從而會導致界面的熱疲勞。為減少銅原子向鍍銀表面的擴散,通常在銅層上,鍍銀之前鍍一層鎳,作為擴散阻擋層,鍍層的粗糙度對連接品質也有影響,為了得到更高的連接品質,鍍層的粗糙度需要與銀顆粒的尺寸相匹配。

與軟釺銲接工藝中的真空回流銲接不同,銀燒結工藝中,燒結環境一般為空氣。由於銀漿中含有機成分,燒結過程中需要氧氣的參與,使有機成分氧化燒蝕,因此燒結環境需要氧氣。對於銀燒結工藝中採用真空回流銲接的情況,真空燒結主要是利用真空燒結爐的真空技術,有效

控制爐內氣氛，透過預熱、排氣、抽真空、升溫、降溫和進氣等過程，設定出相應的溫度和氣體控制曲線，從而實現燒結的全過程。相較於普通的銲接工藝，真空燒結工藝有以下優點：①與普通的銲接工藝相比，真空燒結工藝沒有助銲劑的參與，所以不存在助銲劑殘留問題，無須清洗；②透過抽真空，隔絕了絕大多數大氣中的氧，有效控制了氧氣含量，因而能有效避免氧化物的產生；③真空環境下燒結，所有氣體在燒結完成前就會從銲料邊緣逸出，從而使銲接面不含氣泡。所以對比非真空加壓燒結方式，主要是燒結銲料的形式不同，非真空情況下採用的銀漿類型含有機成分，必須在燒結過程中透過氧化反應燒蝕掉，而真空情況下多採用銲片的形式，從而沒有有機物，因而無須揮發燒蝕。兩種材料的不同，決定了採用的工藝方法也有所不同。各種燒結銲料，因其各自的特性，適用於不同的應用場合，例如，含銀的燒結銲料易於與鍍層含銀的端面接合；含金、含銦的合金銲料，易於與鍍層含金的端面接合；金錫銲料硬且脆，延伸率小，韌性差，不適宜銲接大面積的晶片；背面為Si的晶片，適宜燒結在鍍金基片上，並對鍍金層厚度有一定要求，精選金銻和金矽銲料等。燒結銲料選擇的一般原則，見表 3-2。

表 3-2　燒結銲料選擇的一般原則

晶片背面材料	基板燒結區材料	燒結銲料
TiNiAg CrNiAg TiNiAu	PdAg 或 PtAg	Pb36Sn62Ag2
		Pb70Sn30
		Pb88Sn10Ag2
		Pb90Sn10
		Au88Ge12
		Au80Sn20

晶片背面材料	基板燒結區材料	燒結銲料
TiNiAg CrNiAg TiNiAu Ni	Ni	Pb70Sn30
		Pb88Sn10Ag2
		Pb90Sn10
		Au80Sn20
TiNiAg CrNiAg TiNiAu	Au	Au88Ge12
		Au80Sn20
Si	Au	Au98Si2
		Au97Si3
		Au99.5Sn0.5
		Au98Sb2

　　一般情況下，隨著晶片面積和燒結層厚度的增加，其剪切強度也會有降低的趨勢。在燒結時，若基片、載體和燒結銲料，或晶片背面受到了汙染，就會造成在燒結過程中合金無法完全擴散，從而影響燒結的效果。此外，若基片、晶片或燒結銲料存放時間過長，會使表面氧化層過厚，燒結前難以將其全部去除。燒結過程中，銲料熔化後留下的氧化膜，會在燒結後形成空洞。在燒結過程中向爐腔內充入少量氫氣，可產生還原部分氧化物的作用。為了獲得滿意的燒結效果，在燒結過程中，在晶片表面施加一定的壓力，可以有效減小晶片和基片間的間隙，減少銲接空洞。如果將壓力直接作用於晶片表面，也會對晶片表面造成一定的損傷，可在晶片表面放置一個面積相當的保護矽片，壓力作用於保護矽片，避免損傷待燒結的晶片。

　　在燒結的過程中，由於有氣流變化，晶片可能會移動，因此必須用夾具定位，夾具除了有良好的高溫機械特性外，必須導熱好，高溫不變形，基本上常用的燒結夾具採用高純石墨製作，可以滿足上述要求。燒

結的過程，主要是預熱、保溫和冷卻三個階段，和前述銲料晶粒接合類似，合理的溫度曲線設定是十分重要的。一般而言，燒結溫度設定要高於燒結銲料合金的共晶溫度點 30 ～ 50℃，需要指出的是，燒結過程不是簡單的共晶銲接，有點類似，但不完全相同。其金相結構很複雜，多為金屬間多重合金相互滲透形成的固溶體組織，有點類似合金熔融再結晶的過程。

與軟釺銲料晶粒接合的檢測不同，由於銀燒結的內部空洞一般在微米或亞微米級別，不會出現尺寸過大的空洞，在 X 光掃描和超音波掃描的方法下，無法發現內部微小的空洞，只能透過晶片推剪等破壞性試驗來驗證晶粒接合品質。微小空洞對剪切應力的影響無法得到驗證。從結合力的表現來看，透過燒結銀技術所得到的銀燒結層強度非常高，以至於在推力試驗時，發生的破壞狀況，基本上是晶片碎裂了，但燒結層還是完好的。所以從產品的品質可靠性來說，主要考慮的不是銲料層的強度和疲勞失效的問題，更多的是熱應力匹配的問題。由於不同材料間的熱膨脹係數（CTE）不同，在溫度變化時，晶片的表面和底面（和燒結銲料結合層）上膨脹收縮的程度不同，產生不同的晶片表面受拉壓應力不同，在交變應力的作用下，容易產生應力差值，在這個差值過大的情況下，會導致晶片裂紋擴展，最終碎裂等失效狀況。而燒結銀的強度較大但較薄，不像軟釺銲料也可以有一定的蠕性形變，能吸收應力，從而使上下表面的應力差值沒那麼大，而減少對晶片的損害，所以燒結銀對材料強度相對較小的矽基晶片，在使用這種工藝時，要綜合考量材料的 CTE 匹配，從選材到結構，先做模擬應力計算，精選材料，包括塑封料。也基於此，燒結銀工藝更適合於第三代寬能隙半導體元件，例如典型的功率 SiC 模組。SiC 的接面溫度高於 Si 基的上限 150 ～ 175℃，達到 175 ～ 200℃，甚至更高，強度也高，非常適合高功率銀燒結的工藝製

程。銀燒結技術在以 SiC 為代表的寬能隙半導體元件封裝中，具有良好的應用前景。銀燒結層具有優異的導電和導熱效能，高達 961°C 的熔點，使其可靠性得到大大提升，而燒結溫度與傳統軟銲銲工藝相近，燒結材料不含鉛，屬於環境友好型材料。

總之，銀及其他金屬燒結技術，由於其較高的銲接強度和可靠性，早先大量應用於高可靠性的軍用領域，隨著高功率汽車模組封裝技術的發展，燒結技術 —— 尤其是銀燒結技術 —— 由於其具備高導電和導熱性、熱阻小、功率密度高等特點，近年來發展迅猛，該工藝成熟、可靠，但設備和材料均比傳統的銲料晶粒接合更為昂貴。相信隨著技術的發展，及降低成本、增加效能的新設備和材料的開發，銀燒結技術未來會成為晶片銲接的主流方式，尤其在第三代半導體 SiC 的封裝上，優勢最為明顯。需要指出的是，材料參數的匹配，是晶粒接合，乃至整個封裝行業永恆的話題，如何使材料的熱膨脹係數接近，何種結構可以給出最佳結果，這些都是未來眾多半導體封裝從業技術人員需要考慮的問題。一種材料的優良效能不是目的，而是多種封裝材料形成的整個封裝體的密封性、熱、電效能等各方面都能有良好的表現，才是封裝選材和工藝開發的最終目標。

3.4　內互連接合

晶粒接合完成後，晶片被固定在載體（基板或導線架）上，但晶片上所設計的銲墊（IO 口）沒有和封裝體形成連接，所以需要內互連，這道程序就是把晶片表面指定的銲墊與載體指定的外引腳或銲墊，透過銲接的方式連接起來，以實現導電、通訊號的功能。這個過程的本質是銲接，因為傳統的內互連方式一般採用絲銲形成接頭，猶如在晶片銲上導線的

第 3 章 功率封裝的典型製程與工藝解析

過程,這個形成接頭的過程,因為形成了金屬間的金屬鍵結合,所以通常稱為接合,英文表述為 Bonding。英文中關於銲接的標準統稱是 Welding,Welding 是銲接的總稱,可以理解為內互連。關於 Bonding,我們先從銲接技術的整體上來理解,銲接技術是一門古老的技術,歷史可追溯到春秋戰國時期的冷兵器製造工藝。銲接就是異種或同種金屬相互連接,達到原子間結合的程度。銲接需要採用加熱、加壓或加壓同時也加熱的方法,來促使兩個被銲金屬的原子間,達到能夠結合的程度,以獲得永久牢固的連接。銲接可分為熔銲、壓銲、釺銲三大類,如圖 3-24 所示。熔銲:利用局部加熱使連接處的母材金屬熔化,加入(或不加入)填充金屬,使其與母材金屬相結合的方法,是工業生產中應用最廣泛的銲接工藝方法。熔銲的特點是銲件間的結合為原子結合,銲接接頭的力學效能較好,生產率高;缺點是產生的應力、變形較大。

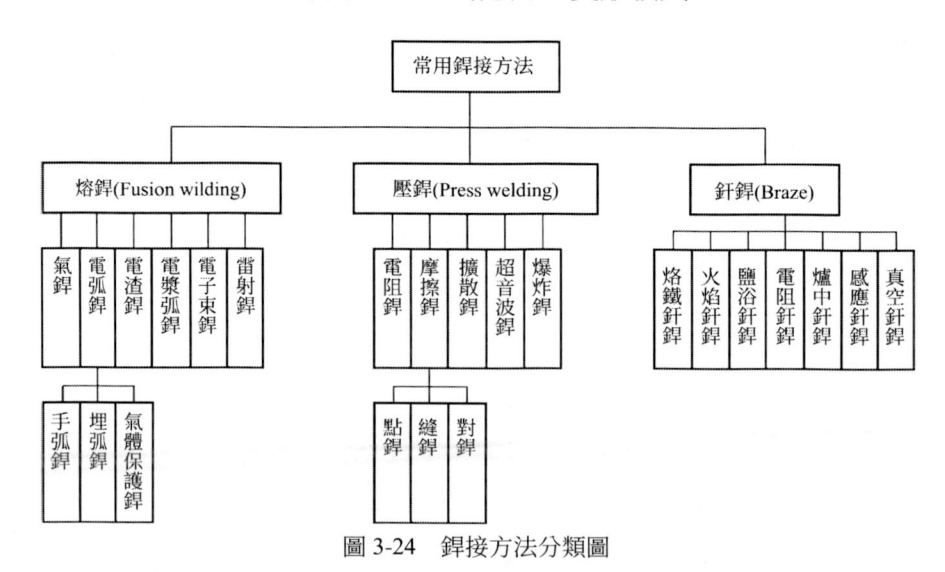

圖 3-24 銲接方法分類圖

釺銲:採用熔點比母材金屬低的金屬材料作為釺料,將銲件和釺料加熱到高於釺料熔點、低於母材熔點的溫度,利用液態的釺料潤溼母

3.4 內互連接合

材，填充接頭間隙，並與母材相互擴散，實現連接銲件的方法。釺銲的特點是加熱溫度低，接頭平整、光滑，外形美觀，應力及變形小，但是釺銲接頭強度較低，裝配時對裝配間隙要求高。前面的銲料晶粒接合本質上就是釺銲的表現形式。

壓銲：在銲接過程中，必須對銲件施加壓力，加熱或不加熱完成銲接的方法。雖然壓銲件銲縫結合也為原子間結合，但其銲接接頭的力學效能較熔銲稍差，適合用於小型金屬元件的加工，銲接變形極小，機械化、自動化程度高。內互連主要的方法就是壓銲，且能量來自於超音波的高頻振動，因此，又稱超音波壓銲。超音波銲接是一種壓力銲，藉助超音波的機械振動作用，可以降低所需要的壓力。壓力銲接時，壓力使接觸面發生塑性變形，溫度使塑性變形部分發生再結晶，並加速原子的擴散。此外，表面張力也可以促使接觸面上空腔體積的縮小。這種加熱的壓力銲接過程，與粉末冶金中的熱壓燒結過程相似。冷壓銲時，雖然沒有加熱，但由於塑性變形的不均勻性，所釋放的熱，局限於真實接觸的部分，因而也有些微加熱的效應。同時，超音波壓銲可以實現高速自動化銲接，工藝效率很高，如傳統的超音波熱壓金絲球銲。現代的自動化高精密銲接，可以實現每秒鐘十幾根到二十根的銲接，精度可達 1μm。

3.4.1 超音波壓銲原理

超音波壓銲是銲接的一種，其特徵是母材不熔化，不需要填充銲料，需要透過加壓來達到原子間結合的程度。主要應用於板材加工，如電梯、汽車、軸的連接，及半導體工業。尤其是半導體工業，由於採用了超音波振動能量作為銲接能量，具有清潔、快速和易於實現自動化的特點，在半導體晶片的內互連中，發揮了主要的作用。因此可以說，研究半導體內互連工藝，就是研究超音波銲接工藝，也是行業中的共識。

第 3 章 功率封裝的典型製程與工藝解析

眾所周知，銲接材料的表面清潔狀況，對銲接品質的好壞，產生決定性作用。在半導體封裝業，在進行超音波壓銲前，往往採用電漿對銲接材料進行清洗，以去除表面的油汙和氧化物，從而確保良好的銲接品質。超音波銲接的物理過程非常複雜，至今還未十分清楚。但有這樣的事實：具有未飽和電子結構的金屬原子相互接觸，便能相互結合。如果兩種相同（或不同）金屬的表面絕對清潔和光滑，彼此貼緊，則兩金屬表面層的原子的未飽和電子，將結合成為真正的冶金接合。

通常狀態下，普通金屬表面並非絕對清潔和光滑，即使經過精加工，金屬表面還有厚度約 200 個原子直徑、具有很強吸引力的不平整層。它可從大氣中吸收和捕獲氧，形成金屬氧化物結晶體，而且像自由金屬表面原子一樣，具有未飽和鍵的表面分子。這種金屬氧化物的分子，對水氣的吸引力很強。因此，在金屬氧化物表面會凝聚成液體、氣體和有機物質薄膜，這層薄膜和氧化層，在金屬表面形成一個「壁壘」，阻礙具有未飽和結構的原子相互接觸，如圖 3-25 所示。

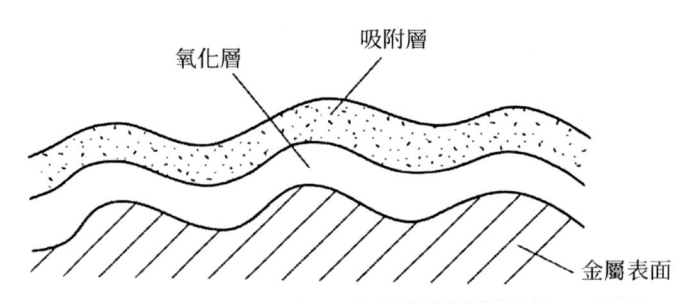

圖 3-25　金屬表面微觀示意圖

所以，要實現兩種金屬的銲接，必須先消除這個「壁壘」。在超音波銲接過程中，超音波頻率的機械振動，透過劈刀在銲接處產生「交變剪應力」，同時在劈刀上端施加一定的垂直壓力，使被銲元件緊密接觸。

在這兩種力的作用下，兩種金屬之間發生超音波頻率的摩擦。其作

用，一方面消除兩種金屬接觸處的表面「壁壘」；另一方面，在銲接界面處產生大量的熱量，使兩種金屬發生塑性形變，從而實現純淨金屬表面的緊密接觸，形成金屬間的牢固冶金結合。

總而言之，半導體內互連技術實際上是基於銲接技術的一門分支和綜合性技術，它採用了各種銲接方法、工藝，來確保得到高品質的銲接接頭。這項技術涉及的材料、設備和工藝，往往要求很高，掌握半導體內互連技術，就是掌握了半導體封裝工藝的關鍵技術。

3.4.2　金／銅線接合

常見的內互連連接方法，是採用打線接合（Wire Bonding）的方式，此外還有銅銲片（Clip）、載帶自動接合（TAB）和覆晶技術（FC）等工藝。最常見和成熟的工藝是銲線工藝，在銲線工藝中，根據銲線材料和設備工藝的不同，又分為冷超音波和熱超音波。通常，採用金線作為銲絲的工藝，稱為熱超音波工藝，而冷超音波工藝多指鋁絲銲接工藝。熱超音波金絲球壓銲工藝過程示意圖，如圖 3-26 所示。

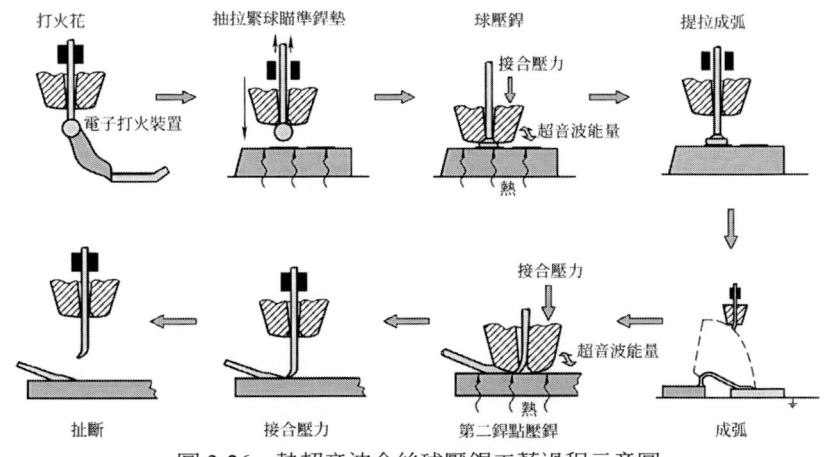

圖 3-26　熱超音波金絲球壓銲工藝過程示意圖

第3章 功率封裝的典型製程與工藝解析

　　採用金／銅線的超音波熱壓銲多用於記憶體、處理器以及專用晶片等的內互連。採用鋁絲的超音波冷壓銲多用於功率元件、整流器等半導體元件的封裝。無論採用哪一種銲接方式，都對銲機的精度提出較高的要求，都採用高精度的影像識別系統和自動銲接方式，可以說自動化銲機的研發製造，也在一定程度上展現了一個國家的工業水準。對於功率離散元件，由於所處理的電流、電壓較大，通常採用較粗的鋁線冷超音波銲接來實現晶片和引腳的內互連。由於功率元件處理的對象是高電壓、大電流的情況，因此發熱現象較常見，對功率元件來說，承受熱疲勞衝擊的能力，是產品品質的重要展現，內互連銲接的可靠性，直接影響產品的品質和競爭力。

　　金絲球壓銲類型的銲接，在半導體封裝業最為成熟，發展最快，這種類型的銲接方式，採用熱超音波工藝。所謂熱超音波，就是在銲接時，需要對銲接材料、晶片和導線架或基板進行加熱，直到一定程度，因為銲接的原理是透過超音波高頻振動摩擦，以達到材料塑性變形的程度，從而施加壓力，形成金屬鍵，提高溫度可以增加金屬原子的活力，從而相對減少塑性變形發生時所需要的能量，可以形成快速自動化、大規模生產的方式。這種壓銲方式採用的銲絲，早些時候是高純度黃金，其純度可達 99.99% 以上，由於降低成本的驅動力，開發了銅線、合金線等多種銲材，但主要原理都一樣。由於銲線直徑一般不超過 50μm，因此所能通過的電流有限，一般不用於較高功率的元件場合，但可用於功率元件的閘極驅動場合，或功率模組元件中的控制晶片和相關非大電流場合，本書主要論述的是專注於功率半導體的封裝技術，鑑於封裝內互連的本質基本上類似，以下就金絲球壓銲的具體技術及其應用展開討論。

　　由圖 3-26 可知，球銲的過程，首先要形成一個球，這個形成球的過

程，是透過電極放電形成火花來熔化銲接工具術語中被稱為劈刀（Capillary，即毛細管）的前端一小段金屬，因為表面張力的作用，熔融金屬自由收縮成球形，透過控制放電電流、通電時間、電極、劈刀間的距離，以及放出劈刀的線頭長度，可以精確地控制球的形狀。此小球被稱為燒球（Free Airball，FAB），球的直徑對銲點的成形有重要影響。

球的中心傾斜偏倚會造成銲點異常變形，造成額外的應力集中點，會影響可靠性，此外，還有可能會導致銲點偏出銲墊，造成短路。因此在做接合時，首先要設置合理的 FAB。FAB 電子顯微鏡圖，如圖 3-27 所示。

圖 3-27　FAB 電子顯微鏡圖

FAB 形成後，劈刀帶動球瞄準晶片上的銲墊，下壓形成銲點，如圖 3-28 所示。

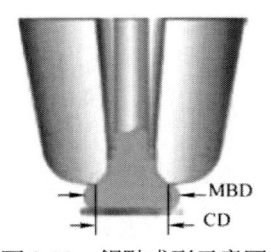

圖 3-28　銲點成形示意圖

劈刀的倒角直徑（Chamfer Diameter，CD）決定了銲點和晶片銲墊接觸的面積範圍，球壓縮後變形成橢圓柱的直徑（Mashed Ball Diameter，MBD），表現的是球壓縮後變形量的大小，一般為 FAB 的 1.2～1.5 倍，

第 3 章 功率封裝的典型製程與工藝解析

超過這個上限,球有變形過大的風險,會引起頸縮和根本應力集中導致裂紋產生等可靠性問題,小於下限會有銲接不充分、球脫落等風險。這個銲點形狀的控制,主要是由壓力、超音波振動能量和作用時間綜合影響決定。設定合理的參數,找到合適的參數設定區間,是工程師的主要任務,通常透過實驗設計(Design of Experiment,DOE)和統計分析,來決定最佳參數範圍和組合。要得到綜合滿意的銲點,必須先選擇合適的工具──劈刀,下面詳細介紹一下劈刀。劈刀的形狀如圖 3-29 所示,是一個中間中空穿金線、由陶瓷等材料鑄成的超音波壓銲工具。解釋一下幾個名詞:倒角角度(Chamfer Angle,CA);接觸面角度(Face Angle,FA);倒角直徑(Chamfer Diameter,CD);外倒角半徑(Outer Radius,OR);孔徑(Hole,H);線徑(Wire Diameter,WD);外徑(Tip diameter,T)。其中,影響晶片上銲點球形狀的參數是 CA、CD、H、WD,影響導線架或基板上尾部形狀的參數是 FA、OR、T。以下分別說明這些參數的作用和選擇。

H 的選擇通常是 WD 的 1.2～1.5 倍,確保金屬絲線進出通暢,又能控制線絲的擺動漂移,確保最後成型位置的準確。

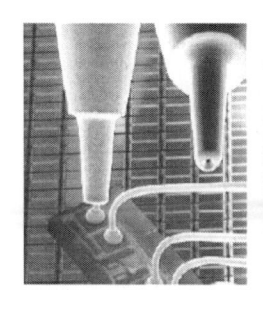

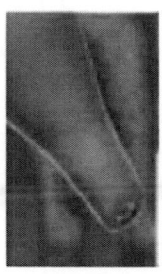

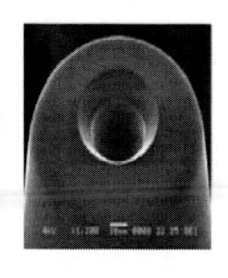

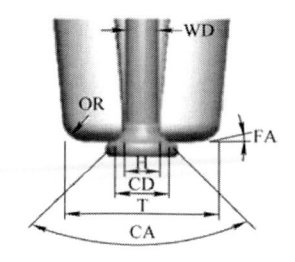

圖 3-29 劈刀的形狀示意圖

CD 的選擇是根據晶片銲墊面積尺寸來定的,原則上和 MBD 是一樣的作用,因為在顯微鏡下觀察時,往往看到的是 MBD 而不是 CD,CD

小於 MBD，習慣上，如果觀察到的 MBD 都在晶片銲墊尺寸內，就是可以接受的。設計上，CD 小於銲墊尺寸即可。如圖 3-30 所示。

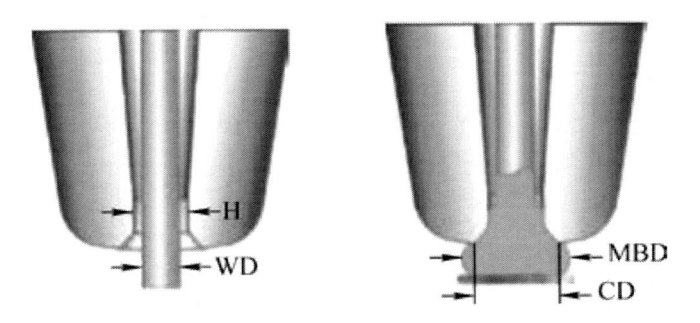

圖 3-30　CD 示意圖

CA 決定了 MBD 的大小，較大的 CA 使 MBD 增大，較小的 CD 使 MBD 變小，銲球厚度（Bond Ball Height）的 CD 也隨 CA 變化而變化。如圖 3-31 所示。

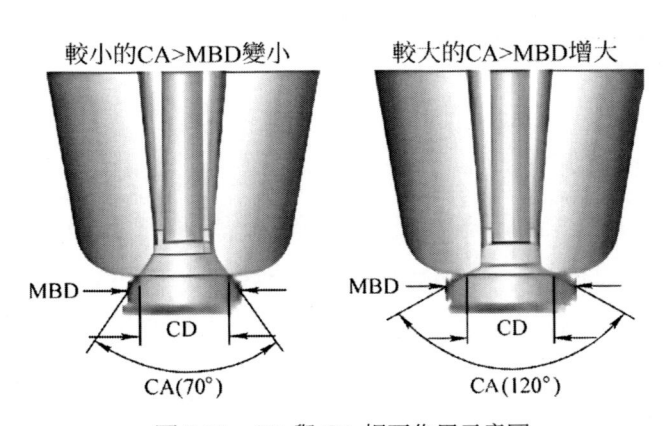

圖 3-31　CD 與 CA 相互作用示意圖

為了得到所需要的球的形狀，前提是做好 FAB，FAB 的體積，理論上要大於最後壓銲區域類似橢圓圓柱體的體積，這個可以透過模擬計算來精確算出體積，後指導設定在 FAB 參數設定裡的引線長度（Wire-length）值。

第 3 章　功率封裝的典型製程與工藝解析

　　完成了第一銲點（通常在晶片銲墊上）的球形後，劈刀帶動銲絲來到第二銲點（通常是導線架引腳或基板）。瞄準位置後下壓，傳遞超音波振動能量，一定時間（幾微秒）後，留下一個第二銲點的形狀，然後銲絲推出，打火形成 FAB，再找晶片上的另一銲墊做壓銲，周而復始，直到所有晶片銲墊都完成壓銲為止。第二銲點的成形不是球形，而是一個類似魚尾的形狀，影響這個形狀成形的劈刀參數是 FA、OR、T，如圖 3-32 所示。

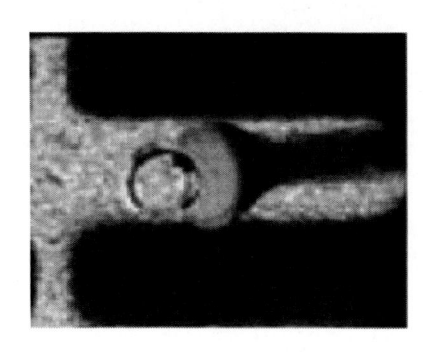

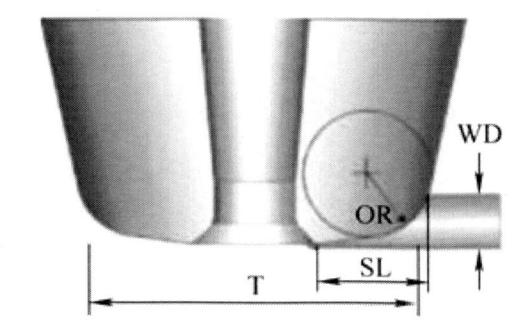

圖 3-32　T 及第二銲點成形示意圖

　　劈刀外徑（T）的大小，直接決定了有效魚尾銲接長度（SL）的大小，增大 T，可以增加 SL，可以提高第二銲點的銲接強度，但是 T 受限於晶片銲墊間的中心距，要做到連續相鄰的兩根線之間劈刀可以工作且不干涉已形成的銲線，所以 T 不能無限放大。

　　OR 和 FA 的組合，決定了魚尾抬起的程度是陡峭還是平緩的，如圖 3-33 所示。

較小的FA結合較大的OR　　　較大的FA結合較小的OR

圖 3-33　OROA 第二銲點成形示意圖

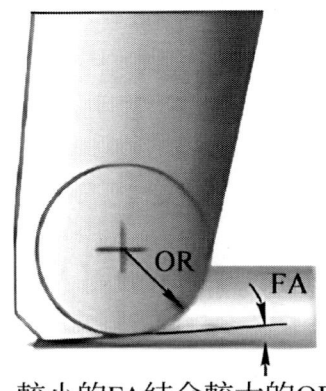

　　較小的 FA 結合較大的 OR，使魚尾變薄，抬起較陡峭，容易引起根部裂紋；較大的 FA 結合較小的 OR，可以使抬起較平緩，有助於減少應力集中。劈刀的材質以陶瓷為主，一般來說，劈刀是由陶瓷鑄模燒結成型胚胎，後透過精密機械加工成所需的尺寸，壽命一般是加工（30～50）萬個銲點，因為在壓銲的過程中，使用的是超音波高頻振動，劈刀壓住金屬絲球和銲件表面做摩擦運動，金屬殘留在劈刀頭部逐漸累積，影響到通絲順暢和對中，所以到一定壽命後必須清洗，因為陶瓷本身的強度不如金屬，在多次清洗後，尺寸有所變化，這時就必須更換了。為提高劈刀使用壽命，透過提高陶瓷的密度、細化晶粒等方式，可以適當增加使用壽命，也有用紅寶石氧化鋯本體壓鑄製造的劈刀，其壽命是陶瓷類劈刀壽命的幾十倍以上。

　　超音波是如何透過劈刀作用在晶片表面的呢？超音波的發生原理和銲接本質是什麼？超音波是指聲波頻率超出可聽到的上限的聲波，超音波本質上是機械波。圖 3-34 所示是超音波壓銲換能器聚能桿結構示意圖。

第 3 章 功率封裝的典型製程與工藝解析

在封裝壓銲機中，所有的劈刀都裝在一個叫換能器或聚能器 (Transducer) 的裝置上，這個裝置是把交流電升頻後得到的交變電訊號，轉化成交變超音波頻率的機械聲波元件。把電訊號轉化成聲波訊號的元件，我們稱為電聲元件，常見的是壓電陶瓷或喇叭、耳機等，這裡是透過聲學設計，使這個換能器裝置的固有頻率達到或接近超音波發生的頻率，因而有共振或接近共振的現象產生，銲頭振幅速率圖，如圖 3-35 所示。

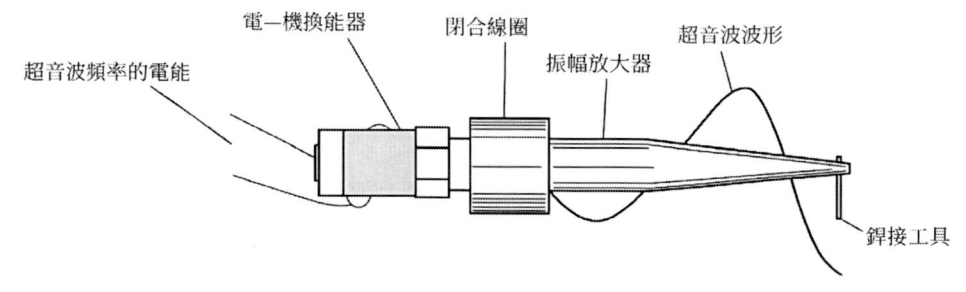

圖 3-34　超音波壓銲換能器聚能桿結構示意圖

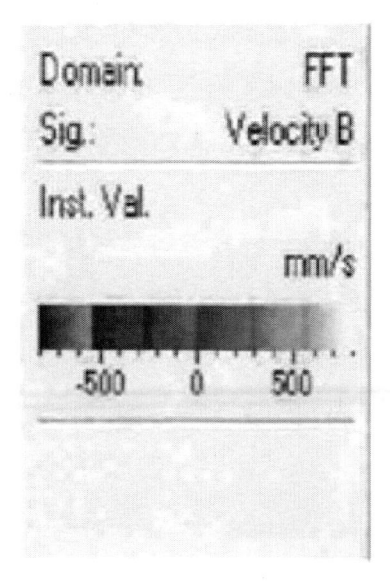

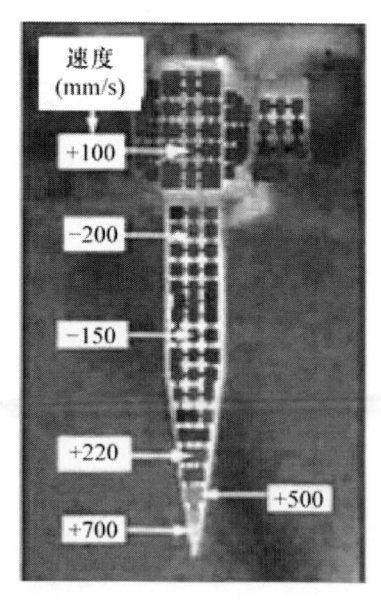

圖 3-35　銲頭振幅速率圖

3.4 內互連接合

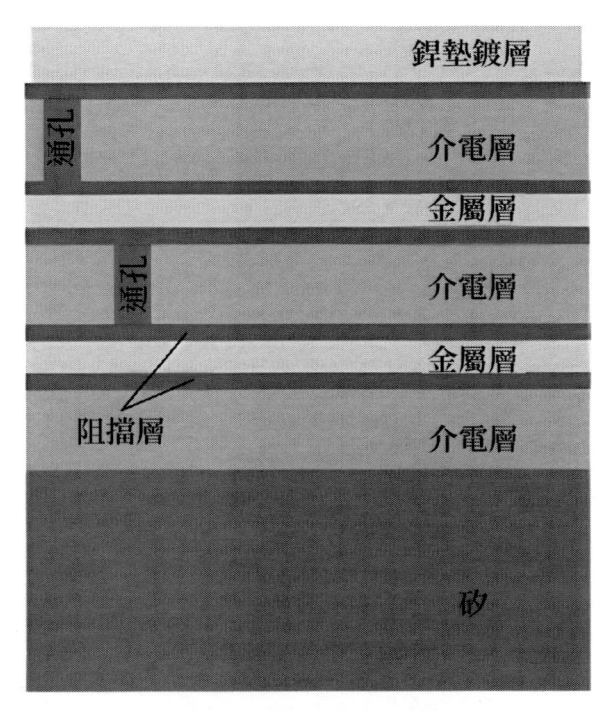

圖 3-36 常規晶片結構示意圖

採用雷射干涉振動攝影裝置可以觀察劈刀裝在換能器後的振動速率，不同的顏色表示不同的振動速率，可見在頭部尖端的小孔，其振動速率可達 700mm/s [5]。

一個好的銲接過程，除了選擇好的銲接工具外，還需要對銲接加工對象的材料有清楚的認知。內互連製程的主要加工對象是晶片，晶片表面銲墊一般是鋁，鋁層的厚度和晶片下面的結構情況，如圖 3-36 所示。最上面是銲墊鍍層，一般是鋁層，厚度 2～5μm，摻微量銅和矽，銅含量通常不超過 0.5%，可以產生細化晶粒，提高銲墊鍍層強度、硬度，此外，還可以提高抗電遷移，主要是形成固溶體 $CuAl_2$，摻矽的目的是防止鋁過度溶入 SiO_2，形成 Al 刺，Si 含量不超過 1%。

第 3 章　功率封裝的典型製程與工藝解析

　　在表層鋁和純矽之間的介電層、金屬層，都叫阻擋層，阻擋層的作用就是阻擋金屬鋁和基體矽之間的相互擴散。常用的介電材料是 SiO_2，介電常數 k=3.9，所謂低 k 材料，是指 k<2 的材料，訊號速度對 k 值敏感。金屬層產生支持並提供韌性延展的作用，常用的金屬種類有鈦、鎢等，這些金屬層的存在，在進行銅線壓銲時，可以產生抵抗應力、防止晶片彈坑不良的作用，是被強烈推薦的結構。超音波壓銲主要是用導線作銲接的主材，用到的線材，主要是金線，後期因成本問題而採用銅線替代，也有綜合考量採用合金線的情形。我們先了解一下金線的具體情況，金線的製造過程，如圖 3-37 所示。

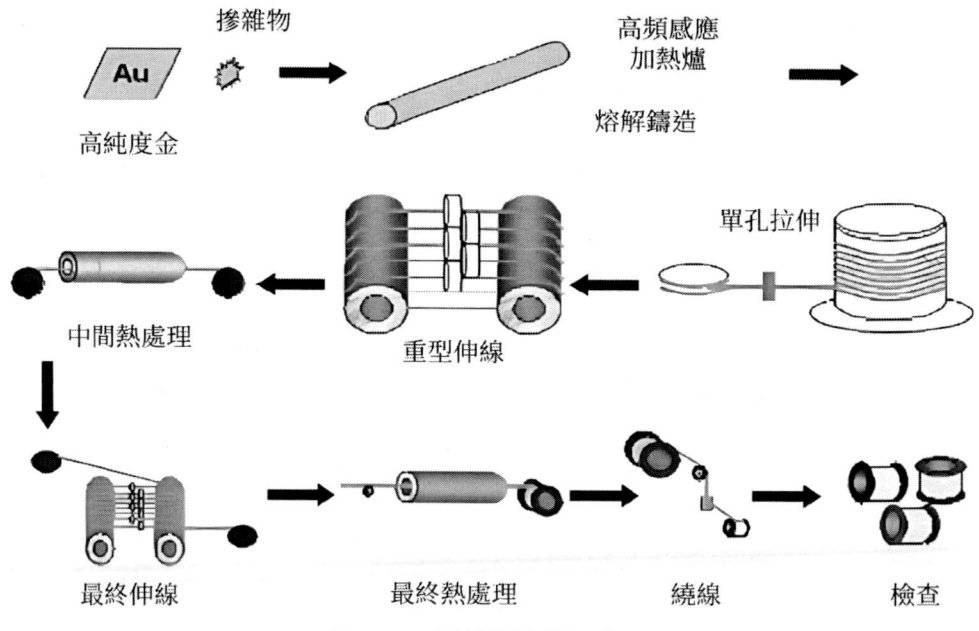

圖 3-37　金線製造過程示意圖

　　為了提高可靠性和工藝性，通常在金線中摻雜一些微量元素，摻鈹元素可以降低金線在抽拉過程中的冷作硬化，從而提高易加工性，同時

能形成線弧。摻鈀、鉑元素，可以減緩 IMC（金屬間化合物）的生成，可以抗腐蝕並減少銲接空洞。摻鈣元素可以提高線的強度、剛度，使線抗形變能力提升。還可以摻稀土元素，能夠減少熱影響區，使晶粒度細化，提高強度韌性和高溫強度。在金線製造的過程中，熱處理非常重要，其對減少拉伸過程中的機械應力、控制晶粒度產生非常重要的作用，金線熱處理晶粒變化圖，如圖 3-38 所示。

熱處理過程

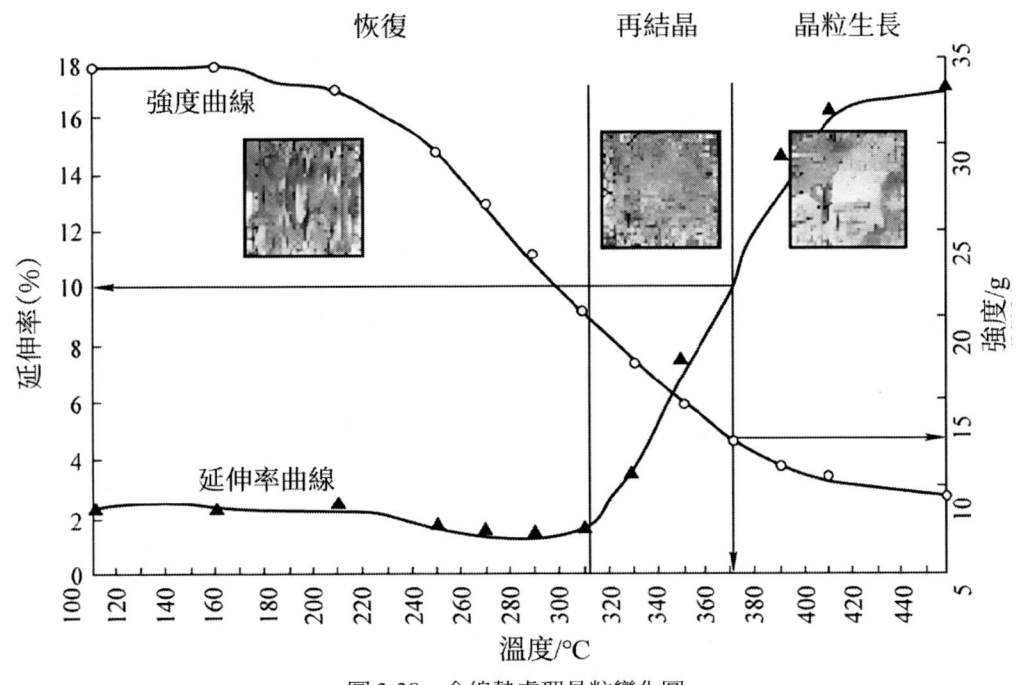

圖 3-38 金線熱處理晶粒變化圖

金線的熱處理過程完成後，需要檢查其機械特性，有兩個指標用來表示金線的機械特性，斷裂強度和延伸率，如圖 3-39 所示。

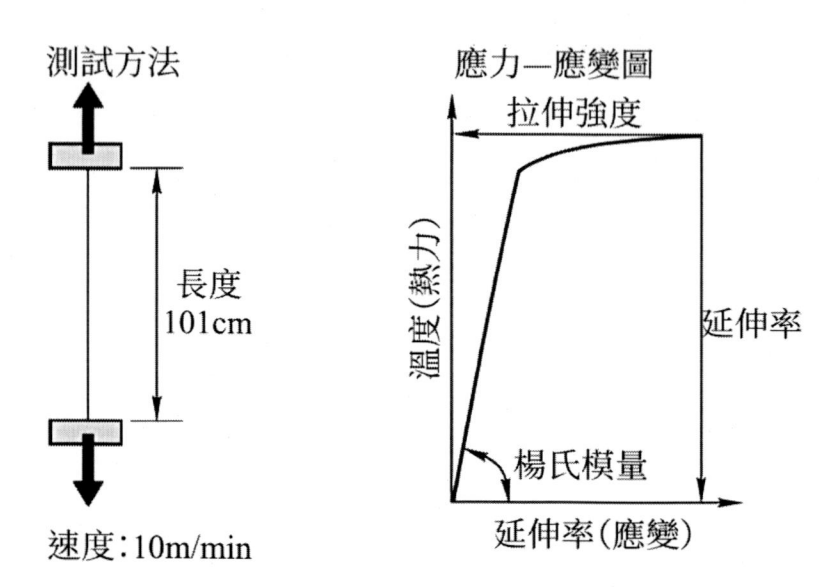

第 3 章　功率封裝的典型製程與工藝解析

圖 3-39　金線拉伸力學效能表現圖

其中，拉伸強度是指拉斷時的力；延伸率是指金線從彈性形變變為塑性形變，再到拉斷為止，比原長增加的比率；彈性形變是指載入到金線的延長，和載荷呈線性關係的那一段，彈性形變時，載荷消失，金線會恢復到原長，而塑性形變則不會恢復；楊氏模量 Y= 應力／應變，即彈性形變的斜率值。金屬線材的電阻率特性，見下表 3-3。

表 3-3　金屬線材的電阻率特性

金屬線材	電阻率／（µΩ/cm）
銀	1.6
銅	1.7
金（4N 99.99%）	2.4
金（2N 99%）	3.0
鋁	2.7
鎳	6.8

3.4 內互連接合

金屬線材	電阻率／（μΩ/cm）
鐵	10.1
鉑	10.4

從電阻率的角度來說，銀和銅最好，可是為何超音波壓銲一開始沒有選擇銀和銅，而是選擇金？要回答這個問題，還是要從金的化學、力學性質說起，金具有以下特點：

1）高導電性，雖然比不上銀和銅，但也算電效能表現良好。

2）在空氣和水中不會氧化，可靠性高，可銲性好，這點比銀和銅好非常多。

3）良好的化學抵抗能力，塑封成型後的可靠性、工藝性好。

4）良好的延展性，容易生產製造、接合、拉弧成型。

5）較少的氣體溶解性，可燒製較圓的銲球。

6）軟硬適中，較少銲墊損傷。

當然金的缺點就是貴，金銀是天然的貨幣，貴金屬的屬性限制了其在工業上過量的使用，所以金線直徑一般不超過 50μm，較常見的是 20～30μm 的規格。也由於金線做粗會不划算，所以在通大電流的場合中，不會用金線。功率元件通常採用較粗的鋁線做接合，來承載大電流。鋁線線徑較粗的有 5～20mil[02]。由於金價飛漲，近年大多數封裝廠積極開發銅線製程以降低成本，銅線價格低，但在接合過程中，需要較大的能量才能完成接合，所以晶圓在製造中，必須增加銲墊金屬層鋁的厚度和阻擋層金屬的厚度，以避免彈坑，因為銅易氧化，需加保護氣體，剛性強。且因為銅的延展性問題，在細直徑的銅絲方面，還有一定

---

[02] 1mil=25.4×10－6m。

的技術難點。需要克服銅的氧化及硬度問題，而銅線線徑在達到 18μm 左右時，存在嚴重缺陷，另外，接合效率低也是不利因素之一。純銅就是 99.99％的銅，銅鍍鈀就是在 99.99％的銅外面鍍一層鈀。前者生產過程中是用混合氣（氮氫）作為保護氣體，後者可用純氮氣作為保護氣體。目前為止，還沒有純銀線，不過最近研發出一種銀的合金線，效能較銅線好，價格比金線低，也得用保護氣體，對中高階封裝來說，不失為一個好的選擇。銀對可見光的反射率高達 90％，居金屬之冠，所以在 LED 應用中，有增光效果。銀對熱的反射或導熱也居各金屬之冠，因此可降低晶片溫度，能夠延長 LED 壽命。銀線的耐電流大於金和銅（大約為 105％）。此外銀線還有比金線好管理，遺失可能性較小（無形損耗降低），比銅線好保存（銅線需密封，且保存期限短，銀線不需密封，保存期限可達 6～12 個月）等特點。銀合金線的成分主要是銀、金、鈀，再加一些微量金屬元素組成，具有銀的優良特質──導電性最佳（導電性：銀＞金＞銅）；同時具有金的優良機械特性──伸展和延展性都很好（伸展和延展性：金＞銅＞銀）；還具有鈀的優良特質──抗氧化性和導熱性較好（抗氧化性：鈀＞金＞銀＞銅，導熱性：銀＞銅＞金＞鋁），且銀線的問題是容易發生打不上球、滑球、斷線等問題。銅線硬度大，易氧化，燒球易出現高爾夫球和球形狀不圓，通常要在銲線機上加裝包含 95％氮和 5％氫的混合保護氣裝置。金線是三種線中工藝特性最好的一種，有良好的延展和斷裂特性，線弧較好，和晶片的金銲墊和鋁銲墊都有良好的結合性。驅動非貴金屬銲線銅的主要因素是價格，除了價格外，銅線也有如下優點：從電學效能和導電性來說，銅在 20℃時電導為 $5.88Ω^{-1}$，而金為 $4.55Ω^{-1}$，鋁為 $3.65Ω^{-1}$，銅的導電性較好，相同直徑下的銅線，可以運送更多電流。電阻則相反，銅具有最低的電阻。銅的介電常數也很低，對電流的遲滯效應較不顯著，利於電荷輸送。在

熱傳導係數比較中，銅較高（39.4kW/mk），單位時間、單位面積輸送的熱量較大，在電子產品越做越小、越細微的情況下，散熱是不可避免的一環，銅在這塊就表現得非常突出。此外，銅的熱膨脹係數（CTE）也很低，為16.5，而金為14.2，鋁為23.1，受熱之後，鋁的膨脹將最明顯。以抗拉強度（Tensile Strength，TS）來說，銅在每單位平方公分可以抗拉210～370N的強度，而金最多為220，鋁最多只到200，在打線時，更利於成弧。此外，銅的維氏硬度最高，對線材越細，表現越好。銅的斷裂強度（Break Load）表現在推力試驗中，比金高出許多，但時間一久，金反而比銅高。研究人員分析後發現，金線的內部其實出現很多科肯德爾空洞（Kirkendall Void），這種孔洞非常容易造成導電度下降。另外銅在拉力試驗（Pull Test）表現中與金的差別不大，但是在相同線徑情況下，銅的斷裂強度比金更高。金線最為人詬病的是金屬間化合物的生成，由於接合銲墊（Bond Pad）材質通常為鋁，打金線後，若是生成金屬間化合物，將會減弱金鋁的結合力。實驗結果證明，金於打線後一天，就生成Au_4Cl和Au_2Cl，厚達8μm，打線後4天，更生成科肯德爾空洞。而相同實驗條件下，銅線一天內沒有生成任何化合物，16天後才生成非常薄的Cu/Al層，128天後，僅生成約1μm的金屬間化合物，且完全沒有科肯德爾空洞生成。原因在於，銅的電負度（1.9）和鋁的電負度（1.6）差別很小，而金的電負度（2.5）和鋁的差別很大，電負度差越大，反應力越大，且就原子半徑來看，銅和鋁的差別較大，較不易結合。在不易生成金屬間化合物的情況下，銅線的可靠性就比金線高得多。但有兩點非常致命，從1991年開始有人研發銅線的使用，數十年來，一直在對下面兩個問題思考解決方法。

問題一，銅線在室溫下非常容易氧化，生成CuO或Cu_2O_3，除了考量電負度的影響外，關於氧化還原電位（ORP）的比較，銅的氧化力比金

第 3 章　功率封裝的典型製程與工藝解析

大得多,而金則是還原力大,容易得電子,不容易和氧作用、提高氧化數,一旦容易氧化,產生的氧化層,使銲接的可靠性就大大下降了。也因此,銅線的保存壽命(Shelf Life)也很短。銅絲球銲和金絲球銲一樣,需要採用電火花放電(EFO)系統,但對銅絲來說,若採用傳統的 EFO 系統,在成球的瞬間,高溫的環境容易使銅銲球發生氧化,氧化後的銅銲球,銲接效能明顯差很多。因此,銅絲銲球在電火花放電過程中,必須增加惰性氣體保護功能,以防止銲球氧化。氮氣是最容易獲得且成本最低的惰性氣體,因而很自然地被應用在銅絲球銲接過程中 [5]。企業之前採用的金絲球銲接設備,並沒有氣體保護裝置,這就需要進行設備改造,改造如圖 3-40 所示,稱為銅線接合氣體保護裝置,劈刀頭部進入小孔中,裡面有打火桿,並通有保護氣體 [6]。

圖 3-40　銅線接合氣體保護裝置

通常使用惰性氣體,例如 Ar,或氮氣,利用惰性氣體降低銅和氧氣接觸的可能性,但成本較高,也有安全問題,需額外加裝混合氣體發生器或鋼瓶等設備。還有從材料本身考量,將銅鍍上其他金屬,如 Ag、Ti、Pd 等,降低銅與氧接觸的機會,並改變其機械特性。之前還有一位日本研究人員提出用一特殊溶液,在銅表面形成亞銅,這樣在存放時,

就不太需要考慮氧化問題，而打線時加超音波，即可擠出亞銅層，不過可能因成本原因，無法大量使用。

問題二，銅的硬度和機械性質非常好，是三種材料中最高的。但是硬度越高，需要將銅進行形變（Deform）產生接合的作用力相對就越大，這對於晶片上的銲墊（Pad）損害也很大，銅絲接合彈坑失效，如圖 3-41 所示。而且作用力越大，對第二銲點的可靠性也下降，因此銅線的第二銲點通常良率不是很高。對於第一銲點的解決方法，思路主要是增加晶片的強度，比如在晶片銲墊下的阻擋層增加薄的 Ti 或 W 金屬層，產生增加晶片抗力的作用，也同時將晶片銲墊鋁層的厚度增大到 3μm 以上，產生更好的緩衝作用。第二銲點主要是導線架引腳的鍍層，表面鍍銀可以形成良好的銲點。業界也有純銅的嘗試，如第一銲點晶片銲墊是銅，第二銲點引腳也是銅，理論上，同種金屬間的結合是最好的，只是氧化的問題，氧化如果能控制好，製程就可行。需要指出的是銅線產品的開封，有如下特點。

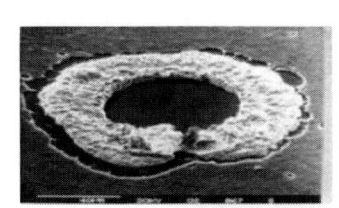

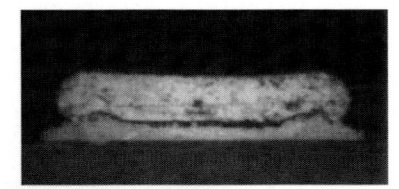

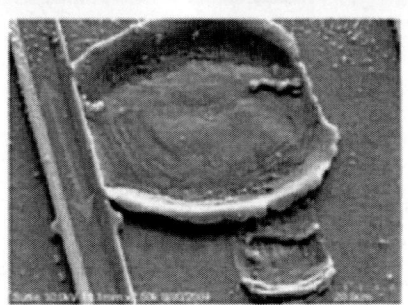

圖 3-41　銅絲接合彈坑失效

第 3 章 功率封裝的典型製程與工藝解析

對於塑封產品的失效分析，需要開封（Decap）確認內部，進行目檢分析並改善。銅線開封與金線產品不同，常規的化學開封方法會腐蝕銅線，無法進行後續的內部目檢和接合強度測試分析，需要研究出新的開封分析方法。現在已研究出銅線的開封方法，流程如圖 3-42 所示，已經可以完成良好的開封效果。[7]

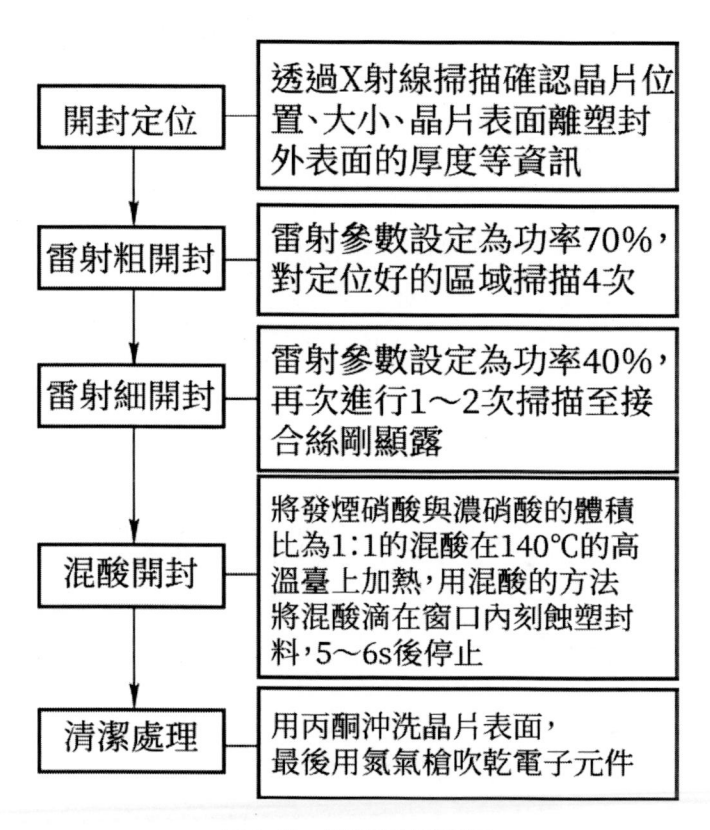

開封定位	透過X射線掃描確認晶片位置、大小、晶片表面離塑封外表面的厚度等資訊
雷射粗開封	雷射參數設定為功率70%，對定位好的區域掃描4次
雷射細開封	雷射參數設定為功率40%，再次進行1～2次掃描至接合絲剛顯露
混酸開封	將發煙硝酸與濃硝酸的體積比為1:1的混酸在140℃的高溫臺上加熱，用混酸的方法將混酸滴在窗口內刻蝕塑封料，5～6s後停止
清潔處理	用丙酮沖洗晶片表面，最後用氮氣槍吹乾電子元件

圖 3-42　銅線開封流程圖

此外，銅線產品用 X 射線做非破壞性檢測時十分困難。銅線的輪廓在 X 射線下較為模糊，而金線在 X 射線下能清晰可見。這就造成塑封後目檢排查過程中，銅線銲點處的異常完全無法透過 X 射線進行確認，必

須破壞性開封確認。當然，降低塑封料流動性的影響，確保塑封前銲點的可靠性，可以大致消除此不良影響，現在能夠實現量產的企業，基本上均能達到此水準。

3.4.3 金／銅線接合的常見失效原理

　　金絲球壓銲的一個失效原因，即所謂科肯德爾空洞，是在接合點周圍形成環狀空洞。這種失效往往在高溫（300°C以上）下容易出現。高溫下，金向鋁中迅速擴散，由於金的大量移出並形成 Au_2Al，因此在接合點四周形成黑色環形空洞，它使接合點周圍的鋁部分或全部脫離，導致出現高阻或開路。科肯德爾空洞的形成過程與溫度和時間相關，內因是金、鋁原子的擴散與化合作用，其中金的擴散發揮主導作用。外因是溫度，溫度高於 300°C 時才會形成空洞（熱壓接合時，晶片上的溫度高於 300°C，如果時間過長，就容易誘發這種失效）。金鋁合金失效的電子元件有一個特點，它在電路測試過程中會恢復正常，使開路失效現象消失。因為金鋁合金在電壓（如 5V）衝擊下，將打碎而復原。但這種恢復正常的元件的可靠性很差，如果將它進行短時間的高溫保存或讓它工作一段時間後，開路失效現象又會重新出現。科肯德爾空洞電子顯微鏡圖，如圖 3-43 所示。

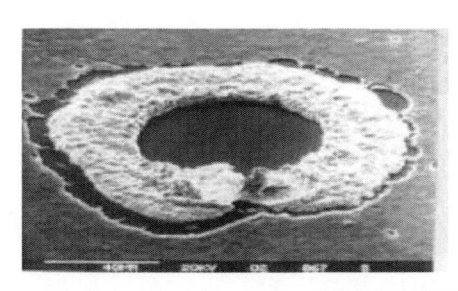

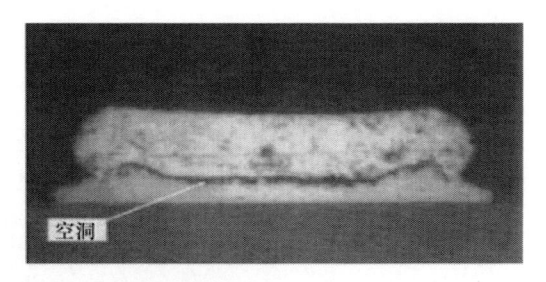

圖 3-43　科肯德爾空洞電子顯微鏡圖

3.4.4　鋁線接合之超音波冷壓銲

超音波冷壓銲又稱楔銲（Wedge Bond），有別於熱超音波的打線接合，雖然都是打線，但用的線材不同，設備也相差甚大。楔銲顧名思義就是銲點類似一個楔，銲頭工具也類似。銲絲在銲接過程中沒有用到加熱的方式，然而金屬表面還是會熔融成型。鋁銲絲（當然也可以是其他金屬）被壓緊在半導體銲墊表面的一層薄薄的鋁金屬面上。壓緊後，超音波振動由銲接工具作用於銲件。振動使銲絲變軟，壓力使銲絲與銲墊表面的金屬原子互相擴散，形成銲接。當銲件相互作用時，銲件表面的汙染物被打碎並擠出。這種作用，使銲件表面產生塑性變形，同時清潔銲絲和銲墊表面。當銲墊金屬原子和銲絲金屬原子相互共享電子，並形成金屬鍵時，就完成了接合（Bonding）的過程。主要製程步驟，如圖3-44所示。

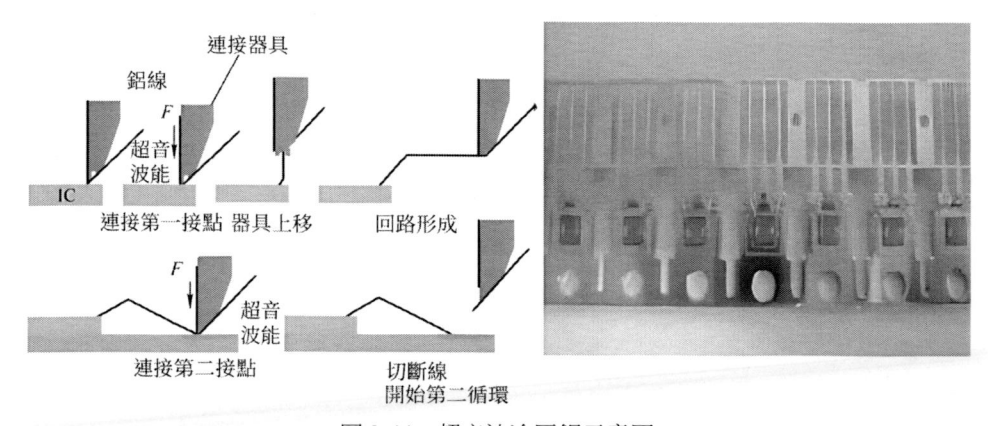

圖 3-44　超音波冷壓銲示意圖

銲接所用的鋁絲是高純度的鋁，可以達到99.99%的純度，摻加少量的微量元素，如新增矽，可以增加強度和硬度，新增鎳，可以增加抗腐蝕和抗氧化性。由於功率電子元件，特別是用於汽車航空等行業的功率

元件,一般有較高的信賴性要求,所以採用含鎳的鋁絲居多。

　　銲接所用的鍥形工具(bonding tool(wedge))一般也稱為劈刀,是特製的,以碳化鎢鋼為主要成分,由特殊的數控工具機加工而成,一般精度要求是 2μm。不同粗細的鋁絲,需要不同尺寸的銲接工具。除了這些主要的銲接工具外,還要有配套的輔助工具,如鋁絲導線管、嘴,切斷粗鋁絲的特製切刀等。另外,粗細鋁絲的切斷方式是不一樣的,細鋁絲採用扯斷的方式,因此,不需要切刀,但需要特殊的鋁絲夾具。銲接夾具的設計是非常重要的,通常對半導體設備製造商來說,除了開發機器的一些銲接功能外,有一大半時間,是用來開發設計半導體設備的專用夾具,因為具體到不同客戶的實際應用,通常由於半導體晶片銲接的尺寸空間限制,需要考慮在實際的應用過程中,如何確保銲接工具和銲接夾具的精密配合,針對特殊產品的應用,往往需要實際調整測試,方可定型,同時,夾具的品質必須考慮其安裝調試的便利性和耐磨性,以及互換性等。功率半導體元件,包括模組的主要接合方式是鋁線超音波冷壓銲,本書主要是講述如何製作功率元件的封裝,因此,我們有必要詳細、充分理解鋁線製程的技術特點,為後續其他技術的學習打下堅實基礎。以下就對鋁線銲接性問題有影響的因素,總結如下:

1) 銲接參數(規範);

2) 銲接材料(引線導線架,鋁線)的品質;

3) 銲接工具(表面品質和幾何尺寸)和銲點的幾何形狀。

3.4.4.1　銲接參數回應(響應)分析

　　銲接參數主要是指銲接時的超音波能量,以及作用於銲接工具並施加到鋁絲的壓力和銲接作用時間。研究顯示,單純增加銲接能量和時

間，可以有效地增加銲接結合能力，但是由於在銲接工具的作用下，在鋁絲根部有鋁的堆積和過變形，容易產生裂紋。銲接壓力的作用，是在銲接時促進金屬間的相對擴散，較大的壓力情況下，由於沒有充分的變形，反而不容易銲接，太小的壓力，會導致銲接材料表面過度的相對運動，如同加大超音波能量的功效一樣，會導致根部裂紋衍生。超音波能量、作用於銲件表面的壓力，以及一定的超音波作用時間，是銲接的三要素。為得到滿意的銲點，工件表面必須牢牢地壓緊，以便超音波能量可以高效能地傳輸。以下我們將詳細講述合適和不妥的參數的作用和後果 [6]。

超音波能量的作用是使銲絲變軟（塑性變形），能量的設定，對銲點的形狀有很大的影響。圖 3-45 是理想銲點的掃描電子顯微鏡圖片。可見，此情況下，理想銲點包含無根部的印記，光滑的頂部，協調一致的尾部，以及在銲點下較小的擠出。但對於不同的銲絲線徑，當能量的設定不合適時，會發生什麼？一般而言，能量設置太高或太低，都會有不同的後果，不當的能量設定，會影響銲接品質。圖 3-46 是能量太高的情況下的電子顯微鏡圖片，過多的鋁從銲點擠出，形成一個耳朵，邊緣部分多被燒焦了。鋁的結合點在銲接工具半徑的後部，使銲點的根部產生凹陷。這容易使元件在溫度循環試驗中失效。此情況下，銲點出現過多的變形，過多的擠出（溢出），邊緣部分燒焦，在銲接工具半徑範圍內快速的鋁成型，根部有明顯凹陷。

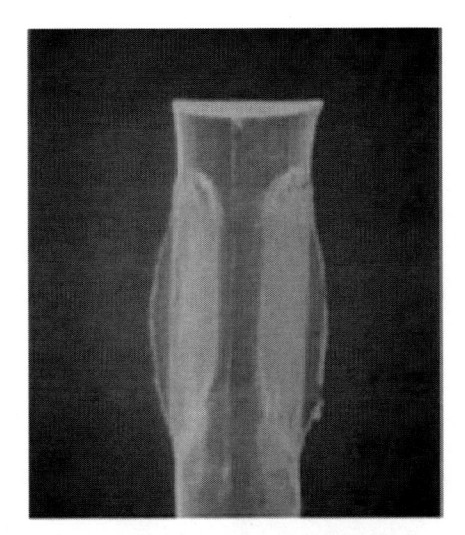

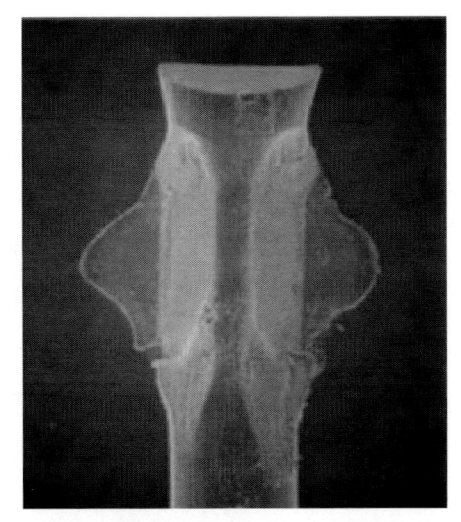

圖 3-45　理想銲點的掃描電子顯微鏡圖 [8]　　圖 3-46　過能量設定銲點電子顯微鏡圖 [8]

　　如果超音波能量設定得太低，銲點是不牢固的。如果不牢固，銲點外觀看起來很好，但結合不牢固。從銲點的破壞性數值大小，可以反映該類問題。銲點中間有許多未銲接區域，因這些區域中沒有足夠的能量使銲絲變形，並使許多不清潔的表面汙染層殘留在銲點金屬之間。

　　銲接壓力是透過銲接工具施加到銲接加工表面，為了確保銲接時工件表面的良好接觸，銲接壓力必須大到能使兩金屬表面在銲接時能相互結合，但也不能太大，使接觸金屬表面間沒有相互塑性流動的可能，從而影響超音波振動的效果。太大的壓力，會使銲絲變得平坦，使銲絲從銲接工具中被擠出，過大的壓力效果，如圖 3-47 所示。

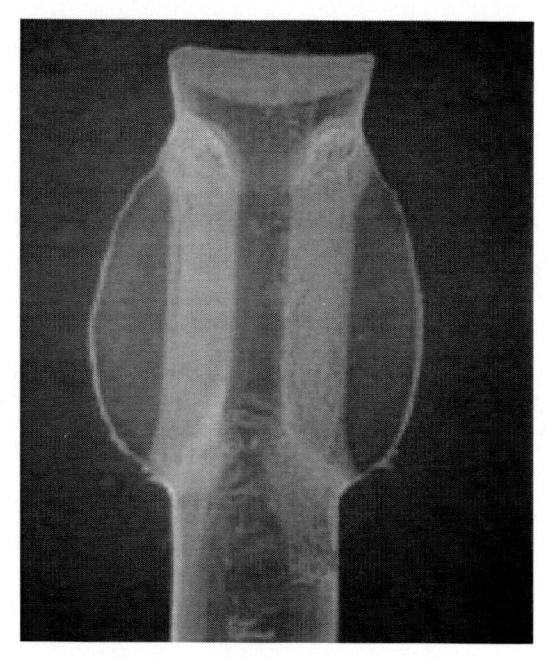

第 3 章　功率封裝的典型製程與工藝解析

圖 3-47　過大壓力銲點效果圖 [8]

　　圖 3-47 中可見過多的扁平狀銲絲擠出，銲絲與銲接工具槽上部接觸，弱銲點由於較大的未銲接區存在。在實際過程中，過大的壓力，使鋁無法發生冷塑性流動，銲點看起來就像銲接工具的一個印跡。雖然銲點看起來溢出大，但銲點表面光滑，而不同於施加大能量時的銲點表面粗糙。因銲絲在預壓時已經扁平，這就有可能存在較大的未銲接區，導致弱銲點和脫落，這種情況下，措施不是增加能量，而是降低壓力。太小的壓力，另一方面，在施加超音波能量時，會使銲絲來回滑動，這也會導致弱銲點和脫落或無變形的銲點。其他值得注意的是，太小的壓力效應，包括晶片彈坑現象（die cratering），以及過多的鋁垢殘留在銲接工具中，會導致銲接工具壽命和銲點品質下降。

3.4 內互連接合

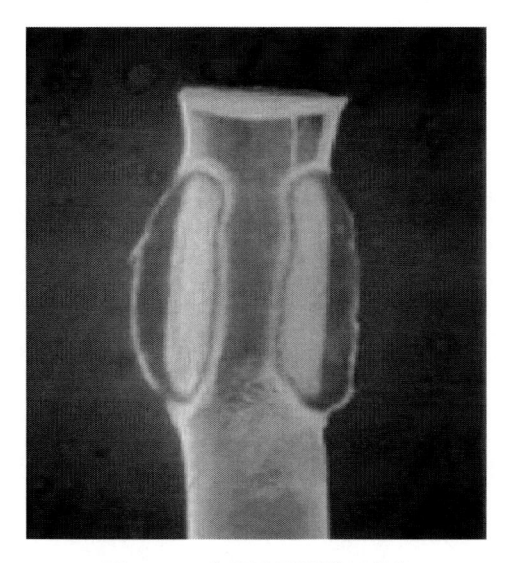

圖 3-48 時間過長銲點圖 [8]

　　太小的壓力還會導致較強的銲絲和銲接工具的黏連效果。一些額外的 Z 軸運動，會導致過大的晶片彈性力，從而導致「彈坑」現象。另外，銲接工具中的銲絲殘留，也會導致較低的壓力效應，引起銲點根部的凹陷和刮痕。銲接時間是超音波作用的持續時間。在三要素中，有較大的調整範圍，但必須確保足夠的銲接時間來完成銲接。過長的銲接時間，會導致銲絲過多的擠出，如圖 3-48 所示。一種過長銲接時間的現象，是在銲點邊緣周圍會有黑色的區域（氧化物），以及過長的銲接時間，會導致銲絲過多的擠出。太短的銲接時間，會導致超音波能量沒有足夠時間來使銲絲塑性變形。只有金屬的塑性變形，才能使一些不純表面和氧化物被打碎和擠出，暴露出純淨的金屬，才能完成銲接。太小的銲接能量，會直接導致銲點脫落或非常弱。良好的銲接夾具，可以確保在施加超音波的銲接過程中不會移動，這對獲得好的銲點來說，非常重要。工件必須完美的靜止，以確保超音波能量從銲絲到銲墊表面的傳輸。不好的夾具，導致銲接效果就如同太小的壓力一樣。從專業的角度來說，

對銲接夾具的要求也是非常高的，從設計到製造，需要專門的人才和知識，在此過程中，也常常使用有限元模擬計算和分析的工具。綜上所述，我們可以了解到，設計合理的參數，對提高銲點的銲接性和可靠性，產生直接的關鍵作用。那麼採用什麼樣的參數才是恰當的呢？要回答這個問題，除了對鋁線的銲接過程要有深刻的認知外，還需要有一定的數學知識，透過高效能的統計方法，快速地找到合理的參數範圍，從而應用到實際的生產實踐中，獲得良好的經濟效益。

3.4.4.2 銲接材料品質分析

在實際生產過程中，發現銲接材料的表面狀況對銲接效能品質也非常敏感，尤其是對細鋁絲來說，這種情況特別明顯。對於銲接材料，一般我們指鋁絲和引線導線架。

1) 引線導線架表面狀況分析 [9]。半導體封裝中一個非常重要的材料，就是引線導線架。引線導線架 (lead frame) 是半導體封裝的三大基本原材料之一 (另外兩種是塑封材料和晶圓片本身)。引線導線架一般由銅或鐵鎳合金作為基材，經過沖壓成型後，還需要經過電鍍，以便增加可銲性。導線架之所以重要，是因為銲接工藝直接作用於其表面，作為引線的電氣連接點，是實現晶片功能和外部電路連接的橋梁。導線架的製造過程，主要是模具沖壓和表面處理。對內互連來說，較重要的是表面處理，當然對尺寸的控制也是重要的，因為尺寸的差異會影響銲接夾具的夾持品質。至於表面狀況，主要有表面粗糙度、電鍍層厚度和表面清潔程度 (氧化汙染程度)。關於表面粗糙度對銲接品質的影響，有許多研究。一般而言，認為銲接的兩個表面越光滑，則原子間的結合和擴散過程越容易進行，從而銲接越容易。但實際上，在超音波銲接領域，由於

3.4 內互連接合

銲接能量是因銲接材料間的相互摩擦產生的熱量而引起的塑性變形，所以，並不是表面越光滑，銲接越容易，相反，粗糙度大一點的材料，可銲性和接頭的機械強度更好，當然，摩擦太大到一定程度，無法有相互的位移，也導致銲接的困難和接頭機械特性的降低，如前述壓力過大的情況。研究顯示，粗糙度、硬度相近的材料，其銲接較容易，也能得到較好的銲接效果。除了表面粗糙度外，導線架表面的電鍍品質，也會對銲接品質產生直接的影響，表面電鍍金屬的細緻程度、硬度，以及抗氧化能力等，都會對鋁絲的銲接產生直接影響。常見的不良，是由於銲接接頭機械效能差，和抗熱疲勞程度較差導致的，而解決此類問題的直觀方法，是加大銲接參數，雖然在一定程度上確保了銲接強度，但由此帶來的問題，是銲接接頭的可靠性降低，應力分布條件惡化，從而導致進一步嚴重的根部裂紋問題。所以說，簡單的加大參數處理方法，往往並不是科學的，只有徹底確定失效產生的根本原因，對其進行思考並加以控制，然後比較經濟性，才能得出有效、可靠和低成本的解決方案，獲得良好的經濟效益。因此，從原材料控制的角度出發，有必要了解材料本身的一些特性，同時不能只局限於接合工藝本身，還需要關注在此工藝之前的工藝製程。功率元件在接合之前的晶粒接合，多用軟釬銲的方法銲接晶粒接合（也可歸結到內互連的範疇），該工程前文已詳述，就是使用軟釬銲的方法，把背面有金屬層的加工晶片，準確、快速地貼放在熔融的軟銲料上，經過冷卻凝固，為內互連做準備。由於該道工藝需要的條件是高於300°C的高溫，所以引線導線架等原材料易發生氧化現象，為防止氧化，通常使用氮氣和氫氣混合的保護氣體來還原氧化金屬，從而確保材料表面沒有發生嚴重的氧化。控制混合氣體流量和比例，往往對後續的接合工程有很大的影響，此外，原材料的包裝方式，乾燥劑的顏色等，往往也是判斷材料是否可以用於生產的依據。關於引線導線架

表面狀況對鋁線銲接效能的影響,許多引線導線架供應商和應用者都在展開這方面的研究,許多研究成果,還沒有得到具體的實驗數據,可以說明和表示引線導線架的表面狀況,最近大量的研究工作,是對金屬間的表面摩擦係數的研究,研究者希望透過對不同金屬間表面摩擦係數的測定,來描述銲接性。表面粗糙度不僅影響結合面的接觸,也影響擴散過程,越是細微且規則的表面凹凸,空隙的消失越迅速,此時,擴散機制發揮重要作用,並非空隙總體積小,導致接觸面自身發生橫向移動而產生主要作用,使結合面生成。當表面凹凸的寬度較大時(較為粗大的痕跡),擴散的作用被減弱,此時接觸面附近空隙表面向接觸面的移動產生主要作用,使結合面生成。圖 3-49 所示為第二銲點銲接過程的原理分析。

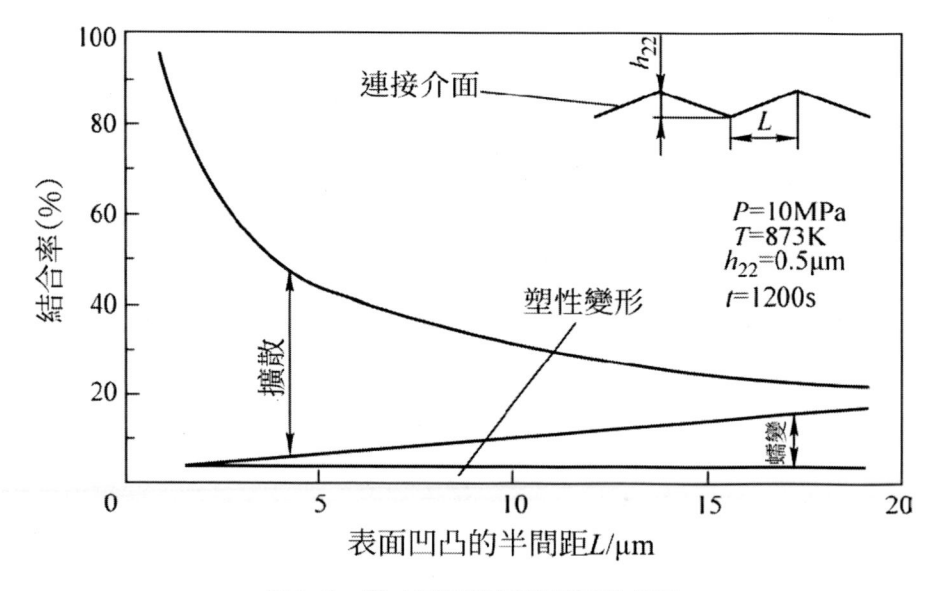

圖 3-49　第二銲點銲接過程原理分析圖

因為銲接參數固定後,壓力和超音波能量被設定成定量,所以相對應的塑性變形量也一定,這時表面粗糙度的增大,使擴散的作用減小,

L 增大的話，蠕變增大。在一定的壓力下，表面互相接觸，局部塑性變形，使氧化膜被破壞，產生微小的連接，隨時間的延長，緊密接觸的部位由於蠕變變形和擴散，導致擴散繼續進行，空隙逐漸消失，連接界面增加，並透過體積擴散，導致空隙完全消失，產生互相結晶，最終界面消失。變形與擴散是連接的主要機制，在不同階段所占的比重不同。所以變形增加對銲接性的提升是有幫助的。但擴散減少又減緩了金屬間的金屬鍵形成，所以對粗糙度（用 L 來表徵）的某一最佳化點，在最快速率下的金屬間結合率最高，可以對圖 3-49 上面一條曲線建立偏微分方程式，求得最佳點。具體試驗設計的過程中，可以在固定一組銲接參數的情況下，對不同粗糙度表面做銲接試驗，後透過拉力推力試驗及剝離銲點，來測量銲點有效接觸面積，以此作為參考。

2）鋁線金屬力學效能分析 [9]。鋁線的製造是基於母材摻雜調質後的冷拉，冷拉過後，經過退火消應力處理，然後是繞線。通常情況下，鋁絲的純度達 99.99％以上，但對於細鋁線，由於強度問題，通常會摻 1％的矽來增加剛度和強度，以便於隨後的製程和銲接。因此，一般來說，一旦選定鋁線，其基本特性就大體上定下來了。圖 3-50 為 HOT 公司 3mil 鋁線的機械特性隨退火時間的變化趨勢。可見隨著退火溫度和時間的增加，鋁線的斷裂強度呈下降趨勢，而塑性略有增加，特別是含矽型鋁線的變化較顯著。一般而言，對用於打線接合的鋁線的機械強度要求範圍是很寬的，以 2mil 鋁線為例，大體上要求強度為 38～44gf[03]，塑性為 1.5％～5％。

---

[03] 1gf=0.0098N。

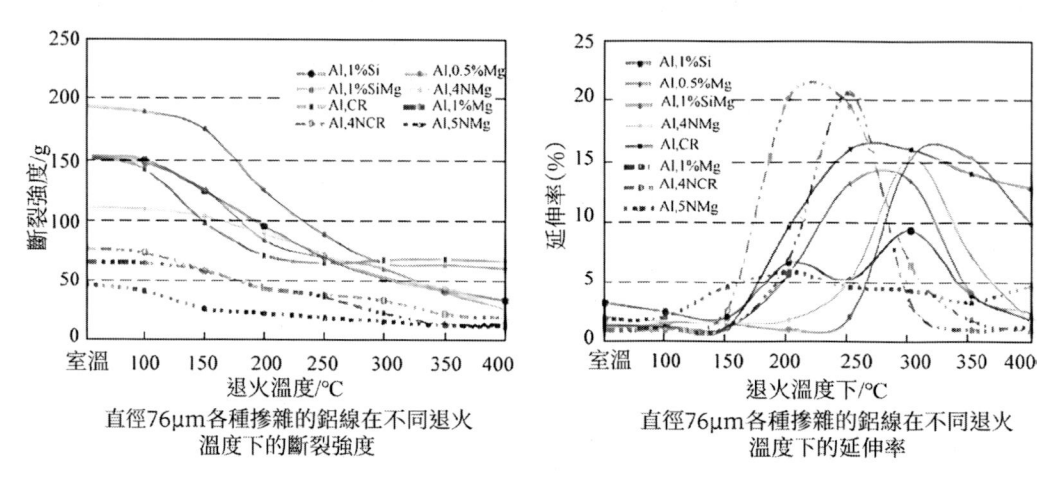

第 3 章 功率封裝的典型製程與工藝解析

圖 3-50 HOT 公司 3mil 鋁線的機械特性隨退火時間的變化趨勢圖

實際的半導體元件是由許多材料透過不同的加工方法組合在一起的整體，在這個整體中，由於材料本身特性的差異，在溫度變化、環境變化等條件下，必然有應力、應變條件的差異，這主要是由於材料的參數，諸如熱膨脹係數、楊氏模量、強度和剛度等差異引起的。因此，為了評價一個半導體元件對惡劣環境的忍耐力，需要做信賴性預燒試驗，以得到產品是否工作可靠的結論。根部裂紋往往是延遲裂紋，也就是說，一般不可能在組裝完成後透過一次加電測試，把不良篩選出來，而是在信賴性預燒試驗中才能發現，最敏感的信賴性測試方法，就是溫度循環。溫度循環的條件是按照 JEDEC 固態技術協會（Joint Electron Device Engineering Council, JEDEC）的相關標準制定的，其條件如下：

低溫爐：Ta=-65+0/-5℃；高溫爐：Ta=150+5/-0℃。測試時間：高溫到低溫，低溫到高溫的轉化時間不能超過 1min，在高低溫爐的時間應長於 10min，在標準溫度下的時間應為 15min。電子特性測試時間應在常溫和常溼下進行（溫度為 25+/-3℃，溼度為 50% +/-10% RH）。一般在 -65～150℃的溫度循環條件下，以達到 500 週期以上沒有電特性不良發生為合

格。汽車電子產品等，要求達到 1,000 週期以上。

此外，對於鋁線，有必要了解其金屬力學效能，尤其是拉伸特性，從而預測其變形和斷裂的趨勢。純鋁的機械拉伸特性曲線，如圖 3-51 所示。

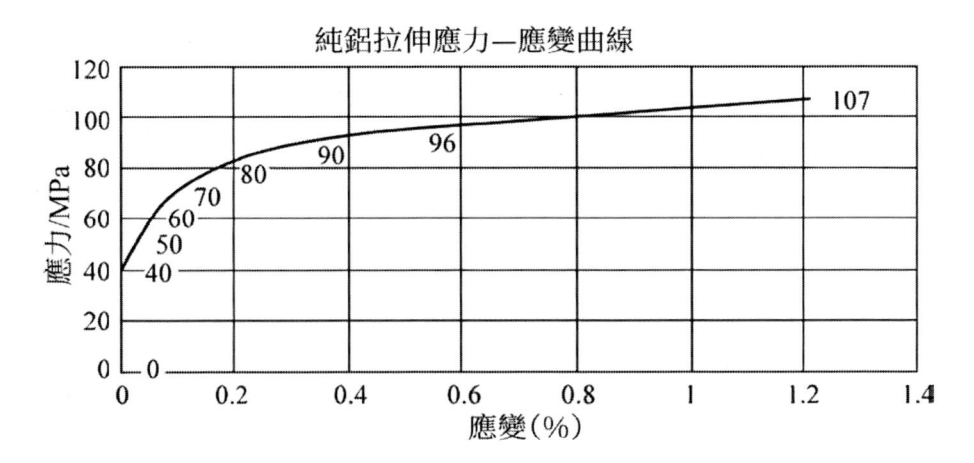

圖 3-51 純鋁的機械拉伸特性曲線圖

其拉伸應力──應變數據，見表 3-4。

表 3-4 純鋁拉伸應力─應變數據表

應力／MPa	應變（%）
40	0.0005634
50	0.025
60	0.045
70	0.092
80	0.163
90	0.305
96	0.500
107	1.21

第 3 章　功率封裝的典型製程與工藝解析

實際摻矽的 2mil 鋁線的機械拉伸特性曲線，如圖 3-52 所示。

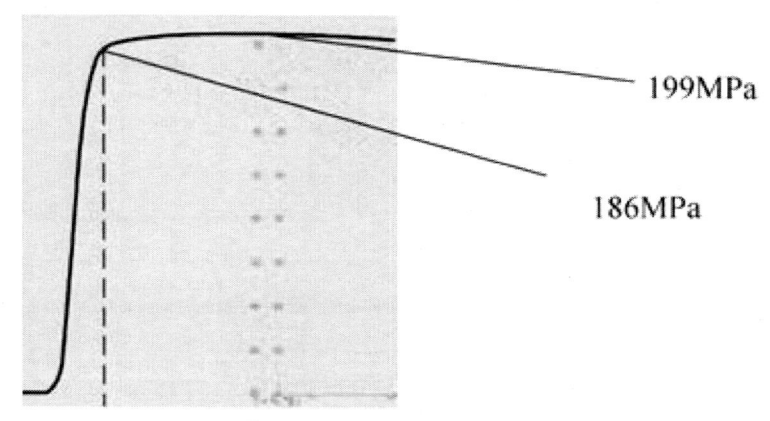

圖 3-52　摻矽的 2mil 鋁線的機械拉伸特性曲線

其應力－應變數據，見表 3-5。

表 3-5　2mil 鋁線拉伸應力－應變數據

應力／MPa	應變（%）
186.1	0.02
186.6	0.03
187.6	0.04
199.2	0.17
198.2	0.2
199.6	0.22

可見，摻矽的鋁線，其機械特性和純鋁有很大的差別，具體表現在機械強度明顯比純鋁來得高，降伏強度約為 186MPa，而純鋁只有約 40MPa。同時，這個實驗數據告訴我們，2mil 直徑的細鋁線在受到大於 186MPa 以上的應力載荷時，會發生塑性變形，如果沒有顯微裂紋的存在，在大約 199MPa 的條件下，會發生拉斷的情況。但在實際過程中，

斷裂往往也不是在到達材料的斷裂強度時才會發生，許多情況是和材料表面的本身狀況相關，低應力斷裂情況的發生，可以用斷裂力學的理論來解釋，其裂紋擴展的前提條件，除了滿足裂紋擴展的能量邊界外，還對材料本身存在顯微裂紋做出了假設。而初始裂紋的存在，高倍顯微鏡下可以觀察到。如由於銲接工具的加工毛刺的存在，或者是壽命管理不當，導致鋁垢的累積等，都會對根部產生不同程度的損傷，成為裂紋的發源地。因此，從這個角度來說，透過光學檢查，也可以在一定程度上發現裂紋。只是，由於半導體的大規模生產，不可能做到100%的檢查，這對銲接工具的壽命管理和品質管理，提出了較高的要求。

3) 銲接工具的影響分析 [9]。銲接工具，包括金線和鋁線銲接所用的工具，我們統稱為劈刀，是直接影響銲點成型的關鍵。鋁線的銲接工具是一種由鎢鋼特製的，中間可穿過鋁線的特殊銲接工具。一般而言，設計開發一種適合生產某些產品的劈刀，需要考量的方面很多，需要考量晶片的銲接區域大小，以確保劈刀在銲接中不會造成電路功能的失效，如短路等；需要考量銲點間鋁線的斷裂方式，是採用扯斷、壓斷，還是靠外接的刀具切斷；需要考量銲接的功率傳輸問題，要求和變幅桿一起，能使超音波頻率達到共振的範圍；還要求考量外徑的大小，以防止第一、第二銲點間沒有干涉的可能，此外，還要進行壽命設計，以滿足生產的需求，需要的話，還要考量表面熱處理或電鍍。總之，設計和製造一種新的銲接工具，不僅需要考量銲接材料和製程本身，還需要考量環境限制和周圍的條件限制，往往較高效率的設計方法是進行電腦模擬。我們所應用的劈刀截面，如圖 3-53 所示。

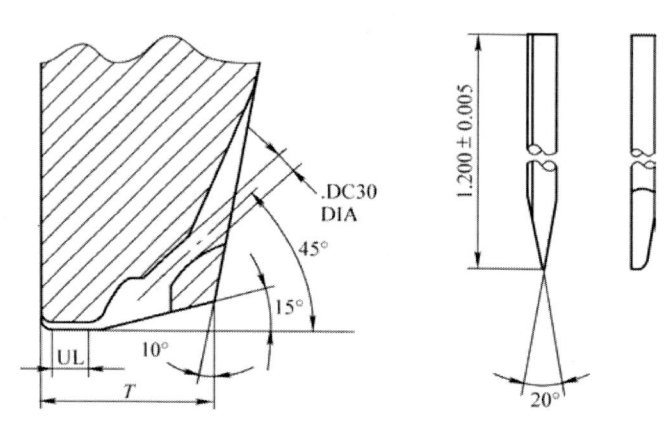

第 3 章　功率封裝的典型製程與工藝解析

圖 3-53　劈刀截面示意圖

由前所述的材料熱膨脹係數的差異,是引起應力應變的根源,鋁線、封裝材料、引線導線架、半導體矽晶片,由於材料熱膨脹係數的差異,各種材料的膨脹速度有快有慢。因此對材料本身來說,就相當於局部受拉或受壓的應力,在溫度急遽變化的狀況下,透過有限元計算並考量材料的形變和非線性的位移變化,來得到相對精確的應力分布狀況,從而確定危險點和載荷情況。分析整個電子元件元件的物料結構,主要包含引線導線架、晶片、銲料、鋁線和塑封材料,DPAK 封裝的內部結構示意圖,如圖 3-54 所示。

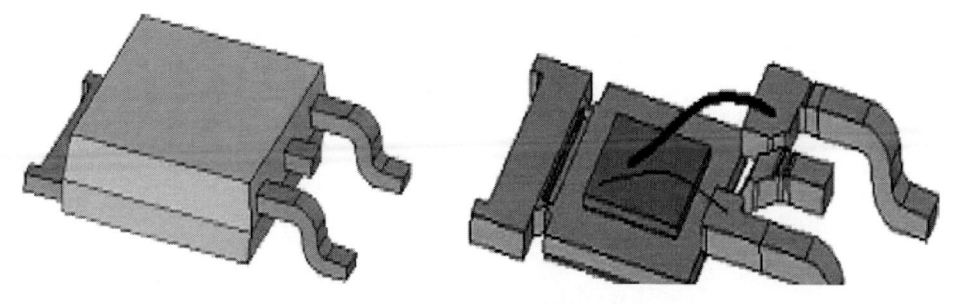

圖 3-54　DPAK 封裝內部結構示意圖

3.4.5　不同材料之間的銲接冶金特性綜述

　　超音波壓銲的銲絲材料,主要是金、銅、鋁及合金線;所要實施的銲接母材材料的晶片端,主要是鋁、金、銅;導線架或基板的母材表面,主要是銅、銀、鎳和金。以下就這些材料間的銲接冶金特性,做一些分析。金—鋁系列,或鋁—金系列,是常見的冶金體系,前者主要是金線銲接在鋁表面,一般是晶片銲墊,後者主要是鋁線銲接在鍍金表面基板上的情形。

　　金和鋁相對較親和,容易相互擴散成固溶體或形成金屬間化合物,金絲球壓銲的冶金系統是金—鋁系統,主要是指金線與晶片上鋁層之間的接合點。由於金、鋁兩種金屬的化學位能不同,經長期使用或保存後,它們之間會產生一系列金屬間化合物,如 $AuAl_2$、$AuAl$、Au_2Al、Au_5Al_2 和 Au_4Al。這五種金屬間化合物的晶格常數、膨脹係數以及形成過程中的體積變化都是不同的,且電導率都很低。因此,元件經長期使用或遇到高溫後,在金—鋁接合處出現接合強度降低、變脆,以及接觸電阻增大,或時好時壞的現象,最後導致開路或效能退化。這些金屬間化合物具有不同的顏色,$AuAl_2$ 呈紫色,俗稱「紫斑」;$AuAl$ 呈白色,則稱「白斑」,它不僅脆,而且導電率低,極易從相界面上產生裂縫,對接合點的可靠性危害最大。白斑成形原理,如圖 3-55 所示。

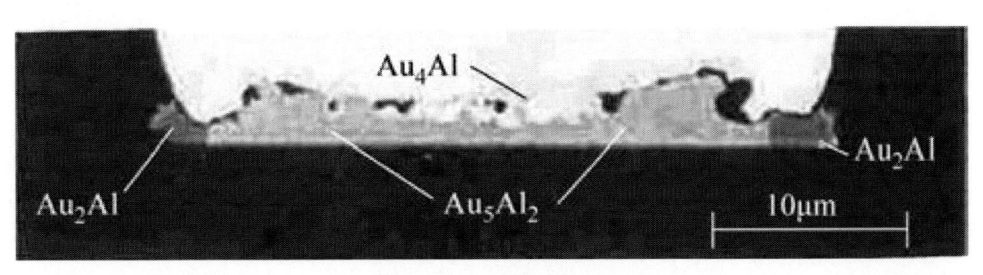

圖 3-55　白斑成形原理

第 3 章 功率封裝的典型製程與工藝解析

　　至於鋁線打在鍍金層面上的情形,其冶金特性相同,需要指出的是,打鋁線一般採用的是冷超音波,所以前期不加熱的情況下,其可靠性比金—鋁還好,但因為鋁線產品多為功率元件,發熱量大,所以從長期可靠性來說,反而不好,因此無論是從成本還是可靠性角度出發,都不推薦採用鋁線打在鍍金層上這種冶金體系。

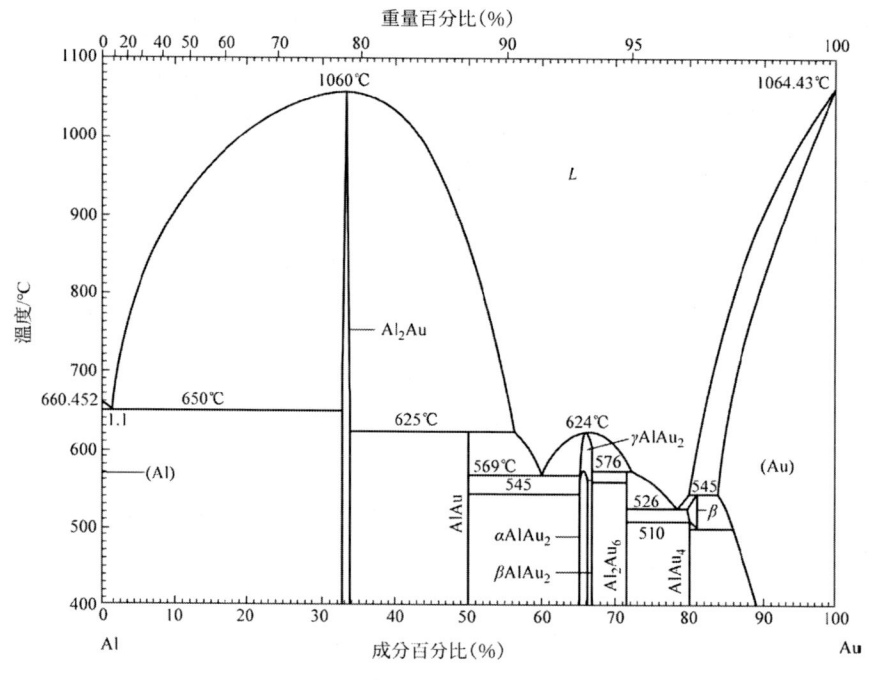

圖 3-56　金—鋁固溶體合金相圖

　　那麼如何提高金—鋁的可靠性呢?這裡有一個綜合考量材料和應用環境的問題,如果應用環境不嚴酷,產品發熱不多,那麼傳統 99.99% 純度的金線,是不需要擔心可靠性問題的。即使有上述白斑、紫斑和空洞現象,都是在長期高溫及循環交變溫度的情形下產生的,雖然銲點的可靠性不高,但一般民用場合,還是可以滿足品質需求的。然而在一些特殊場合,比如汽車電子或嚴酷的使用環境,和發熱較多且散熱不充分的

場合，這種銲點問題就變得很突出了。採用 99% 的金，加上 1% 的 Pt，摻雜、製造出所謂的 2N 金線，既有金線工藝效能的優點，又因為加入了 Pt，產生降低金鋁相互擴散速率的作用，從而減少了金屬間化合物的產生，提高了可靠性。金—鋁銲接體系是最常見的體系，其固溶體合金相圖，如圖 3-56 所示。

美國學者 Narenda Noolu 等研究了金—鋁的冶金相圖，關於金屬間化合物，得出如下結論：

◆ 由於金屬間化合物的生成，所謂的細間距 79μm 的接合，在 175°C 和 1,000h 溫度的情況下，可靠性隨間距尺寸縮小而下降，如 50μm 情形大約在 500h，35μm 更小。
◆ 所謂的綠色塑封料，可能對化合物的成長產生促進作用。
◆ 電漿清洗是有幫助的，但不能有效去除有機酸，使用 Ta/Ti barrier 界面金屬在銲墊下方是有幫助的。
◆ 新設備的參數規範要進行可靠性設計最佳化。
◆ 較高的銲接可靠性，就代表著產品的可靠性，值得重視。

他也研究了在形成金屬間化合物時體積的變化，見表 3-6。

表 3-6　形成金屬間化合物時體積變化表

合金相	金屬間界面反應	金屬間化合物成分	體積變化（%）
$AuAl-AuAl_2$	$Au（AuAl）+AuAl_2 \geq 2AuAl$	$AuAl$	-18.1
$Au_2Al-AuAl$	$Au（Au_2Al）+AuAl \geq Au_2Al$	Au_2Al	-3.79
$Au_8Al_3-Au_2Al$	$2Au（Au_8Al_3）+3Au_2Al \geq Au_8Al_3$	Au_8Al_3	-1.07

第3章 功率封裝的典型製程與工藝解析

合金相	金屬間界面反應	金屬間化合物成分	體積變化（%）
Au_4Al-Au_8Al_3	$3Au_4Al \geq Au_8Al_3+4Au$（$Au_8Al_3$）	Au_8Al_3	-27.15
Au-Au_4Al	$Au_4Al \geq 4Au+Al$（Au）	$AuAl$	-0.8

其他金屬間銲接性系統如下：

鋁—鎳體系、鋁—銅體系，主要是指鋁線銲接在鍍鎳層導線架基板或直接銲接在純銅表面的情形。在研究異種金屬銲接特性之前，有必要說明一點，從可靠性和銲點成型的容易程度來說，同種金屬之間的結合情況是最佳的。拿功率元件的鋁線來說，如果銲接在鋁表面，一般來說是非常可靠的銲接，而晶片表面的銲墊，一般是表面蒸鍍了一層鋁，因此鋁線銲接主要是考證鋁線第二銲點和導線架或基板材料的銲接特性。鋁因為是兩性氧化物，非常容易氧化成穩定的 Al_2O_3 成分，該氧化物不導電，相反，絕緣程度很高，是陶瓷的主要成分來源。因此，基板和導線架上沒有鍍鋁一說，這點，電鍍工藝也無法實現，一般鍍鋁採用真空蒸鍍，成本較高，工藝性較差。真空蒸鍍金屬薄膜是在高真空（真空度低於 $1.333 \times 10^{-6} \sim 1.333 \times 10^{-1}Pa$）條件下，以電阻、高頻或電子束加熱，使金屬熔融氣化，在薄膜基材的表面附著而形成複合薄膜的一種工藝。被鍍金屬材料可以是金、銀、銅、鋅、鉻、鋁等，其中用得最多的是鋁。在塑膠薄膜或紙張表面鍍上一層極薄的金屬鋁，即成為鍍鋁薄膜或鍍鋁紙，多用於食品，例如奶粉等的包裝，在銅基材上蒸鍍鋁的工藝還未用於半導體封裝，可能是設備成本、工藝性的問題，比如銅基材不能太薄，無法做成捲筒狀態，以使用成熟的包裝行業的蒸鍍產線，而如前段製程的蒸鍍所用的密封坩堝，又不能實現大規模量產，所以成本較高。所以主要是鍍銀、鍍鎳、鍍金，或純銅作為銲接表面。鍍銀層主要

用於金線、銅線合金線超音波球銲工藝，粗鋁線也可以銲接在鍍銀層上，但這種結構非常不穩定，容易在長期高溫下發生相互擴散，形成銲點結合部的空洞，從而影響銲接機械效能，並引起可靠性問題。因此鋁線銲接一般不採用鍍銀層。圖 3-57 所示，是 G. G. Haman 編寫的書裡，關於銲接冶金系統及可靠性的綜合描述。這裡需要指出幾個原則：

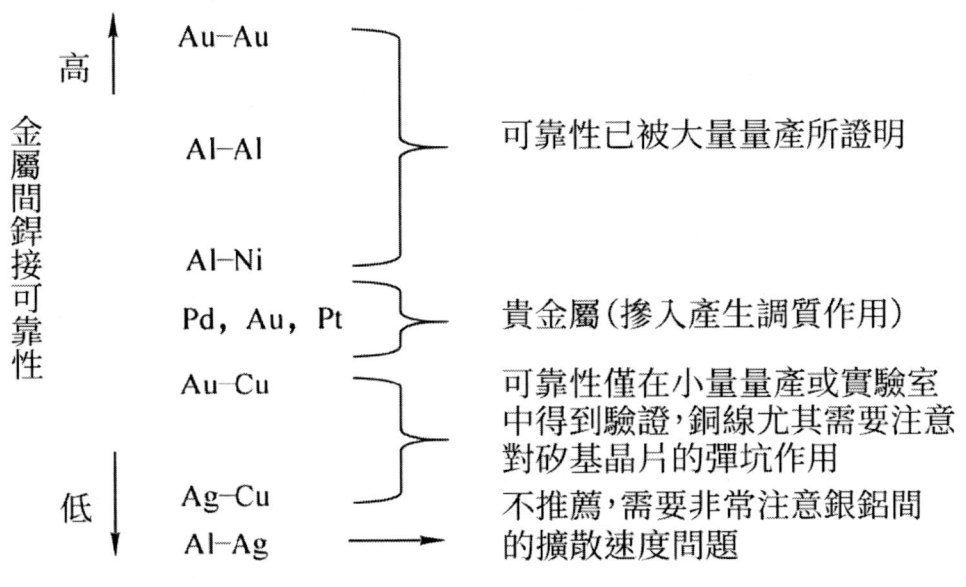

圖 3-57　金屬銲接冶金特性可靠性排列圖

1) 同種金屬間結合最好，沒有因固溶體相互溶解度不同，而導致金屬原子向對方母材擴散的速率不同，引起金屬間化合物（IMC）上產生空洞脆性連接的可能。

2) 適當摻雜一些相互不親和的微量元素，阻止親和金屬元素間的相互擴散，同時減緩固溶的速率，從而提高可靠性。

3) 金屬氧化物的表面處理是個普遍問題，超音波球銲普遍採用銲前電漿清洗以去除有機氧化物的製程。功率元件的鋁線銲接由於線徑較

粗，超音波振動摩擦能量夠大，能夠去除表層氧化層，可以不做銲前去氧化處理。但在純銅表面，氧化非常容易，所以一般是在銅表面鍍鎳，或透過密封的軌道，通入含氫的混合氣體，參與氧化還原反應，以保持銅銲接面的清潔。

3.4.6　內互連銲接品質的控制

要考量一個銲點的品質是否滿足要求，主要是考察銲接機械效能指標，當然也有考量電阻率、電感寄生參數的說法，除了特殊的高頻產品，不做特別申明的，不做此類考量。銲點的機械特性，主要是指銲接強度以及和特性相關的銲接有效面積。通常表示銲接強度的指標有兩個，銲點拉力和推力值，分別透過對銲點的破壞性試驗來得到數值。銲接有限面積的確認，是透過採用快速拉扯掉銲點，觀察銲點殘餘面積和被銲母材結合的情況，也是一種破壞性試驗，在金線和銅線情況下，叫觀察 IMC 結合面積；在鋁線情況下，叫觀察鋁殘留面積。以下就這幾種試驗方法和判定方法做介紹：

1) 銲點拉力測試（Bond Pull Test，BPT），其基本原理是用鉤子在銲線中間或某一不固定位置做上拉的動作，隨著拉力的增大，銲線從彈性狀態到塑性變形，直到拉斷，讀出拉斷時的拉力值，作為銲點拉力強度特性表徵，拉力試驗原理示意圖，如圖 3-58 所示。這裡提出一個數學問題，當幾何結構確定的時候，鉤子鉤線上的哪個位置展現的拉力值最大？或者說，對銲點的作用力最大？G. G. Haman 的論著裡描述了一個拉力計算的模型，如圖 3-59 所示。

3.4 內互連接合

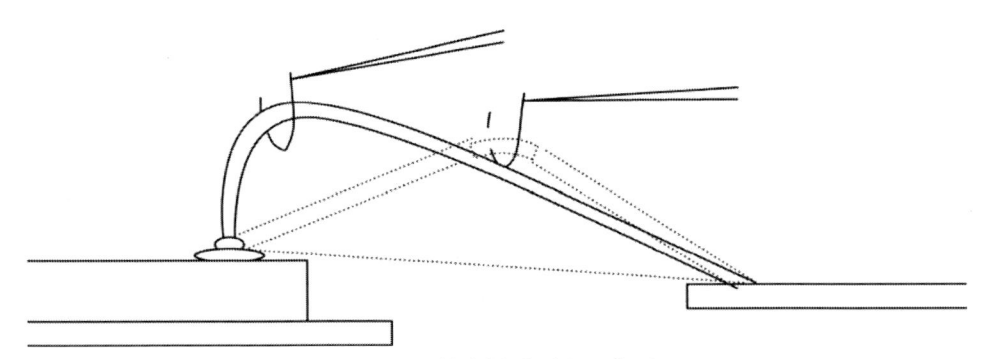

圖 3-58 拉力試驗原理示意圖

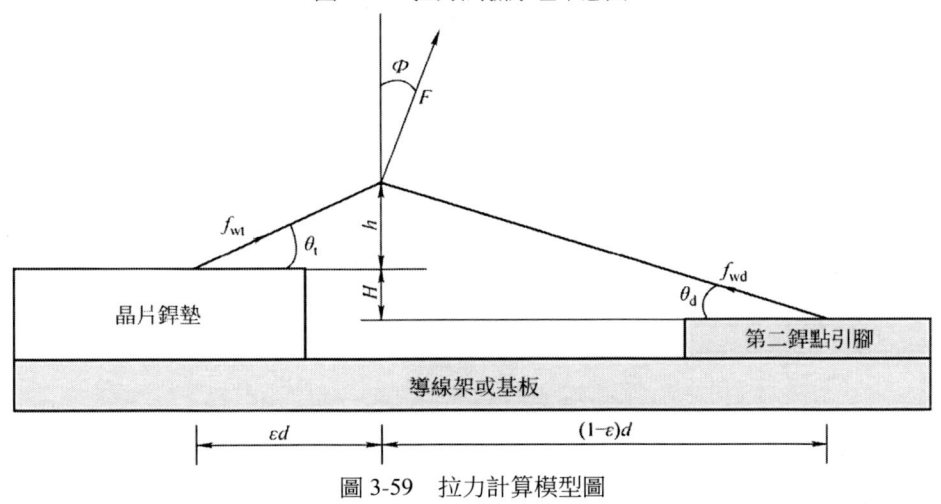

圖 3-59 拉力計算模型圖

經過計算，推演得到如下結果：

$$f_{wt} = F\frac{(h^2 + \varepsilon^2 d^2)^{1/2}\left[(1-\varepsilon)\cos\Phi + \frac{(h+H)}{d}\sin\phi\right]}{h + \varepsilon H}$$

(3-11)

$$f_{wd} = F\frac{\left[1 + \frac{(1-\varepsilon)^2 d^2}{(H+h)^2}\right]^{1/2}(h+H)\left(\varepsilon\cos\Phi - \frac{h}{d}\sin\phi\right)}{h + \varepsilon H}$$

(3-12)

第 3 章 功率封裝的典型製程與工藝解析

　　計算顯示，f_{wt} 和 f_{wd} 分別是位於第一和第二銲點的、與幾何形狀、銲點位置、弧高、鉤子的位置和角度相關的參數。如果鉤子是垂直向上的話，角度 φ 等於零，作用力的大小，是和鉤子在兩銲點間的位置 d 相關的函式，在 H 為常數，h 是關於 d 的函式的情況下，角度 θ 也是關於 d 的函式。改寫 f_{wt} 和 f_{wd}，並分別對 d 求導數，得到極值條件，當導數為零時，d 的大小就是極值位置。F 即拉力機讀出的數值，f_{wt} 和 f_{wd} 分別是實際作用在銲線上的拉力。鋁線的情形與其類似。

　　2) 銲點推力測試。主要是檢查兩種情況，一是看看銲接的抗剪應力強度，通常元件元件在經歷高低溫循環條件或環境溫度鉅變時，主要展現在封裝材料熱膨脹係數（CTE）不完全匹配帶來的應力應變，這種情況對銲點的考驗主要是剪切方面的拉壓應力，因此考證銲點強度的抗剪應力條件也很重要。此外，透過推掉銲接母材，觀察銲接結合面的面積，透過形成的金屬鍵結合面的大小位置，來判斷銲接是否充分，也十分有必要。銲點推力的測試模型，如圖 3-60 所示。

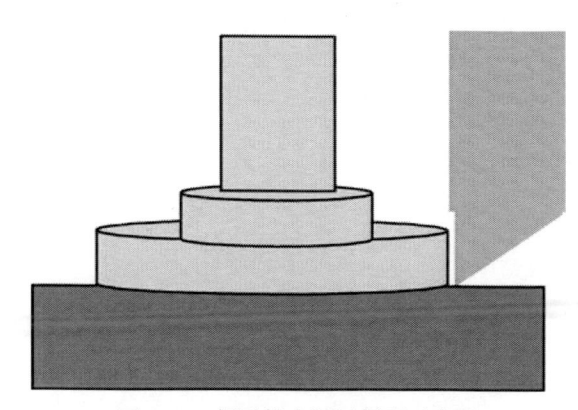

圖 3-60　銲點推力測試模型示意圖

　　以金線球銲模型為例，抗剪應力強度 $SS=4SF/\pi D^2$，其中 SF 是推力；D 是球面直徑。注意不是線徑，而是所形成的銲接形狀的面積。銲點強

度的表徵雖然是數位形式的,但都是破壞性測試,實際生產中無法完全做到全面測試,因此,只能採用抽樣檢驗的方法來檢查一批產品的銲接特性。抽樣樣本量的確定,也是一個非常有意思的數學問題。這裡我們簡單表述一下數學統計的原理和運用。首先要定一個規範,測量值的下限,這個一般根據線材的種類、直徑來確定銲接的可接受強度值(一般用實測的拉力推力值來確定)。當然也不是說越大越好,而是低於這個設定值就肯定會有問題,數值越大,有可能也有異常,需要透過檢查測量過程,如果讀數出錯,或的確有異因存在,排除後再確認數值。以 125μm 直徑的鋁線抗拉強度值為例來說明,是 40g,這個值,按 JEDEC 來說,可以滿足 1,000h175°C條件下的工作可靠性要求。實際上測量遠大於 40g,一般超過 80g,那這麼大的數字,我們必須找到一種方法來說明銲接品質是否可靠。品質的可靠不僅是透過單個測試單元數值上達到規範要求,更重要的是,觀察這個製程是否穩定,因此是要從一組數據中觀察數值的變化,了解特性的分布,建構一個分布的統計數學模型,從而推斷整體製程的穩定和可靠。通常,工程上使用製程能力指標來表示製程滿足或達到規範的程度。其計算公式如下:

$$CPK = \frac{USL - Mean}{3\sigma} \text{ 或} \frac{Mean - LSL}{3\sigma}$$

(3-13)

取其中較小的值。式中,USL 是規範上限;Mean 是所觀察製程的取樣均值;LSL 是規範下限;σ 是製程的標準差。製程能力是指製程滿足技術標準的能力,它是用來衡量製程加工內在的一致性,是穩態下的最小波動。製程能力取決於品質因素的人、機、料、法、環、測,而與規範公差無關。從上面的式子,我們可以得到以下幾個結論:

第 3 章　功率封裝的典型製程與工藝解析

　　1）要使製程能力變大，規範的公差範圍越大越好。但規範的範圍是設計或客戶的要求所定，不能任意擴大，基本上認為這是固定不變的。

　　2）製程的均值越接近規範的中心值越好，這是製程能力指數最大的情況，即所謂製程均值瞄準規範中心。

　　3）製程的波動越小越好，σ 代表製程的波動，這個值越小，意味著製程中生產出來的產品特性值的差異越小，趨同化複製能力越強。那麼，如何透過抽樣一組數據來觀察製程能力，並判斷整個製程的品質呢？通常採用統計製程控制（Statistic Process Control，SPC）技術來實現這個目的。1920 年代，美國貝爾實驗室成立了兩個研究品質的組別，一個為製程控制組，學術領導人為休哈特（Walter A. Shewhart）；另一個為產品控制組，學術領導人為道奇（Harold F. Dodge）。其後，休哈特提出了製程控制理論以及控制製程的具體工具——控制圖（Control Chart，也稱管制圖），現今統稱為 SPC（統計製程控制、統計流程管理）；道奇與羅米（H. G. Romig）則提出了抽樣檢驗理論和抽樣檢驗表。這兩個組別的研究成果影響深遠。整體參數與樣本統計量不能混為一談。整體是包括過去已製成的產品、現在正在製造的產品，以及未來將要製造的產品的全體，而樣本只是從已製成的產品中抽取的一小部分。故整體參數值是不可能精確知道的，只能透過以往已知的數據來加以估計，而樣本統計量的數值則是已知的。透過觀測抽樣一組樣本數據來推斷整體的品質水準（製程能力），是 SPC 的理論基礎，透過收集樣本數據，做出控制圖，給工程技術人員某種數據資訊，讓製程能力和實際表現得到圖示化和數據化顯示。休哈特控制圖的四項基本原則是：

　　1）休哈特控制圖永遠只用中心線兩側三倍的 σ 作為控制界限；

　　2）計算三倍 σ 的控制界限時，只能使用各不同時段分布統計的平均值；

3) 合理的抽樣方法和數據組群方式，是休哈特控制圖的概念基礎；

4) 唯有能有效地利用控制圖上所得的知識，此控制圖方得以發揮效用。

產品的特性值一般符合常態分布，如圖 3-61 所示。

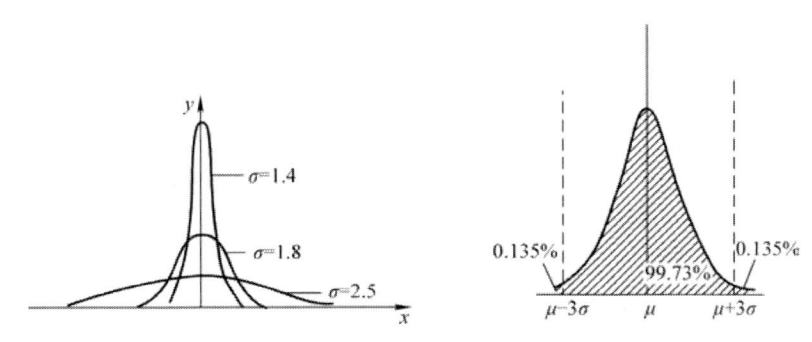

圖 3-61　常態分布圖

若標準差 σ 越大，則加工品質越分散。標準差 σ 與品質有密切的關係，反映了品質的波動情況。不論平均值與標準差取值為何，產品品質特性值落在 [μ-883σ，μ+3σ] 範圍內的機率為 99.73%，這是數學計算的精確值。產品品質特性值落在 [μ-3σ，μ+3σ] 範圍外的機率為 1-99.73%=0.27%，而落在大於 (μ+3σ) 一側的機率為 0.27%/2=0.135%。

將常態分布圖按順時針方向轉 90°，得到圖 3-62。

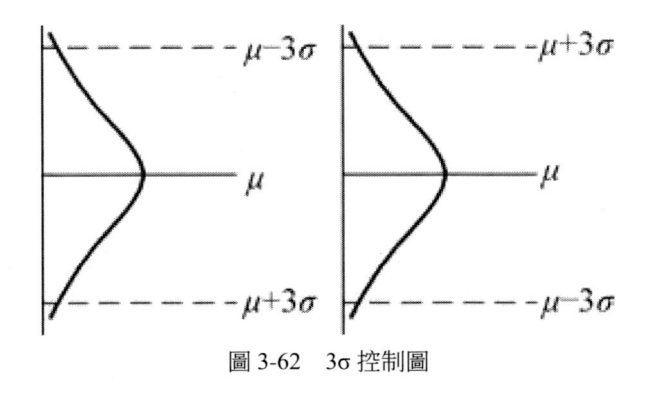

圖 3-62　3σ 控制圖

第 3 章 功率封裝的典型製程與工藝解析

若製程正常,即分布不變,則分布點超過 UCL 的機率只有 1.35‰;若製程異常,譬如異常原因為磨損,即隨著磨損增加,μ 逐漸增大,於是分布曲線上移,分布點超過 UCL 的機率將大為增加,可能為 1.35‰ 的幾十、幾百倍。小機率事件實際上很少發生,若發生,即判斷為異常。製程正常,分布點出界是小機率(0.27%)事件,因此若有點在控制上下限以外,就認為是異常,判斷依據是小機率事件在一次實驗中不應該發生,如果發生,就不應視為是小機率事件,需要查找原因。從對品質影響的大小來分,品質因素可分為偶然因素(簡稱偶因,又稱為偶然原因或一般原因)與異常因素(簡稱異因,又稱為可查明原因)兩類。偶因是製程所固有的,故始終存在,對品質的影響微小,但難以除去,例如工具機啟動時的輕微振動等。異因則非製程所固有的,故有時存在,有時不存在,對品質影響大,但不難除去,例如磨損等。假定在製程中,異因已經消除,只剩下偶因,這當然是最小波動。根據這最小波動,應用統計學原理設計出控制圖相應的控制界限,於是當異因發生時,分布點就會落在界外。因此分布點頻頻出界,就顯示存在異因。統計製程控制(SPC)理論,是運用統計方法,對製程進行控制,既然目的是「控制」,就要以某個標準作為基準來管理未來,常常選擇穩態作為標準。穩態是統計製程控制理論中的重要概念,穩態也稱為統計控制狀態(State in Statistical Control),即製程中只有偶因,沒有異因的狀態。穩態是生產追求的目標。限於篇幅,本書不再詳細介紹統計技術在工程中的應用,有興趣的讀者,可以參閱數理統計方面的圖書,以及六標準差管理方面的介紹,從理論上理解統計原理,從應用上掌握統計分析和最佳化的具體技術,如假說檢定、信賴區間、回歸分析、實驗設計等內容。

3.4 內互連接合

　　銲接品質的判定，除了可測量的破壞性試驗收集的特性數據外，還需要判斷銲接的規範是否太過，通常是用強鹼溶液腐蝕掉晶片表面的金屬層，這個金屬層通常是鋁，以此來觀察施加銲點的部位下方有無彈坑、裂紋之類的損傷。由於超音波壓銲的本質是透過高頻的超音波振動，促使銲接材料（金屬線材）與晶片或導線架基板表面金屬產生摩擦，使材料產生塑性變形後，加壓形成金屬間原子間的結合（金屬鍵），從而形成銲點，因此銲接的夾具和夾持方法非常重要。壓得太緊，容易使摩擦不充分，銲點未形成塑性變形；壓得太鬆，使摩擦的接觸面失控，造成銲點過度變形或晶片彈坑損傷。因此，對銲接夾具的品質，對壓板、壓爪等特質，如形狀、耐磨、機械強度……等，都有一定的要求。

　　常見的銲接不良，有銲點脫落、銲點疲勞斷裂、彈坑損傷、銲接短路、引線形變等，圖 3-63 是接合金銅線形變不良分析的魚骨圖，供工程技術人員研究參考。

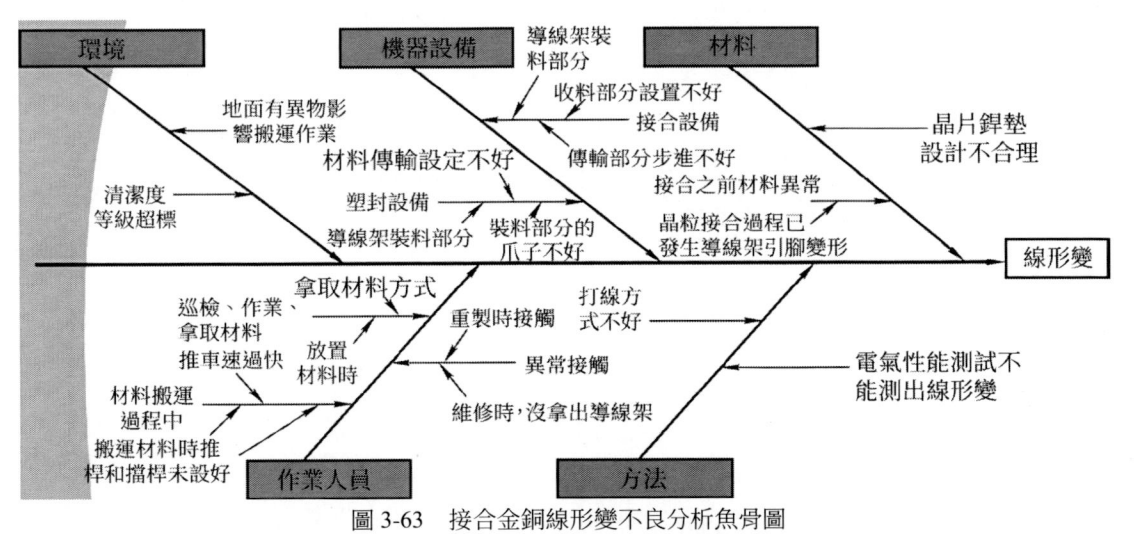

圖 3-63　接合金銅線形變不良分析魚骨圖

3.5 塑封

所謂塑封，即把構成電子元件元件或積體電路的各個部件，按規定的要求合理布置、組裝、連接，並與環境隔離，以防止水分、塵埃及有害氣體對元件元件的侵蝕，同時減緩振動，防止外來損傷並穩定元件元件參數。塑封料透過流動包覆的方式，把裸晶片及完成內互連後的半成品包封起來，使之與外界環境隔絕，固化後形成保護，為下一步的電子組裝提供可加工的電子個體，是非常重要的製程環節，所謂的封裝，通常以塑封這個環節作為代表。圖3-64是簡明的塑封過程。

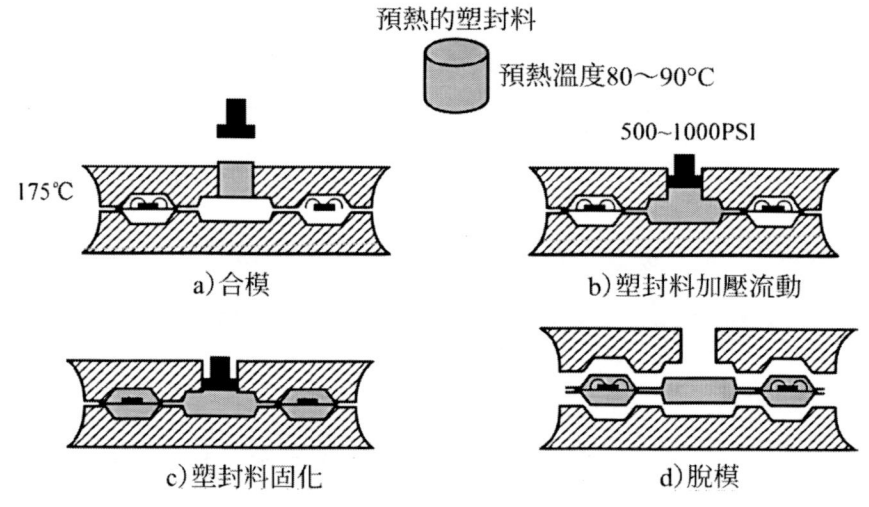

圖 3-64　塑封過程示意圖

效能優異的塑封料，必須具備較低的介電常數和介電損耗因子（降低介電常數可縮小訊號線路之間的距離，從而提高執行速度），較高的耐熱性、導熱性、絕緣性，優異的力學效能、阻燃性、電絕緣性，和矽等元件元件匹配且可調的熱膨脹係數，以及優異的化學穩定性和機械效能，常用的塑封料成分主要是環氧樹脂、填料以及其他微量的添加劑。

1)環氧樹脂。其成分與前面晶粒接合章節中所述的環氧樹脂相同。

2)填料。一般來說，填料在塑封料中的比例很大，不同的填料對封裝的散熱性和絕緣性有很大的影響，主要有 SiO_2、Si_3N_4、Al_2O_3 和 AlN 等類型。填料應具有熱膨脹係數低、絕緣效能優良等特點，能提高塑封體的硬度、耐熱性、耐磨性和力學強度，降低固化物的內應力，防止開裂變形，降低機電產品的溫升。Si_3N_4 填料不僅適用於塑封，也適用於封裝基板。奈米氮化矽具有很高的化學穩定性，耐高溫，具有良好的力學效能及優異的介電效能，主要用於整合度較高的晶片、光電子和光學元件，可有效降低線膨脹係數、熱應力、吸水性和成型收縮率，提高力學效能、熱導率、阻燃性和熱形變溫度，增強耐磨性。Al_2O_3 填料具有較高的硬度，耐化學腐蝕，適用於高壓環境，能降低固化收縮率，提高塑封體的導熱性、硬度、強度等效能，但新增過多的話，在固化中容易形成應力集中。AlN 填料的導熱性非常優異，可達 150～300W/（m·K），是 SiO_2 的百倍，Al_2O_3 的 5 倍，電效能優良，機械效能好。表 3-7 是典型塑封料的成分含量及功能表，可根據特性配不同比例，並和以上所述的填料類型做調整。

表 3-7　塑封料主要成分含量及功能表

序號	成分名	主要作用和功能	含量體積(%)
1	樹脂	結合劑，主要把塑封料中的各種成分結合在一起。一般是環氧樹脂	5～20
2	有機阻燃劑	防止 PKG 在製程中因產生大量的熱量而燃燒	<2
3	硬化劑	使樹脂發生硬化反應	5～10

序號	成分名	主要作用和功能	含量體積(%)
4	催化劑	加快塑封料的軟化速度，促使固化反應的進行	<1
5	填充劑	構成塑封料的主要成分，對金型型腔產生填充作用	60～93
6	黏著劑	和樹脂一起增加黏度	<1
7	矽油	減小內應力	<5
8	脫模劑	幫助塑封後的封裝可以方便地從型腔中脫出	<1
9	無機阻燃物	阻燃	0.5～3
10	染色劑	對塑封體進行染色	<1
11	其他	可微調塑封料化學、物理、機械效能的微量元素	<1

　　塑封料的流動性主要和其中的固體顆粒含量相關，固體顆粒含量越少，黏度也越低，流動性相應也越好，這樣，塑封料就更容易流入封裝型腔。

　　當塑封料進行塑封或預熱時，塑封料中的大部分成分還未軟化，因此主要是呈固態狀，隨著溫度的上升，塑封料中的成分逐漸變為液態參與反應，使其中固體顆粒減少，但由於反應是不可逆的，當物質經液態再次轉化為固態後，這種顆粒將不再變回液態，所以塑封料中因反應先後順序不同，永遠有固體存在，並隨著反應的進行，經過一個臨界點後增多，所以說，塑封料的流動性是先變好後變差。一般塑封料的流動性應在 24in 以上。影響塑封料流動性的主要因素，包括塑封料的預熱程度、金型溫度、型腔傳導壓力和速度等。塑封料的反應狀態，如圖 3-65 所示。

3.5 塑封

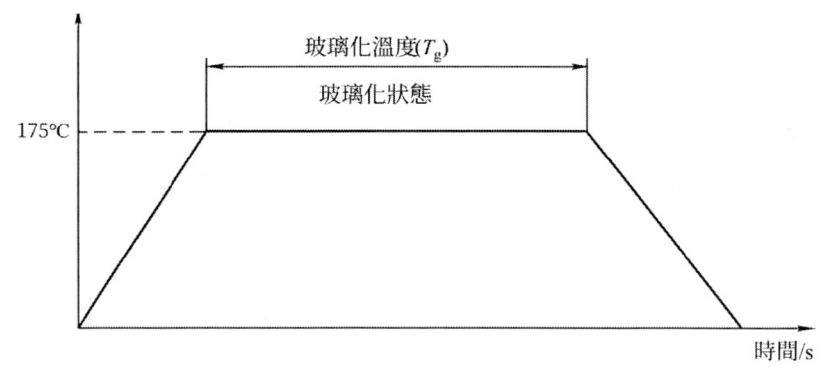

圖 3-65 塑封料反應狀態示意圖

　　玻璃化狀態的時間越長，則塑封料在金型中的流動時間也越長，從而有利於塑封料對型腔的填充。對玻璃化狀態持續時間影響最大的是反應速度，也就是溫度。溫度越高，反應速度越快，玻璃化狀態的持續時間越短。因而在實際生產中，透過控制塑封溫度、預熱溫度，可以有效地實現對玻璃化狀態持續時間的調整。此外，在生產過程中所使用的塑封料的密度，對實際使用時的流動性及玻璃化狀態持續時間也有影響。由於塑封料在常溫下也可發生緩慢的固化反應，溫度越高，發生反應的速度越快。而且，水分對塑封成型品質有很大的影響，應盡量減少塑封料中水分的含量，因此，需要把塑封料保存於5℃以下乾燥的環境中。當塑封料保存於上述條件時，其有效期限為6個月或一年。塑封料在使用之前，必須經過一個升溫過程。由於塑封料保存於5℃以下的冷藏室中，與外界使用環境的溫差太大，因而空氣中的水分遇到塑封料時，會在它表面凝聚形成水珠，這種現象稱為「結露」，塑封料在使用過程中要嚴格控制水分。由於塑封料結構為顆粒狀混合物，吸溼效能好，會把水分吸進內部。進入塑封料中的水分，在塑封時遇到170℃左右的工作溫度時會迅速汽化，在塑封料中形成氣泡，從而產生空洞和溢料等不良。為了避免上述現象產生，應把塑封料在密封狀態下、在常溫放置24h，使塑封料

逐漸達到常溫，以避免使用時產生「結露」，這段時間稱為 Aging Time。在常溫下，塑封料也會發生固化反應，因此要控制其使用期限，通常規定在升溫結束後的一定時間內，在此期限內未用完的，可密封後，與未開封的一起重新冷藏。要再次使用，需冷藏 24h 後才可重新按正常方法使用，有效時間為 24h，但只可重新使用一次。塑封常見的不良主要有：

1) 封裝體成型不完整。發生的主要原因為氣道堵塞、金型有異物、塑封料注射時間太長等。

2) 封裝體破裂／晶片露出／裂紋。發生的主要原因為封裝體受外力撞擊，導線架變形等。

3) 封裝體上下或左右錯位。發生的主要原因為上下金型前後左右有錯位，導線架在金型上定位不準，上下金型前後左右溫差太大等。

4) 封裝體上有小氣泡。發生的主要原因為塑封料品質有問題，成型參數不正確，模具壓力不夠，氣道堵塞等。

5) 塑封溢飛邊（FLASH）。引腳上有一層塑封產生的薄膜，或封裝體上有塑封產生的、較薄的飛邊，發生的主要原因為引腳變形造成的尺寸偏差，塑封金型磨損，密封性不好，成型壓力不足，塑封料流動性過高等。

3.6 電鍍

電鍍在功率半導體製程中產生至關重要的作用，從晶片的前端製程，到後端的封裝，都離不開電鍍製程。透過電鍍製程實現功率元件晶圓背面的金屬化，能幫助中高階功率元件承受高電壓、大電流，使功率電子元件的應用場景更廣泛。在後端的封裝製程中，電鍍能幫助功率元件提高可銲效能，有利於良好的傳熱，同時具有很好的防腐蝕效能，能

3.6 電鍍

確保晶片長時間在一些特殊環境中使用。在中高階功率元件的製造過程中，晶片正面和背面的金屬匯出，都需要藉助電鍍工藝，透過電鍍製程實現的表面金屬化，可以幫助功率元件的效能匯出最大化，能承受高電壓、大電流，因此電鍍工藝有至關重要的作用。晶片正面的金屬匯出（見圖 3-66），是在晶片正面鋁基材的基礎上，透過二次沉鋅，再在沉鋅過的表面，分別沉積三層金屬：鎳、鈀、金，晶片正面的金層就能確保晶片與金線的可靠連接，確保電路的穩定工作。三層金屬，透過增加金屬層鈀，可以防止鎳離子遷移到金層，產生黑金現象，影響銲接的牢靠性。晶片背面的金屬匯出（見圖 3-67），對高功率的功率元件承受高電壓、大電流至關重要。傳統真空熱蒸的方式，只能將金屬層的厚度控制在 10μm 左右，而透過電鍍的方式，背面的金屬層可達 80μm 左右，能夠確保功率元件在高電壓、大電流環境下工作。首先藉助真空熱蒸的方式，在晶片背面依次覆蓋三層金屬：鈦、鎳、銀，然後透過電鍍，在銀層表面再鍍上 80μm 的銀層，銀層的厚度根據功率元件的要求進行設計，目前一般車載和高鐵功率元件銀層厚度基本是 50μm 左右。傳統利用真空熱蒸的方式實現的厚銀層，只能應用在低階的功率元件中，提高銀層厚度後，就會出現中間薄、四周厚的情況，同時銀層容易分層，影響效能。

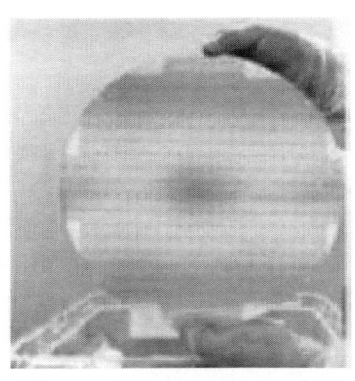

圖 3-66　晶圓正金（鎳鈀金）圖

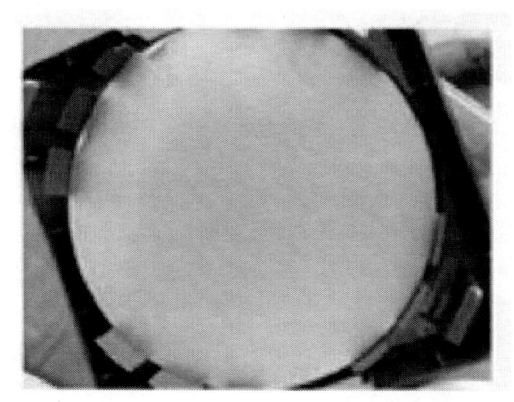

第 3 章　功率封裝的典型製程與工藝解析

圖 3-67　晶圓背金（鈦鎳銀）圖

　　本章節介紹的 TO 類功率元件的電鍍，屬於引線導線架類的電鍍，是在功率電子元件的封裝製程中，在晶片引腳上鍍覆一層金屬錫層，以提高功率元件的可銲性，同時確保功率元件的長久使用而不受腐蝕。

　　TO 類電鍍的第一步是去飛邊（Flash）。塑封時，由於設計塑封模具會設計模流的導路，塑封料沿著導路流動，受壓力擠壓，在模腔裡填充成形，模具外有塑封料的溢出，這些多餘的塑封料經過後烘固化後，黏附在導線架引腳或基板上，因為塑封料的絕緣特性會影響電氣連接，因此有必要在後續的加工前，先處理掉這些溢料。此外，為了便於脫模，在塑封料內會新增臘矽脂等潤滑劑，在塑封後會在封裝體表面形成薄膜，如果不去除，後續的雷射打標（標記、刻印）也會產生品質問題，所以也需要進行表面處理。去飛邊的方式主要有三種，第一種是電化學軟化加高壓去除；第二種是化學浸泡軟化加高壓去除；第三種是高壓噴砂去除。目前主要採用前兩種方式，高壓噴砂由於對塑封表面會產生影響，目前不被採用。

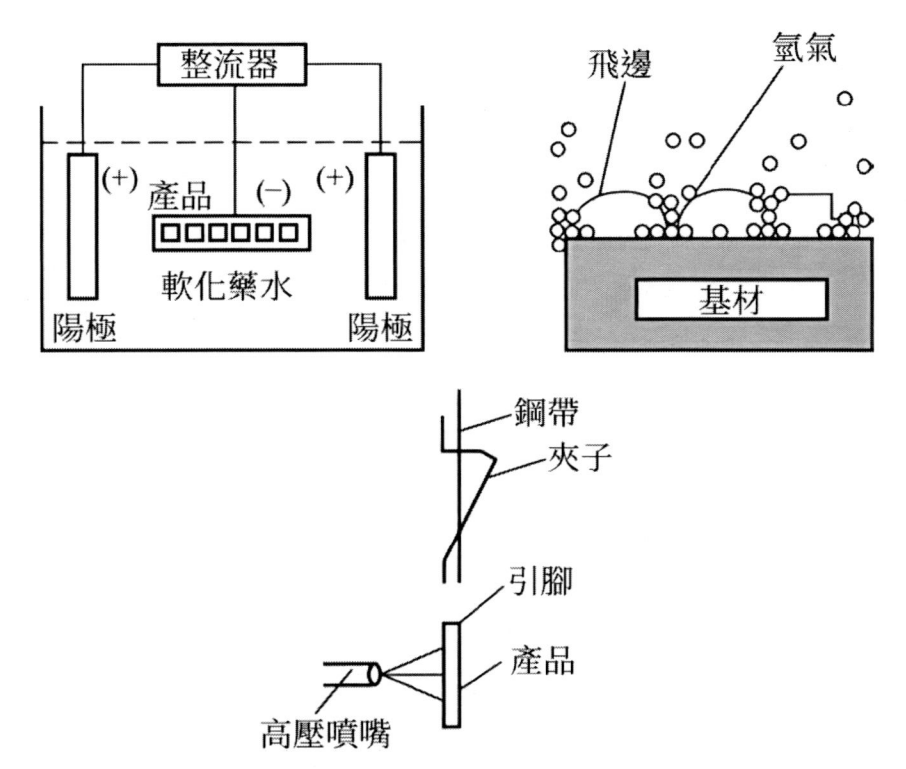

圖 3-68　飛邊電化學軟化過程原理示意圖

另外，隨著技術的發展，產生了新的去飛邊方式，為雷射燒灼方式，這種方式原理簡單，定位精準，可以容易地去除多餘的溢料，但效率低，成本較高，通常用於功率模組等附加值較高的封裝。電化學軟化方式就是利用電化學反應產生的氫氣泡讓飛邊鬆散，再使用高壓水將飛邊去除，製程原理如圖 3-68 所示。化學浸泡方式就是將產品浸泡在軟化藥水中，將飛邊軟化，然後再用高壓水去除飛邊溢料。

電化學方式採用的高壓水的壓力相對較低，大概在 50kgf[04] 左右就可以去除飛邊，而化學浸泡方式需要的高壓水的壓力較大，通常都需要 100kgf 以上的壓力。

---

[04]　1kgf=9.80665N。

第3章　功率封裝的典型製程與工藝解析

另外，產品引腳金屬表面在空氣中容易發生氧化反應，會在引腳金屬表面產生一些黑色與紅色雜質，電鍍前需要清除引腳金屬表面的氧化層，通常採用酸進行去除。反應如下：

$CuO + H_2SO_4 \longrightarrow CuSO_4 + H_2O$　反應較快

$Cu + H_2SO_4 \longrightarrow CuSO_4 + H_2$　反應較難發生

在金屬表面進行電鍍以前，還需要對金屬表面進行活化，這樣將會得到很強的鍍層附著力，並減少電鍍不良。表面活化就是在產品表面形成細小的齒痕，透過增大反應表面積來提高反應速度及表面附著性。去飛邊、去氧化、活化過程中，產品表面的反應變化過程（預處理過程），如圖3-69所示。

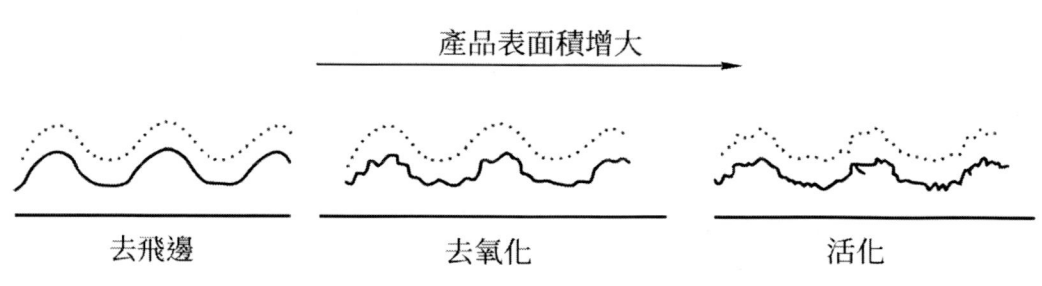

圖3-69　預處理過程原理示意圖

以上去飛邊、去氧化、活化、預浸過程，稱為預處理過程，所有這些處理在工程上稱為電鍍前處理，簡稱前處理。封裝經過前處理後，就可以進行電鍍了。電鍍製程的主要目的有：

1)防止引腳表面在外界惡劣環境下氧化和腐蝕；

2)有利於傳熱，提高可銲性；

3)由於增加了特殊的物理性質，可以提高產品的附加價值。

3.6 電鍍

電鍍的電化學反應過程如下：在含有游離金屬離子的溶液中，通以直流電，發生電化學反應，電鍍金屬在陽極失去電子而成為金屬離子，溶解於溶液中，由於電流的作用，金屬離子向陰極移動，在陰極上得到電子而還原成金屬，並附著在待鍍產品引腳表面，在引腳表面形成一層金屬薄膜。

1) 陽極發生氧化反應，錫呈離子態析出到鍍液中。

$Sn - 2e^- \rightarrow Sn^{2+}$

2) 陰極發生還原反應，在引腳表面形成錫層。

$Sn^{2+} + 2e^- \rightarrow Sn$

$2H^+ + 2e^- \rightarrow H_2 \uparrow$

電鍍過程中，在強電流情況下，有 H_2 產生。因此，電鍍時也需控制電流和排出的氫氣，防止爆燃危險。

電鍍製程完成後，還需要進行相應的後處理，主要是去除產品表面附著的酸性溶液（電鍍液），並進行產品烘乾處理。

去除產品表面附著的酸性溶液，主要採用中和反應，利用鹼性溶液進行中和，同時防止鍍層變色。

電鍍過程中常見的不良現象及處理方法，見表 3-8。

表 3-8　電鍍過程常見不良現象及處理方法

不良現象	原因	解決對策
引腳短路	1. 太晚關閉電流	培訓員工
	2. 產品間隔導致電流大	改善上下料
	3. 鋼帶剝離不乾淨	新增溶液或更換鋼帶
	4. 電鍍液髒汙	洗槽，更換過濾芯

不良現象	原因	解決對策
引腳毛刺	酸濃度降低	新增酸
水汙染	1. 噴嘴堵塞	檢查噴嘴
	2. 中和溫度或濃度	檢查溫度和濃度
飛邊	1. 電化學濃度	檢查濃度
	2. 高壓泵堵塞	檢查高壓泵
外觀不良	1. 電鍍液中全金屬濃度降低	調整濃度
	2. 添加劑不足	加入添加劑
	3. 鍍溫過低	調高鍍溫
	4. 電鍍液渾濁	檢查過濾設備，透過沉澱處理
	5. 預處理不良	檢查預處理溶液
	6. 電鍍後中和不好	檢查並更換中和藥液
鍍層厚度薄	1. 全金屬濃度低	調整濃度
	2. 電流密度低	調整至規定範圍
	3. 電鍍液渾濁	透過沉澱處理
	4. 陽極面積過小	檢查並更換陽極
	5. 電鍍時間不足	調整
可銲性差	1. 前處理不好	檢查前處理
	2. 鍍層厚度不足	檢查電流、陽極棒等
	3. 添加劑分解	活性炭處理
	4. 電鍍後中和不好	檢查並更換中和藥液

常見不良的實物圖片，如圖 3-70 所示。

3.7 打標（標記、刻印）和切筋成形

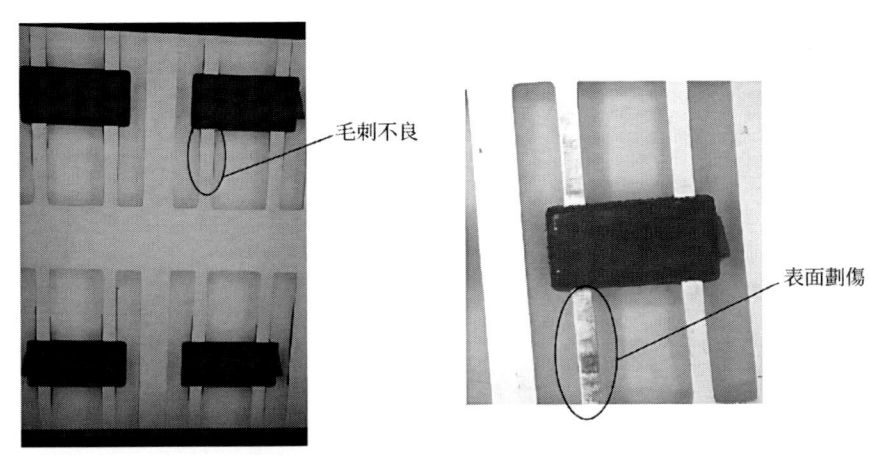

圖 3-70　電鍍常見不良實物圖

早期，引線導線架外引腳的可銲性鍍層主要採用 Sn － Pb 合金。Sn － Pb 合金鍍層以其優良的綜合效能及低廉的成本，被廣泛應用於電子連接和組裝中，並在長期實踐中形成成熟的生產工藝和完善的效能評價系統。但近幾年，世界範圍的無鉛化運動正衝擊電子行業，打破了以往形成的格局，這將為電子行業帶來新的機遇，同時也會產生巨大壓力。經過多年的研究，可銲性鍍層的無鉛化已獲得較大的進展，歸納起來，主要有 Sn － Cu、Sn － Bi、Sn － Ag 合金鍍層及純 Sn 鍍層，以及預電鍍（Pre-Plating Frame Finish，PPF）技術。現在，許多公司已推出相應的無鉛電鍍藥品和工藝，也得到了實際應用。

3.7　打標（標記、刻印）和切筋成形

完成電鍍後，需要在塑封體表面打上產品標記，說明半導體元件元件的產品名稱、商標、製造日期、批號等資訊，稱為打標（Marking，又稱標記、刻印），如圖 3-71 所示。

第 3 章　功率封裝的典型製程與工藝解析

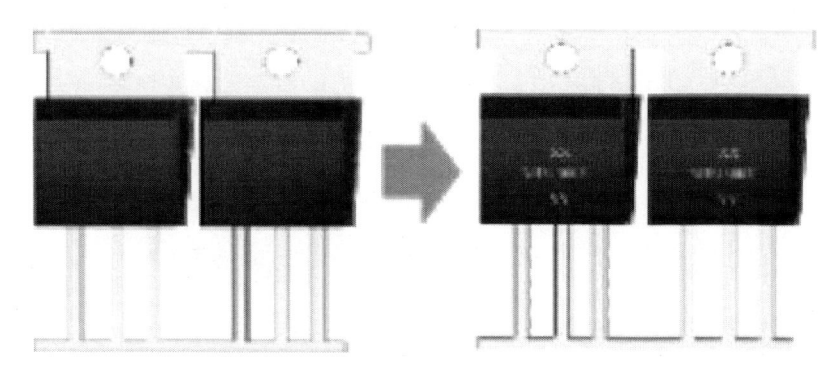

圖 3-71　打標示意圖

最早的打標是用白色油墨，採用類似噴墨列印的方法，這種方法的優點是對塑封體沒有傷害，但缺點是油墨容易褪色，從而丟失產品資訊。所以現在大部分元件元件都採用雷射列印的方法，透過雷射燒灼塑封體表面形成所需列印的文字資訊。優點是耐久，不易磨損丟失資訊，對比噴墨列印法，自動化程度更高，效率更高，能透過偵錯雷射的能量輸出和時間，有效控制雷射燒灼深度。缺點是對一些高壓有絕緣要求的元件元件，需要精確控制列印深度，對塑封體有輕微傷害。

打標完成後，需要把塑封體的聯筋切掉，聯筋示意圖如圖 3-72 所示。切筋成形製程實際上分為切筋和成形兩個步驟。切筋英文稱為 Trim，即將封裝體與導線架完全分離，並切除導線架製造中需要的加強筋，實現半導體的功能。成形英文稱為 Form，即按照封裝外形尺寸規範，透過金屬模具，將引腳折彎到規定完成的各種形狀。這兩種工藝可分別由兩套模具分開進行，也可以在一套模具上完成切筋成形的動作。一般來說，對於直插式的元件元件，只要 Trim 就可以了；而表面貼裝式元件元件，除了 Trim，還需要做 Form。Trim 主要是針對導線架類的封裝體，基板類的產品一般沒有切筋成形的說法，切筋主要是完成以下部位的切除：

3.7 打標（標記、刻印）和切筋成形

1）塑封體與引腳的聯筋，如端部和 Tie bar；

2）成形時過長的引腳；

3）導線架製造時的加強筋，以及前段製程所產生的異物，如多餘的塑封料殘留，切筋過程中最易出現問題的是聯筋切割，易出現毛刺。

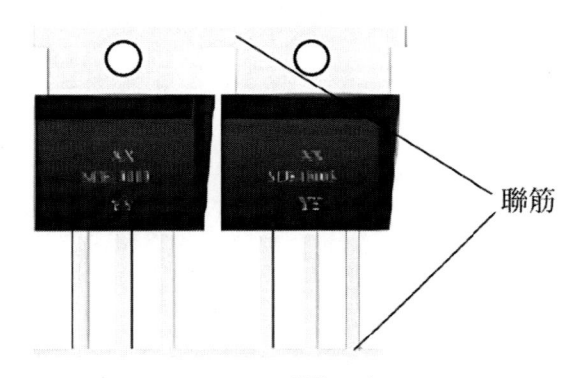

圖 3-72　聯筋示意圖

成形也主要有以下兩種方式（見圖 3-73、圖 3-74）：

1）滾輪成形，典型的如雙列直插式（DIP）。

2）強迫撐開式，典型的如表面貼裝封裝（SOP、DPAK、QFP）等。

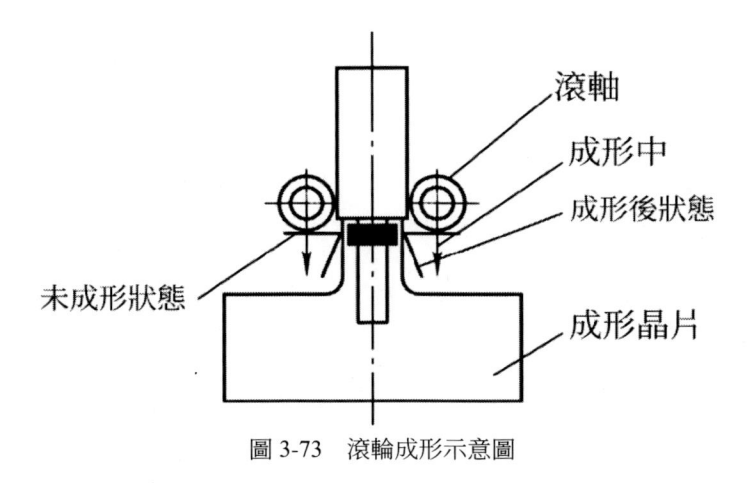

圖 3-73　滾輪成形示意圖

第 3 章 功率封裝的典型製程與工藝解析

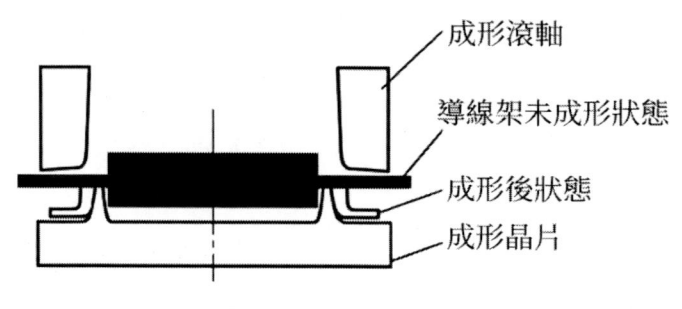

圖 3-74 強迫撐開式示意圖

思考題

1. 常見的劃片工藝有哪些？矽基和碳化矽劃片方法有哪些差異和特點？

2. 常見的晶粒接合方式有哪些？功率元件常用的晶粒接合方法和原理是什麼？

3. 晶片裂紋敏感的製程控制要點有哪些？

4. 內互連的常見方式是哪些？如何選擇合適的內互連方式？

5. 不同金屬間銲點可靠性的排列？

6. 如何控制晶片內互連銲接品質？

7. 做接合拉力測試時，鉤子鉤在何處得到的拉力值最大？

8. 銀燒結過程中，如果施加壓力的話，如何確定合適的壓力？

9. 塑封料的主要成分有哪些，分別產生何種作用？

10. 如何形成可靠的鍍層？

參考文獻

[1] 楊躍勝，武嶽山.晶片產業化過程中所使用 UV 膜與藍膜特性分析 [J].現代電子技術，2013，36（4）：3。

[2] 黃昆，謝希德.半導體物理 [M].北京：科學出版社，1958。

[3] 韓微微，張孝其.半導體封裝領域的晶圓雷射劃片概述 [J].電子工業專用設備，2010（12）：5。

[4] 李聰成，滕鶴松，王玉林，等.銀燒結技術在功率模組封裝中的應用 [J].電子工藝技術，2016，37（6）：5。

[5] 丁蘭.NiPdAu 預鍍導線架銅線接合研究 [D].武漢：華中科技大學，2012。

[6] 高成，張芮，黃姣英，等.高溫下塑封元件接合銅線的可靠性 [J].半導體技術，2018，43（2）：6。

[7] 朱正宇.半導體封裝鋁線銲點根部裂紋分析與改進 [D].上海：同濟大學，2006。

第 3 章 功率封裝的典型製程與工藝解析

第 4 章

功率元件的測試方法與常見不良解析

4.1 功率元件的電性量測

功率元件主要是二極體、電晶體，以及場效電晶體，其中場效電晶體由於採用了平面技術，因此理解場效電晶體測試項目，可以典型性地理解功率電子元件，乃至功率模組的測試原理和應用。金屬氧化物半導體場效電晶體（Metal－Oxide Semiconductor Field Effect Transistor，MOSFET）有增強型和空乏型兩種類型，而每一種又有 N 溝道和 P 溝道之分。MOSFET 具有三個電極，分別是閘極（GATE）、汲極（DRAIN）和源極（SOURCE）。它有很高的直流輸入阻抗，它的汲源極之間電流受閘源極之間電壓控制，是電壓控制型元件。

4.1.1 MOSFET 產品的靜態參數測試

1）BV_{DSS} 為汲源反向擊穿電壓（崩潰電壓）。G 與 S 短接時，D 與 S 之間的擊穿電壓，電路原理圖，如圖 4-1 所示。

第 4 章　功率元件的測試方法與常見不良解析

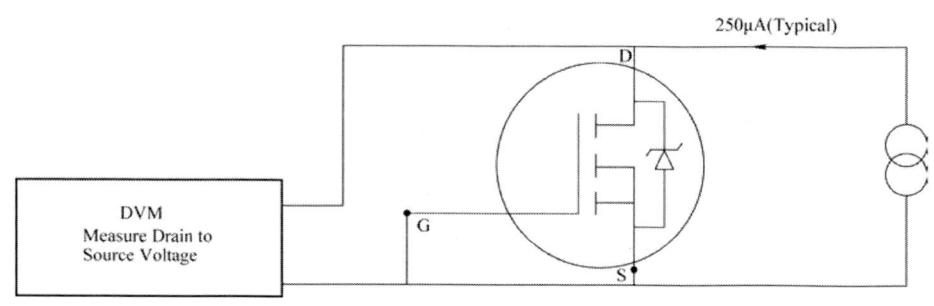

圖 4-1　BV$_{DSS}$ 測試電路原理圖（注：該圖取自參考文獻 [1]）

2）V$_{GS\,(TH)}$ 為閘極夾斷電壓。G 與 D 短接，在 G 極加正電壓進行測試。測試電路原理圖，如圖 4-2 所示。

3）I$_{GSS}$ 為閘源漏電流。D 與 S 短接，在 G 極加正電壓，測量閘源之間的漏電流。測試電路原理圖，如圖 4-3 所示。

4）I$_{DSS}$ 為汲源漏電流。G 與 S 短接，在 D 極加正電壓，測量汲源之間的漏電流。測試電路原理圖，如圖 4-4 所示。

5）R$_{DS}$（ON）為汲源導通電阻。此項用於顯示 MOS 管在工作狀態時的耗散功率。

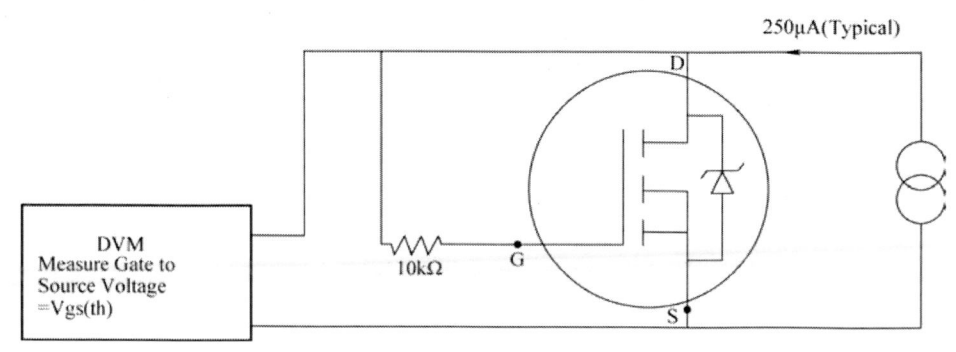

圖 4-2　V$_{GS\,(TH)}$ 測試電路原理圖（注：該圖取自參考文獻 [1]）

4.1 功率元件的電性量測

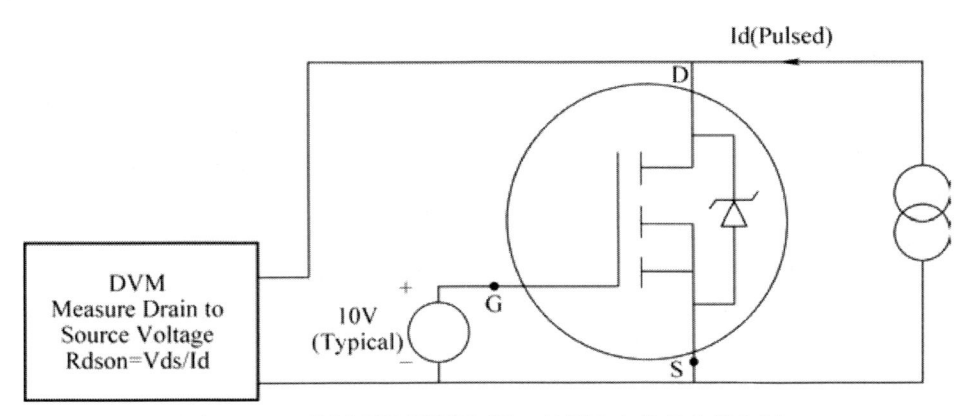

圖 4-3　I_{GSS} 測試電路原理圖（注：該圖取自參考文獻 [1]）

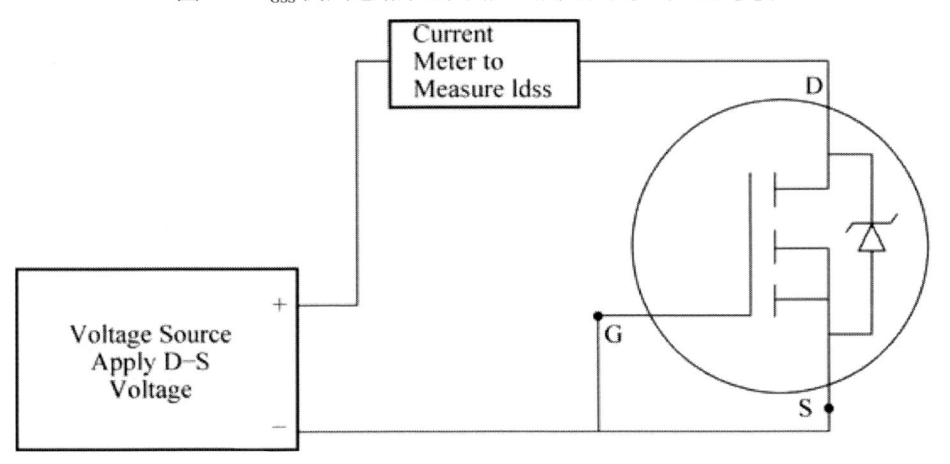

圖 4-4　I_{DSS} 測試電路原理圖（注：該圖取自參考文獻 [1]）

測試電路原理圖，如圖 4-5 所示。

6）CURVETRACE370A 示波器是用來測試 TR 產品 DC 特性波形的一種設備，透過對波形的測試，可以快速、直觀地看出 TR 產品的不良類型和條目，並可得出具體數值。對於 MOSFET 產品，我們可以透過施加 AC 電壓測試其波形的方法，初步判斷該元件是否為不良，大概是哪種不良類型。測試條目、方法及結果，如圖 4-6 所示（以 N 溝道 IRF630A 的 DC 參數 BV_{DSS} 為例）。

175

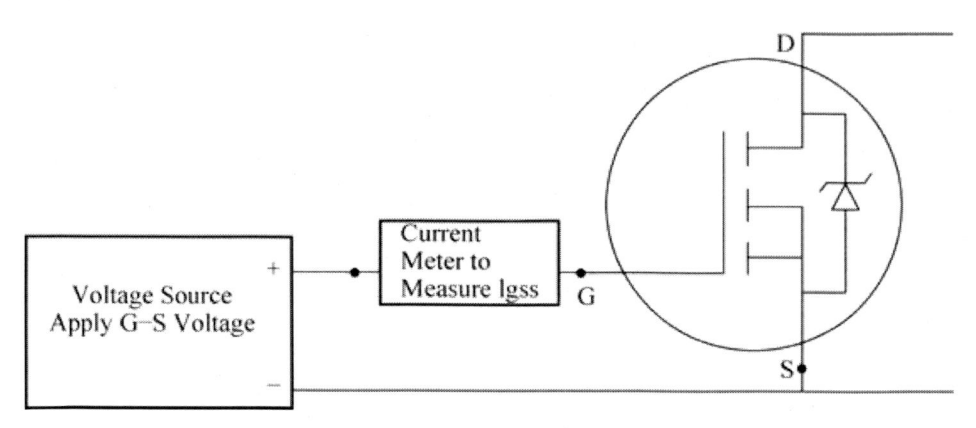

第 4 章 功率元件的測試方法與常見不良解析

圖 4-5 R$_{DS(ON)}$ 測試電路原理圖（注：該圖取自參考文獻 [1]）

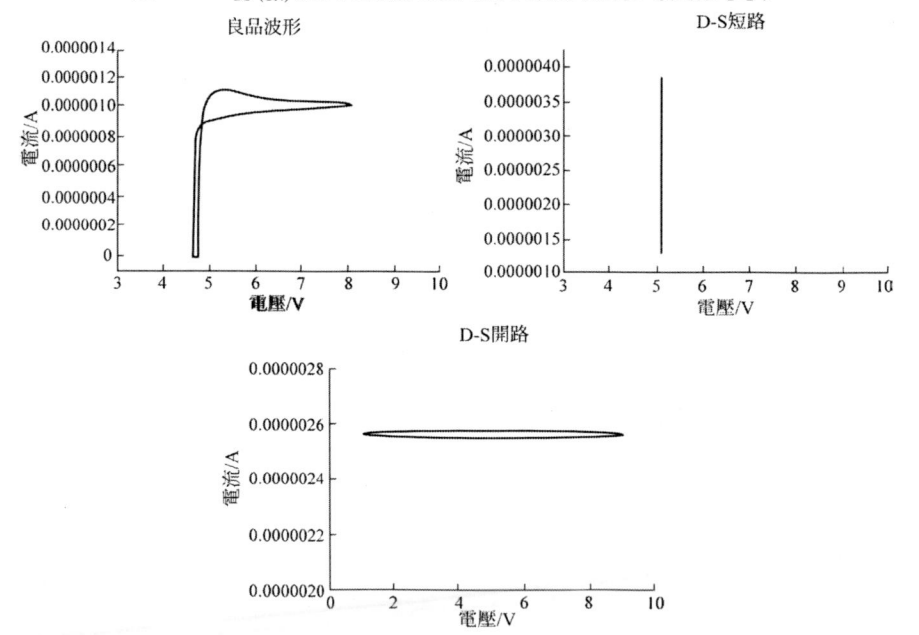

圖 4-6 IRF630A 示波器波形圖（注：該圖取自參考文獻 [1]）

MOSFET 靜態電特性不良的相應分析方法，首先用測試機或示波器確認是哪一種不良類型；然後結合測量電路的知識進行一般推測，如果推測是與內互連相關的問題，採用 X 射線、超音波掃描等方法進行無損傷的透視分析，如果推測是與晶片相關（如裂紋等）的問題，就採用化學

或物理方法，剝除塑封料，用顯微鏡對晶片進行觀察，必要時，經特殊處理後，採用電子顯微鏡的方式進行觀察，涉及晶片製造缺陷的，可以採用熱影像觀察或聚焦離子束（FIB）的方式做晶片結構剖析，以找出問題點。後面會詳細介紹元件的失效分析方法。

4.1.2 動態參數測試

4.1.2.1 擊穿特性

以 AlGaN/GaN HEMT 擊穿電壓（崩潰電壓）測試為例，元件在放大區的最大輸出功率表達式為

$$P = \frac{1}{8} I_{DS,MAX}(V_{BREAKDOWN} - V_{KNEE})$$

(4-1)

式中，$I_{DS,MAX}$ 和 V_{KNEE} 分別為元件在直流掃描下測得的最大輸出電流和膝點電壓；$V_{BREAKDOWN}$ 為元件的擊穿電壓。

由式 (4-1) 可以看出，擊穿電壓的提高，能增加最大輸出功率，元件的可靠性隨擊穿電壓的提高，也能得到大幅的提升。

為了改善電流崩塌，可以在閘汲之間澱積鈍化層，不過這又會使擊穿電壓降低，為了抑制電流崩塌，同時又能讓元件的擊穿電壓增大，這就需要採用場板結構，從而在增大擊穿電壓與改善電流崩塌之間，找到一個平衡點，這對於提高元件功率密度、增益和功率附加效率（PAE）很有幫助，且因為其容易實現，所以這些年來成為 GaN 元件製程的研究重點之一。

元件擊穿電壓的測試採用三端測試法。圖 4-7 是元件擊穿電壓示意

第 4 章　功率元件的測試方法與常見不良解析

圖，可看出，如果定義擊穿電流為 1mA/mm，在閾值電壓為 − 6V 時，擊穿電壓為 50V，此時元件沒有損傷。若選用 50mA/mm 作為擊穿電流，則擊穿電壓為 140V，此時為硬擊穿 [2]。

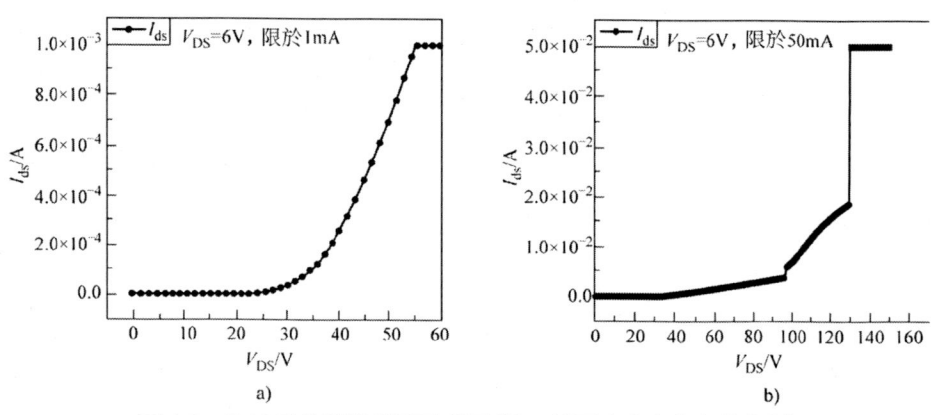

圖 4-7　GaN 元件擊穿電壓示意圖（注：該圖取自參考文獻 [2]）
a）Ids=1mA/mm　b）Ids=50mA/mm

4.1.2.2　熱阻

晶片熱阻、燒結熱阻、管殼熱阻存在於元件內部，通常稱為熱阻。熱阻的測量，通常以元件接面溫度與管殼溫度的差異，與輸入功率之比得到。

為了使熱阻的測試具有可比較性和參考價值，JEDEC 於 1995 年釋出了包含熱阻定義及相關測量方法的系列標準，JEDEC 標準中，對熱阻的定義如下：

$$R_{\theta JX} = \frac{T_J - T_X}{P_H} \quad (4\text{-}2)$$

式中，$R_{\theta JX}$ 為從元件到指定環境的熱阻；T_J 為在穩定狀態下的元件接面溫度；T_X 為指定參考溫度；P_H 為元件輸入功率 [3]。

4.1 功率元件的電性量測

熱阻定義中的接面溫度，可按照上節介紹的方法進行測試。根據功率元件的實際使用條件，指定參考溫度可分為元件外殼溫度和靜止空氣溫度兩種，相關的 JEDEC 標準如下：

1）JESD51－1 積體電路熱測試方法 —— 電測法（單個半導體元件）；

2）JESD51－2A 靜止空氣自然對流條件下的接面 —— 環境熱阻測量。

接面－管殼熱阻測試的理想情況是殼溫保持不變，但實際測試中，即使採用最好的散熱裝置，也難以實現，因此只能選擇測量殼上某點的溫度作為殼溫 T_C。按照 JESD51－1 標準，測量時，將待測元件以一定的壓力固定在冷板上，穿過冷板安裝熱電偶，用於測量電子元件外殼某點的溫度，並以此作為殼溫，計算接面－管殼熱阻，具體如圖 4-8 所示。

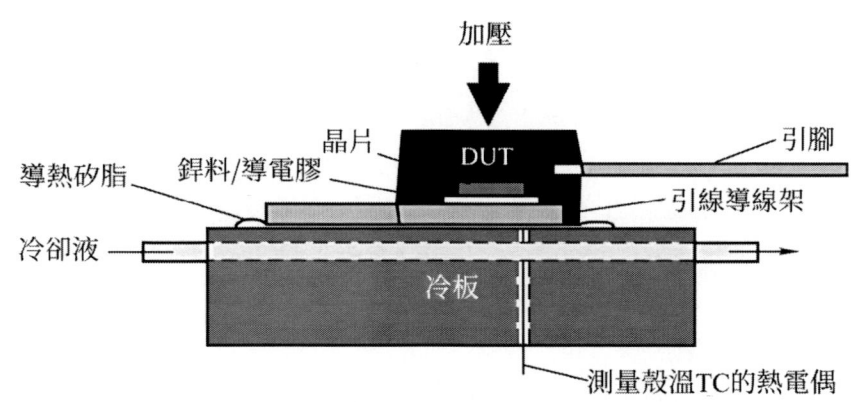

圖 4-8　JESD51－1 接面－管殼熱阻測試示意圖（注：該圖取自參考文獻 [3]）

以功率 VDMOS 為例，依據式（4-2）的定義，功率 VDMOS 元件的熱阻測試，需要建立在接面溫度、殼溫、輸入功率三者的基礎上。輸入功率可透過利用直流電源直接在源極和汲極之間施加電壓的方式獲得。在源極和汲極之間施加電壓後，源極和汲極間會流過電流，在元件內部產生熱量。目前的直流電源都帶有輸出功率顯示銀幕，相應的輸出功

第 4 章　功率元件的測試方法與常見不良解析

率，可透過顯示器直接讀取得到。若沒有顯示器，可透過在測試電路中增加電流表和電壓表的方式，以相應的輸出值計算得到。殼溫可透過熱電偶進行測量，測量過程中，將熱電偶與元件外部相連接。利用熱電偶輸出的電壓訊號，可計算得到殼溫。元件本身是否達到熱平衡狀態，可依據熱電偶的輸出訊號是否穩定進行判斷 [3，4]。

接面溫度無法透過直接測量的方式得到。功率 VDMOS 元件汲極和源極之間的二極體正向壓降 V_D 具有熱敏特性。接面溫度的測量，可透過該二極體正向壓降特性間接計算得到。伴隨著接面溫度的不同，二極體正向壓降 V_D 也不同。二極體正向壓降 V_D 與溫度的關係，可用溫度係數進行衡量。根據溫度係數和實際測量的二極體壓降，可計算得到接面溫度。溫度係數的獲取，是接面溫度測量的關鍵，它是建立在數據測試分析基礎上的。結合油的物理特性，將功率 VDMOS 元件放置到油鍋中，由於元件和油處於相同的熱環境，因此元件的接面溫度與油鍋中的油溫是相同的。透過油溫的測量，可以得到元件接面溫度的變化情況。油溫的測量可透過熱電偶測量實現。將元件的閘極與源極短接，利用電流訊號，產生二極體正向壓降。透過改變油鍋裡油的溫度，可得到不同的接面溫度下，對應的不同二極體的正向壓降 [3，4]。

4.1.2.3　閘電荷測試

以功率 MOSFET 為例，功率 MOSFET 是功率半導體應用中的主要元件，廣泛應用於電腦外設電源、汽車電子及手機等領域。閘電荷是表徵功率 MOSFET 元件動態特性的重要參數之一，而閘電荷的測量，對激勵源和測試電路的要求較高。國外在功率 MOSFET 元件閘電荷測試方面開展的研究很早，美國軍用標準 MIL-STD － 750F：20123474.3「半導體

測試方法測試標準」和 JEDEC 標準中的 JESD24.2，對閘電荷參數的定義和測試方法進行了規定。

閘電荷由 3 個參數構成：$Q_{g\,(th)}$ 是閘極總電荷；$Q_{gs\,(on)}$ 是閘源電荷；Q_{gd} 是閘汲電荷。閘電荷測試各部分定義，見表 4-1，閘電荷測試波形，見圖 4-9。

表 4-1　閘電荷測試參數 [5]

符號	解釋
$Q_{g\,(th)}$	在閘源之間施加最大範圍閾值電壓時的閘電荷，與閘極電流 ID、閘極供電電壓 VDD 和接面溫度無關
$Q_{g\,(on)}$	為了測量元件的導通電阻 RDS（ON），在閘源之間施加電壓，以達到規範值時的閘電荷
Q_{gs}	使 Cgs 達到額定 ID 值所需要的電荷量，它隨閘極電流 ID 和接面溫度 TJ 變化，是利用閘電荷測試電路在恆定汲極電流負載條件下測量的
Q_{gd}	是在恆定的汲極電流條件下提供給閘汲極的電荷量，電荷量可以改變汲極電壓，且隨閘極供電電壓變化，但不隨汲極電流 ID 和接面溫度 TJ 變化，與等效閘汲電容相關

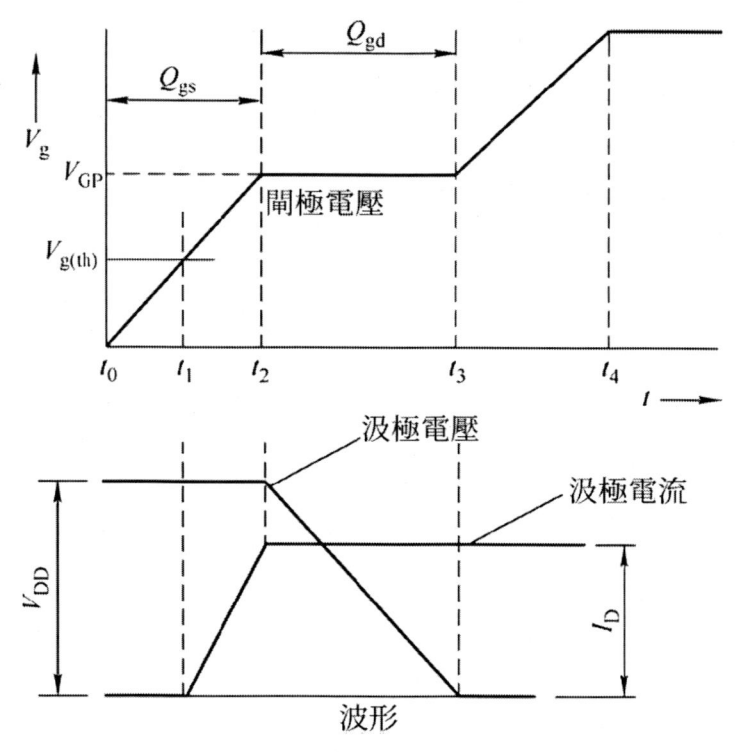

第 4 章　功率元件的測試方法與常見不良解析

圖 4-9　閘電荷測試波形圖

　　閘電荷測試是在恆定閘極驅動電流下測量閘－源電壓回應(響應)，透過恆定的閘極電流，可以依比例得出閘－源電壓、時間函式、電荷量函式的比值 [5]。

　　閘－源電壓的波形是非線性的，所生成的回應(響應)斜率可以反映出元件的有效電容值在開關轉換期間是變化的。下面提供具體、詳細的閘電荷測試電路，如圖 4-10 所示。測試方法是閘電壓作為閘電荷單調函式的一種方法，電荷或電容已在各個閘電壓點被明確規定。閘電壓確保元件已處於「開」態，測量具有重複性。對於給定的元件，這些電壓點的閘電荷獨立於汲極電流，且為「關」態電壓的弱函式。

4.1 功率元件的電性量測

圖 4-10　閘電荷測試電路圖

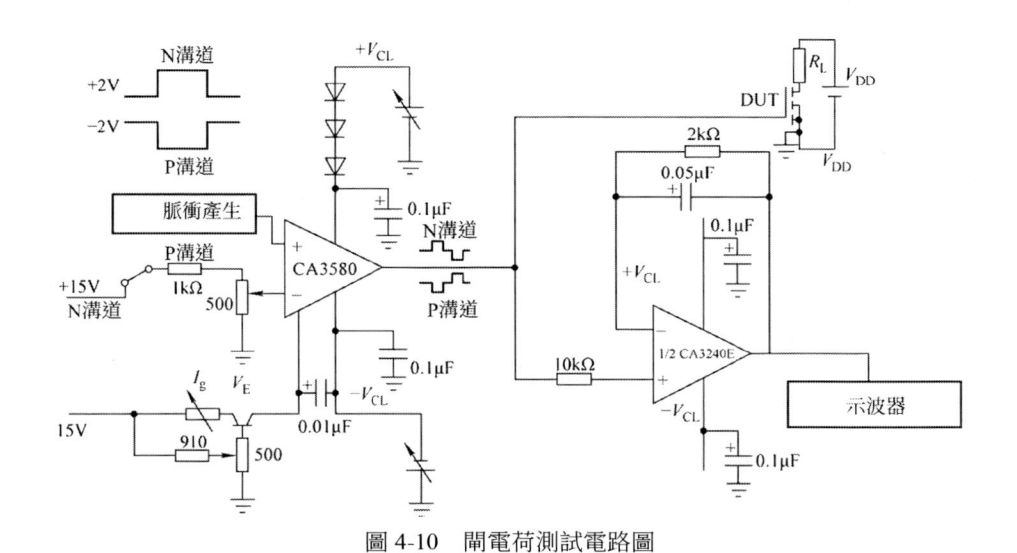

4.1.2.4　結電容（接面電容）測試

如圖 4-11 所示，SiC MOSFET 含有三個寄生電容，包括閘汲電容 Cgd、閘源電容 C_{gs}、汲源電容 C_{ds}。圖中 FOX 是指場區；POLY 是指多晶矽區；LD 是指多晶矽閘極和源汲重疊長度。除此之外，透過儀器還可以測試輸入電容 C_{iss}、回饋電容 C_{rss}、輸出電容 C_{oss}。

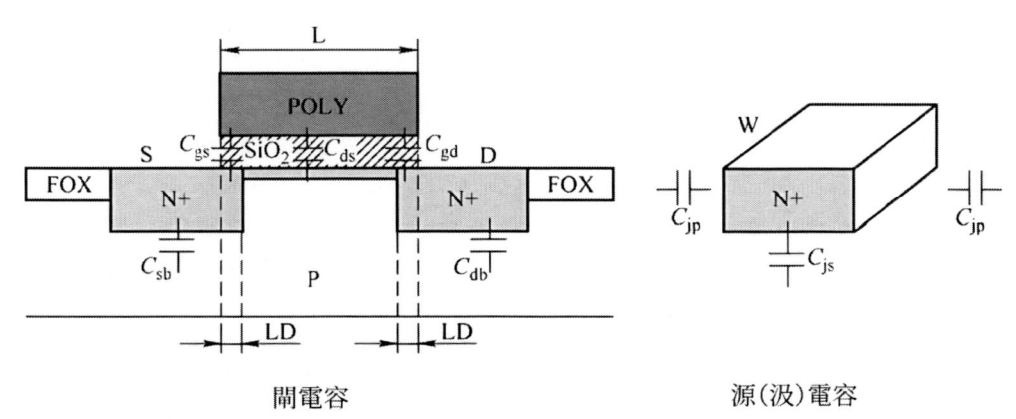

圖 4-11　結電容測試分布示意圖

183

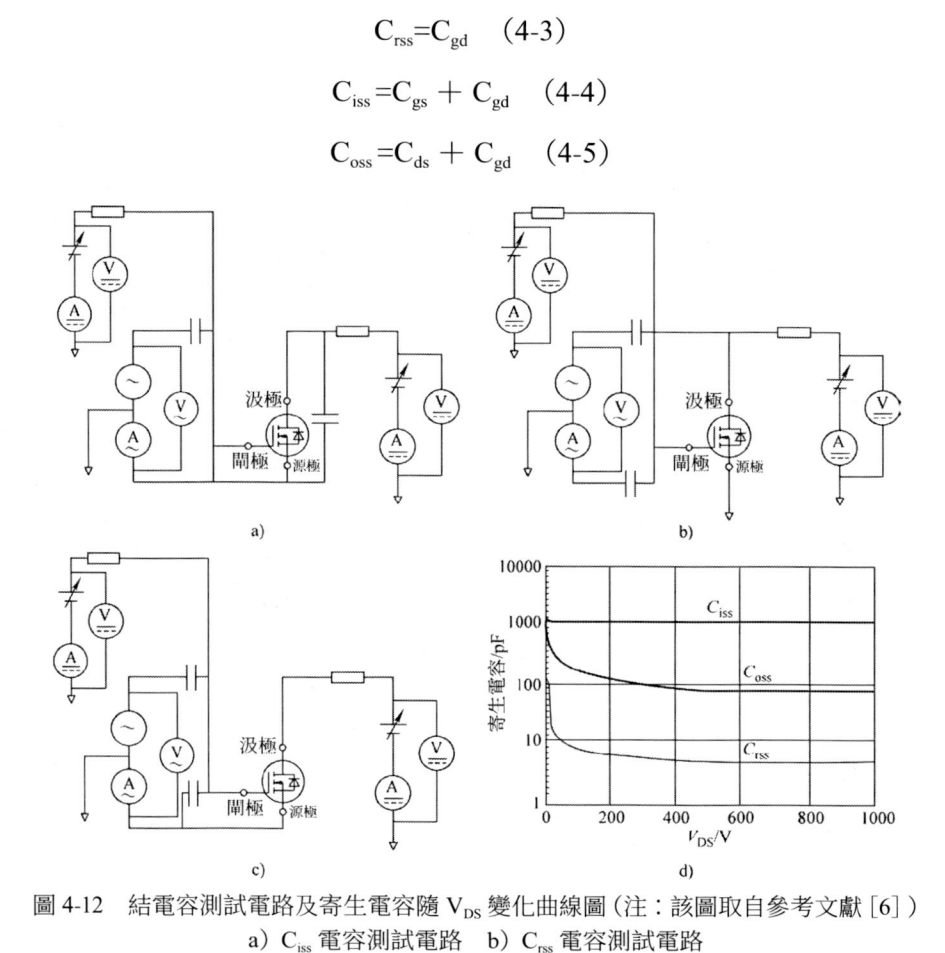

第 4 章　功率元件的測試方法與常見不良解析

$$C_{rss}=C_{gd} \quad (4-3)$$

$$C_{iss}=C_{gs}+C_{gd} \quad (4-4)$$

$$C_{oss}=C_{ds}+C_{gd} \quad (4-5)$$

圖 4-12　結電容測試電路及寄生電容隨 V_{DS} 變化曲線圖（注：該圖取自參考文獻 [6]）
　　　　a) C_{iss} 電容測試電路　b) C_{rss} 電容測試電路
　　　　c) C_{oss} 電容測試電路　d) 寄生電容隨 V_{DS} 變化曲線圖

　　選用 Agilent B1505A 設備進行測試。f=1MHz，檢測電容對測量的高頻呈現短路狀態，電感用於消除直流電源對測試訊號的影響。測試電路如圖 4-12a～c 所示，寄生電容隨 V_{DS} 變化的曲線，如圖 4-12d 所示，當 V_{DS} 為 0～300V 時，SiC MOSFET 寄生電容的變化幅度大。當 VDS > 300V 時，SiC MOSFET 寄生電容隨 V_{DS} 大致無變化。測試條件滿足式 (4-6) 和式 (4-7)：

$$1/\omega L_1 << |y_{ie}| \text{ 和 } \omega C_1 >> |y_{ie}| \quad (4\text{-}6)$$

$$1/\omega L_2 << |y_{oe}| \text{ 和 } \omega C_2 >> |y_{oe}| \quad (4\text{-}7)$$

式中，y_{ie} 和 y_{oe} 分別為小訊號共射極輸入導納和輸出導納 [6]。

4.1.2.5　雙脈衝測試

雙脈衝測試電路主要由功率元件、直流電源、電感，以及所測功率元件的驅動電路組成。在雙脈衝測試電路中，電感的作用主要是保存能量，以及平衡 GaN 功率元件等效二極體的反向恢復電流。雙脈衝測試電路的原理圖，如圖 4-13 所示。雙脈衝測試電路的電壓，即加在兩個 GaN 功率元件汲極和源極兩端的電壓，可以透過直流電源供電，控制訊號發出一個寬脈衝和一個窄脈衝，這意味著 GaN 功率元件在兩個脈衝期間開通關斷兩次。在 t_1 時刻，在 GaN 功率元件的閘極加第一個脈衝，寬脈衝到來，V_{GS} 升高，GaN 功率元件導通之後，其兩端壓降降低為導通壓降，而雙脈衝半橋兩端的電壓，基本上都轉給了續流電感 L。電感電流呈線性比例增大。此時流經 GaN 功率元件的電流，是與電感電流相等的。

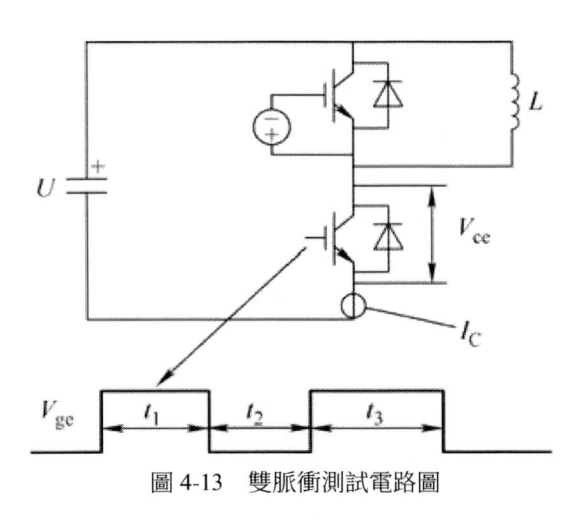

圖 4-13　雙脈衝測試電路圖

第 4 章　功率元件的測試方法與常見不良解析

　　t₂ 時刻，第一個脈衝完成，V_{CS} 的數值回到低電平，GaN 功率元件關斷，而電流流經 GaN 功率元件的等效二極體，由於時間極短，電感電流的值可在短時間內認為幾乎保持不變。而 t₃ 時刻，窄脈衝──即第二個脈衝──出現，由於存在於 GaN 功率元件的電流已為一定幅值，可研究分析 GaN 功率元件在有一定負載情況下的導通情況，還可以分析研究 GaN 功率元件的等效二極體的電流轉換能力，I_D 可表達為式 (4-8)：

$$I_D = I_L = \frac{V_{DC1} - V_{DS(ON)}}{L}(t_2 - t_1)$$

(4-8)

　　由於 GaN 功率元件的通態壓降非常小，所以汲源極電流 I_D 和電感電流 I_L 的值還可表達為式 (4-9)：

$$I_D = I_L = \frac{V_{DC1}}{L}(t_2 - t_1)$$

(4-9)

　　因此可以得出汲源極電流和電感電流的值在 t₂ 時刻的大小，是由直流母線電壓、電感值及 GaN 功率元件的導通時間來決定的。在 t₃ 時刻，雙脈衝的第二個脈衝的上升沿來臨時，GaN 功率元件第二次導通。相比第一次脈衝到來時的情況，第二次脈衝到來時的 GaN 功率元件的導通波形更具代表性。因為第二次脈衝到來時的 GaN 功率元件不是零電流導通，所以選擇第二次脈衝到來時所測得的 GaN 功率電子元件的導通波形，作為 GaN 功率元件動態特性測試的有效導通波形。在這個時間階段，GaN 功率元件的等效二極體進入反向恢復階段，反向恢復電流流經功率元件，所以測得功率元件的汲源極電流會有一定的尖峰。而從 t₃ 到 t₄ 時刻，由於電路中的電感值不變，所以這個階段，電流 I_D 和 I_L 繼續線

性上升，到再次關斷時，保存在電感 L 中的電量才損失殆盡 [3，6]。如圖 4-14 所示。

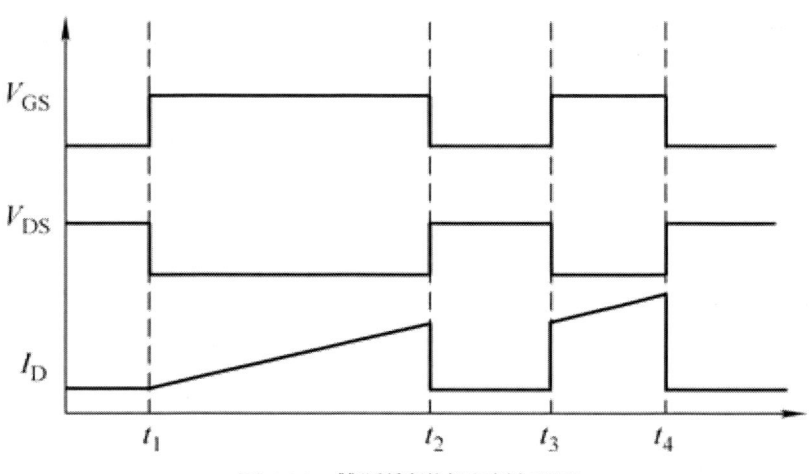

圖 4-14　雙脈衝測試電路波形圖

4.1.2.6　極限能力測試

1. 浪湧電流測試

浪湧電流是指在電源接通或斷開瞬間，電網中出現短時間像「浪」一樣，由高電壓引起的、流入電源設備的峰值電流。當某些大容量的電氣設備接通或斷開瞬間，由於電網中存在電感，將在電網裡產生浪湧電壓，從而產生浪湧電流。

圖 4-15 是一個典型的浪湧電流波形。它有兩個尖峰。第一個浪湧電流峰值是輸入電壓的電源啟動時產生的。這個峰值電流流入 EMI 濾波器的電容和 DC/DC 轉換器的輸入端電容，並被充電至穩態值。第二個電流峰值是 DC/DC 轉換器啟動時產生的。這個峰值電流透過 DC/DC 轉換器的變壓器流入到輸出端電容和所有負載電容，充電至穩態值。

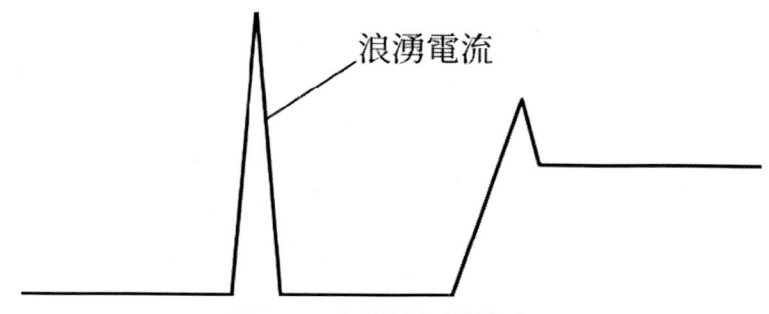

第 4 章　功率元件的測試方法與常見不良解析

圖 4-15　典型浪湧電流波形圖

由於輸出濾波電容迅速充電，所以該峰值電流遠遠大於穩態輸出電流。一般不管設備容量大小，都會存在浪湧電流，小容量的電氣設備產生的浪湧電流較小，不會產生大的危害，因此常常被我們所忽視。但大容量的電氣設備會產生一個較大的浪湧電流，浪湧電流比系統正常電流要大幾倍，甚至幾十倍，因而可能使 AC 電路的電壓降落，從而影響連在同一 AC 電路的所有設備的正常執行，有時會熔斷保險絲和整流二極體等元件元件。

為了避免浪湧電流對日常生活帶來的影響，為了保護電氣設備的正常使用，電源通常會限制橋式整流器、保險絲、AC 開關、EMI 濾波器所能承受的浪湧程度，AC 輸入電壓不應損壞電源或導致保險絲熔斷。

2. 雪崩能量測試

對功率場效電晶體來說，由於是靠多子實現電流傳輸的，因此不存在二次擊穿。由於存在通態電阻 $R_{DS\ (ON)}$ 的正電阻溫度係數，在導通狀態下，不會產生橫向溫度不穩定的情況，而出現溫升的同時，除了因閘極 Poly-si 電阻引起的延遲效應外，電晶體導通或截止時，橫向電場不具備導致二次擊穿所需的電流集中條件。但儘管如此，在功率場效電晶體應用實踐中，二次擊穿事實上是存在的，根據失效的分析結果，被公

認是一種電位失效過程。當 VD MOSFET 反向偏置時，由於汲源電壓、電流等變化的作用，當汲源電壓增大到一定值時，元件內部電場很強，電流密度也很大，兩種因素同時存在，一起影響正常時的空乏區固定電荷，使元件內部載流子發生雪崩式倍增，因而發生雪崩擊穿現象，見圖 4-16。

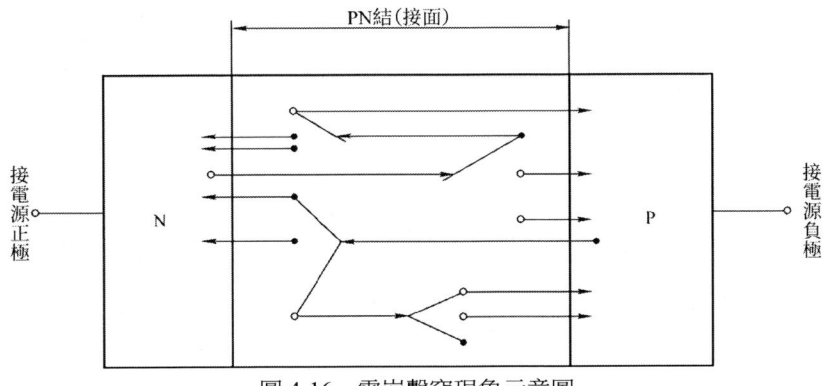

圖 4-16 雪崩擊穿現象示意圖

電子元件的雪崩能量測試有可逆測試和不可逆測試，不可逆測試按照實際電路應用原理，不僅可判定元件是否能承載電路的關斷回饋能量，還可以進行元件最大雪崩能量的測試。為探查最大耐量，會在電路中不設立箝位感性開關，這樣才能進行模擬測量，探查到最大耐量。元件的雪崩能量存在兩個方面，為單脈衝雪崩能量 EAS 和重複脈衝雪崩能量 EAR。EAS 指的是元件關斷瞬間能夠消耗或承受的最大能量；EAR 指的是在沒有設定工作頻率，也就是元件穩態下，既不考慮其他損耗，也不考慮元件溫升的情況，對元件在理想狀態下自身的評估，沒有實際應用的意義。因為散熱是元件執行首先必須考量的外部條件，隨時對元件產生影響，雪崩擊穿對任何元件都可能隨時發生，尤其在元件開關過程中，及外部環境發生變化時。在驗證元件設計是否合理的過程中，對

第 4 章 功率元件的測試方法與常見不良解析

容易發生雪崩擊穿的元件,當元件處於工作過程中時,透過測試期間的溫度,來觀察元件是否溫度太高,雪崩能量依賴於電感值和起始的電流值。很多元件的開關設計中,有必要將電子元件的相關參數和應用結合考量,最好結合實際進行驗證,來評測相互之間的影響,並考慮最適合的條件。

4.2 晶圓(CP)測試

如圖 4-17 所示,為典型的碳化矽晶圓和離散元件電學測試的系統,主要由三部分組成,左邊為電學檢測探針臺阿波羅 AP－200,中間為電晶體檢測儀 IWATSU CS－10105C,右邊為控制用電腦。三部分組成了一個測試系統 [6]。

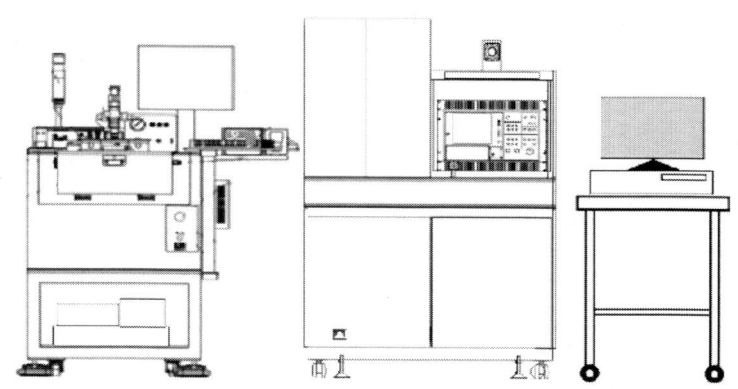

圖 4-17 典型的碳化矽晶圓和離散元件電學測試系統
(注:該圖取自參考文獻 [6])

圖 4-18 所示為探針臺,主要對晶圓進行電學檢測,分為載物臺、探針卡、絕緣氣體供應設備這幾個部分。載物臺用於晶圓的放置,可以相容 4～8 寸 [05] 的晶圓,上面有真空氣孔,將晶圓吸附住,防止在絕緣氣

---

[05] 1 寸 =(1/30)m=0.033m。

體和探針測試過程中晶圓發生移位。絕緣氣體主要是壓縮空氣和 N_2 兩種，絕緣氣體用於防止在測高壓過程中發生「打火」現象（電擊穿空氣）。目前除了用氣體做絕緣外，最常用的方法，是將晶圓浸泡在氟油中，這種方法的測試效果強於壓縮空氣的絕緣，且氟油在測試完成後很容易揮發，不會在晶圓表面造成汙染殘留。曲線追蹤儀主界面如圖 4-19 所示，主要用來輸出高電壓和大電流，用連接方式傳導到探針上。儀器內部含有 2 組電源，分別為集電極電源和步進式訊號源，可透過線路的配置，將電壓加到集電極、發射極和基極上，實現不同的測試要求。設備中包含 7 種固定的測試電路，可用於完成不同的測試項。

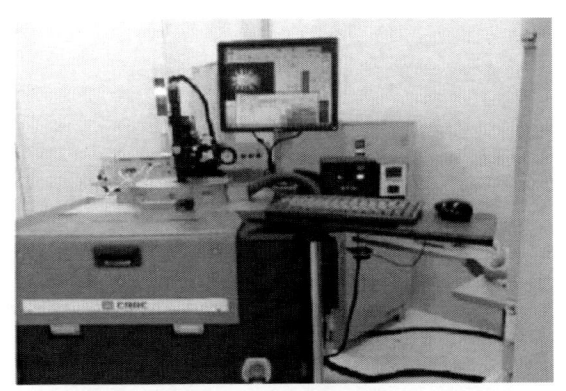

圖 4-18　探針臺（注：該圖取自參考文獻 [6]）

圖 4-19　曲線追蹤儀主界面（注：該圖取自參考文獻 [6]）

第 4 章　功率元件的測試方法與常見不良解析

晶圓測試（Chip Probing，CP）在整個晶片製作流程中處於晶圓製造和封裝之間。晶圓（Wafer）製作完成後，成千上萬的裸 DIE（未封裝的晶片）規則地分布在整個 Wafer 上。由於尚未進行劃片封裝，晶片的引腳全部裸露在外，這些極微小的引腳，需要透過更細的探針（Probe）來與測試機臺（Tester）連接。在未進行劃片封裝的整片 Wafer 上，透過探針，將裸露的晶片與測試機臺連接，從而進行晶片測試，這就是晶圓測試。

Wafer 製作完成後，由於工藝原因引入的各種製造缺陷，導致分布在 Wafer 上的裸 DIE 中，會有一定量的瑕疵品。晶圓測試的目的，就是在封裝前，將這些瑕疵品找出來（Wafer Sort），從而提高晶片出廠的良率，縮減後續封測的成本。通常在晶片封裝時，有些引腳會被封裝在內部，導致有些功能無法在封裝後進行測試，只能在晶圓中測試。另外，有些公司還會依晶圓測試的結果，根據效能，將晶片分為多個級別，將這些產品投放到不同的市場。

以 SiC SBD 為例，圖 4-20a 為 1,200V 20A SiC SBD 晶圓，晶圓正面為陽極，背面為陰極。探針臺內的步進式電機帶動載物臺對晶圓進行點測。透過對 1,200V 20A 晶圓裸片的測試分析，步進式掃描後，會得到圖 4-20b 所示的等級 MAP 圖，A、B、NG、ERR 分別為相應的等級分類。對 5 塊晶圓的測試結果，用 JMP 進行匯總，可得圖 4-20c 所示的結果。從中可以看出，V_F 大致都在 1.5～1.6V，反向 I_{DSS} 汲電流大部分都在 10μA 以下。晶圓正向分布的一致性良好，但反向特性有透過提高工藝而進一步提升的空間。

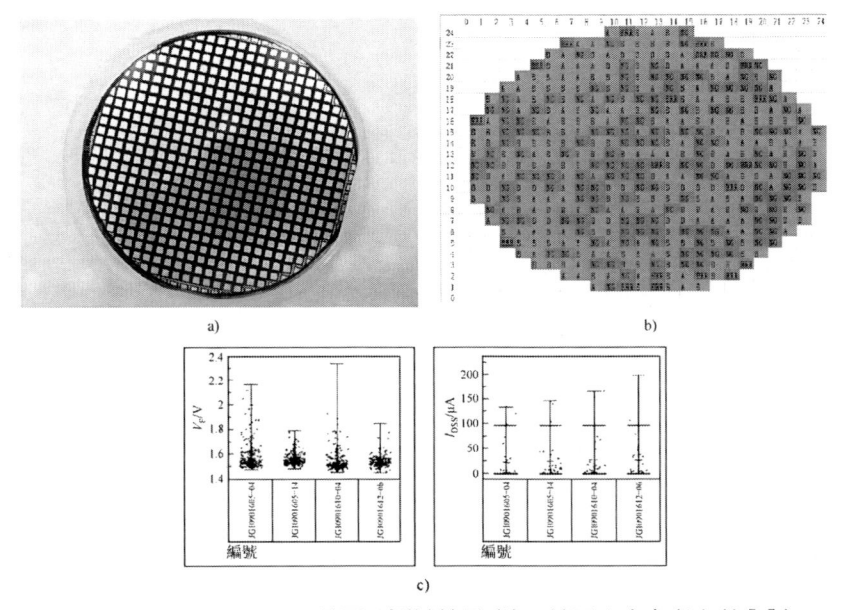

圖 4-20　1,200V 20A SiC 晶圓及測試結果（注：該圖取自參考文獻 [6]）
a) 晶圓表面圖　b) 晶圓 MAP 圖　c) 測試結果圖

4.3　封裝成品測試（FT）

　　封裝成品測試（Final Test，FT）是對封裝好的晶片進行設備應用方面的測試，把壞的晶片挑出來，FT 通過後，還會進行製程品質測試和產品品質測試，FT 是對封裝成品進行測試，檢查封裝廠的工藝水準。FT 的良率一般都不錯，但由於 FT 比 CP 測試包含更多項目，也會遇到低產量問題，且這種情況很複雜，一般很難找到根本原因。廣義上的 FT 也稱為自動測試設備（Automatic Test Equipment，ATE）測試，一般情況下，ATE 測試通過後可以出貨給客戶，但對要求較高的公司或產品，FT 通過後，還有系統級測試（System Level Test，SLT），也稱為試驗臺試驗。SLT 比 ATE 測試更嚴格，一般是功能測試，測試具體模組的功能是否正

第 4 章　功率元件的測試方法與常見不良解析

常，當然 SLT 更花時間，一般採取抽樣的方式進行。圖 4-21 是某科技公司的 FT 測試流程。

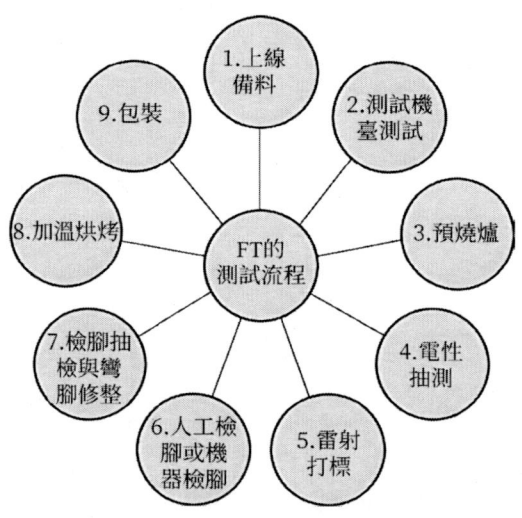

圖 4-21　某科技公司 FT 的測試流程

1) 上線備料：上線備料的用意是將預備要上線測試的待測品，放在一個標準容器中，以便於在上測試機臺時，待測品在分類機內可以被定位，而使測試機臺內的自動化機械結構可以自動地上下料。

2) 測試機臺測試：待測品在入庫後，經過入庫檢驗及上線備料後，接下來就是上測試機臺進行測試。測試機臺的主要功能，在於使 PE Card 上發出待測品所需的電訊號，並接受待測品因此電訊號後所反應的電訊號，最終做出產品電性測試結果的判斷。

3) 預燒爐：一般測試高單價晶片時才有此道程序。在測試記憶體類產品時，在前兩步之後，待測品都會上預燒爐去加熱。其目的是提供待測品一個高溫、高電壓、大電流的環境，使生命週期較短的待測品在加熱過程中，提早暴露問題，降低產品在客戶使用時的失敗率。

4) 電性抽測：電性抽測的目的是將完成測試機臺測試的待測品抽出

一定數量重回測試機臺,看其測試結果是否與之前上測試機臺的測試結果一致,若不一致,則有可能是測試機臺故障、測試程序有問題、測試配件損壞、測試過程有瑕疵等原因造成的。

5) 雷射打標(列印、刻印):利用雷射打標機,依客戶要求的規格,將指定的正印打到晶片上,圖 4-22 為雷射打標機實物圖。

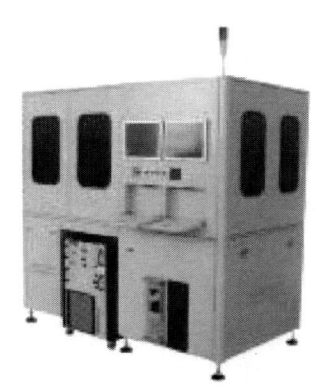

圖 4-22　雷射打標機實物圖

6) 人工檢腳或機器檢腳:此步驟是檢驗待測品的正印和接腳的對稱性、平整性及共面度等,這部分作業有時會利用雷射掃描的方式進行,有時也會利用人工進行檢驗。

7) 檢腳抽檢與彎腳修整:對於彎腳品,會進行彎腳品的修復作業,然後再利用人工進行檢腳的抽檢。

8) 加溫烘烤:在所有測試及檢驗流程之後,產品必須在烘烤爐中進行烘烤,將待測品上的水氣烘乾,使產品在送至客戶手中前,不會因水氣的腐蝕,而影響待測品的品質。

9) 包裝:將待測品依客戶的指示,將原本在標準容器內的待測品進行分類,包裝到客戶所指定的包裝容器內,並作必要的、包裝容器上的商標黏貼。

4.4 系統級測試（SLT）

技術不斷進步，測試需求也不斷演變。比如，現今一個 AI 設備可能包含數十億個電晶體。隨著製程節點的縮小，即使 ATE 測試的故障覆蓋率達 99.5%，也會有大量電晶體漏檢。系統級測試（SLT）可以發現剩下 0.5% 未檢測電晶體中存在的故障。隨著技術的發展，SoC、系統級封裝（SIP）和軟體的複雜程度不斷增加，這種複雜性，導致非同步接口的數量增多，功率、時鐘、溫度域，以及軟、硬體之間的互動更加頻繁。ATE 測試 99.5% 的故障覆蓋率，實行起來也更加困難。而在複雜接口的測試方面，系統級測試（SLT）更為簡單、經濟。將設備調至任務模式後，就可以對可能存在故障的複雜互動進行測試。設備製造商面臨的另一項挑戰，是產品上市時間日趨縮短，及新設備製造工藝缺陷較多。製造商不得不在工藝缺陷率較高時加速出貨。為滿足市場對產品品質的要求，必須檢測出缺陷。SLT 讓工程師能在設備開發早期階段，即提高測試故障覆蓋率。所獲得的數據，可幫助製造商減少後續環節中的重製、修復，在更短時間內達到理想良率，縮短上市所需時間。最後，積體電路設計人員紛紛採用尖端的製程和封裝技術。這些技術的進步令人振奮，不可或缺，同時也增加了出現潛在故障和新故障模式的機率。SLT 能夠在設備出廠前檢測到其中的潛在故障，顯著降低設備的整體成本。對於目前應用廣泛的 SoC 晶片，其 SLT 的測試主要項目，見表 4-2 [10]。

表 4-2　SoC 晶片 SLT 測試主要項目

序號	測試項目
1	電氣效能（功耗、交流／直流參數、雜訊等）
2	模擬矽智財效能（ADC、DAC 等）
3	數位矽智財效能（DSP、邏輯等）

4.4 系統級測試（SLT）

序號	測試項目
4	處理器效能
5	記憶體效能

SLT 的通用流程，如圖 4-23 所示。

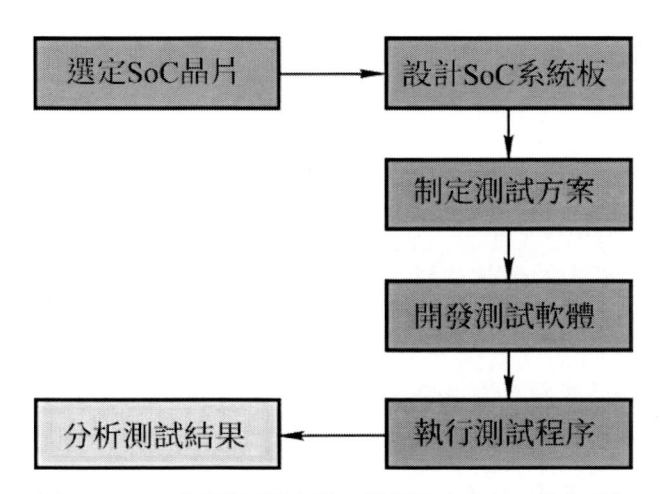

圖 4-23　SLT 通用流程圖（注：該圖取自參考文獻 [10]）

1）選定 SoC 晶片。選擇需要測試的 SoC 晶片，並準備充足的樣本。

2）設計 SoC 系統板。在選定了 SoC 晶片後，需要設計相應的系統板。通常參照 SoC 晶片手冊中的外圍電路，並補充一些必要的電阻、電容和電感等。

3）制定測試方案。在考量測試成本（時間、複雜度等）和測試品質等因素後，確定需要測試的項目。

4）開發測試軟體。由於 SoC 晶片內部整合了很多不同的矽智財，所以需要選擇合適的軟體開發語言，對應需要測試的項目，開發相應的測試案例，確保軟體程式碼的簡潔，從而避免產生額外故障 [11]。

5）執行測試程序。測試程序的編寫需要注意矽智財相互之間的通訊

第 4 章　功率元件的測試方法與常見不良解析

與軟硬體相容性問題。

　　6)分析測試結果。一旦出現故障,需要依靠測試工程師的經驗來判斷到底是 SoC 晶片設計的問題、SoC 系統板設計的問題,還是測試軟體的問題。

4.5　功率元件的失效分析

　　如前節所述,在透過電性量測後,一般可以得出元件是良品或不良品的判斷,當然除了外觀不良外,電特性不良是可以透過儀器來測量檢出的,那麼,所謂的失效分析,就是指對元件的電特性失效採取恰當的分析方法,確立不良現象發生的原因和原理,並能提出相應的預防措施和建議。常見的失效分析方法,分為非破壞性檢測和破壞性檢測,所謂非破壞性檢測,即經過檢查分析,元件還是停留在原始的封裝體狀態,沒有變化,其主要方法是利用射線穿透,如 X-ray、3D CT 等,或超音波掃描,如 S-scan、T-scan 斷層掃描等。所有半導體元件失效,均需透過失效分析方法來明確定義失效模式現象,從而為解決方案提供有力的實驗論據。失效分析是透過對現場使用的失效樣品、可靠性試驗失效樣品和篩選失效樣品的解剖分析,得出失效模式(形式)的失效原理,並準確判斷失效原因,為迅速提高產品的可靠性,提供科學依據。失效分析和失效原理研究,把半導體元件不單純地看成是具有某種功能的「黑盒子」,從物理、化學的微觀結構上,對它進行仔細觀察和分析,從本質上探究半導體元件的不可靠因素,探索其工作條件、環境應力和時間等因素對元件發生失效所產生的影響。半導體元件常見的失效模式可分為幾大類:開路、短路、無功能、特性退化(劣化)、重測合格和結構不好,共六類。最常見的失效有燒毀、漏氣、腐蝕或引腳斷裂、環氧樹脂(封

裝材料）裂紋、晶片黏結不良、接合點不良或腐蝕、晶片表面鋁腐蝕、鋁層傷痕、微影／氧化層缺陷、漏電流大、PN結擊穿、閾值電壓漂移等。作者實際遇到的問題，往往有綜合性，也就是說，一些失效現象並不是孤立的，舉個例子，就開路而言，就有其複雜性。關於本書所指的接合點不良造成的開路，有晶片設計上缺陷造成的開路，也有實際使用過程中，由於過負載造成的局部開路，也有接觸不良類型的開路，如在常溫下的測試正常，但隨溫度的升高（使用時間的延長），而表現為開路現象等。其原因五花八門，一個失效現象的出現，可能是許多因素的綜合作用結果，需要系統的分析方法加以分析和論證，找到正確的失效原因，從而做出有效的改進和預防措施 [7]。

電子元件是一個非常複雜的系統，其封裝過程的缺陷和失效也是非常複雜的。因此，研究封裝缺陷和失效，需要對封裝過程有一個系統性的了解，這樣才能從多個角度去分析缺陷產生的原因。

4.5.1　封裝缺陷與失效的研究方法論

封裝的失效原理可分為兩類：過應力和磨損。過應力失效往往是瞬時的、災難性的；磨損失效是長期的累積損壞，往往先表現為效能退化，接著才是元件失效。失效的負載類型，又可分為機械、熱、電氣、輻射和化學載荷等。造成封裝缺陷和失效的因素是各式各樣的，材料成分和屬性、封裝設計、環境條件和工藝參數等，都會對其有所影響。確定影響因素是預防封裝缺陷和失效的基本前提。影響因素可以透過試驗或模擬的方法來確認，一般多採用物理模型法和數值參數法。對於更複雜的缺陷和失效原理，常常採用嘗試錯誤法來確定關鍵的影響因素，但這個方法需要較長的試驗時間，且需要進行設備修正，效率低、花費高。在

第 4 章 功率元件的測試方法與常見不良解析

分析失效原理的過程中，採用魚骨圖（因果圖）展示影響因素是行業通用的方法，以第 3 章接合品質分析為例。魚骨圖可以說明複雜的原因及影響因素與封裝缺陷之間的關係，也可以區分多種原因，並將其分門別類。生產應用中，有一類魚骨圖被稱為 6Ms，它是從機器、方法、材料、測量度、人力和自然力這六個角度分析影響因素。用魚骨圖對塑封晶片分層分析原因，從設計、工藝、環境和材料四個方面進行分析。透過魚骨圖，清晰地展現出所有影響因素，為失效分析奠定良好的基礎。

4.5.2　引發失效的負載類型

如上所述，封裝的負載類型可以分為機械、熱、電氣、輻射和化學載荷，是按照失效原理加以分類的。

1）機械載荷：包括物理衝擊、振動、填充顆粒在矽晶片上施加的應力（如收縮應力）和慣性力（如太空船的巨大加速度）等。材料對這些載荷的回應（響應）可能表現為彈性形變、塑性形變、翹曲、脆性或柔性斷裂、界面分層、疲勞裂縫的產生和擴展、蠕變，以及蠕變開裂等。

2）熱載荷：包括晶片黏著劑固化時的高溫、打線接合前的預加熱、成型工藝、後固化、鄰近元件元件的再加工、浸銲、氣相銲接和回流銲接等。外部熱載荷會使材料因熱膨脹而發生尺寸變化，同時也會改變蠕變速率等物理屬性。如發生熱膨脹係數（CTE）失配，進而引發局部應力，並最終導致封裝結構失效。過大的熱載荷甚至可能會導致元件內易燃材料發生燃燒。

3）電載荷：包括突然的電衝擊、電壓不穩或電流傳輸時突然的振盪（如接地不良）而引起的電流波動、靜電放電、過電應力等。這些外部電載荷可能導致介質擊穿、電壓表面擊穿、電能的熱損耗或電遷移。也可

能增加電解腐蝕、樹枝狀結晶生成，引起漏電流、熱致退化等。

4) 化學載荷：包括化學物品使用環境導致的腐蝕、氧化和離子表面樹枝狀結晶生成。由於溼氣會透過塑封料滲透，因此在潮溼環境下，溼氣是影響塑封元件的主要問題。被塑封料吸收的溼氣，會將塑封料中的催化劑殘留萃取出來，形成副產物，進入晶片黏接的金屬底座、半導體材料和各種界面，誘發導致元件效能退化，甚至失效。例如，組裝後殘留在元件上的助銲劑，會透過塑封料遷移到晶片表面。在高頻電路中，介質屬性的細微變化（如吸潮後的介電常數、耗散因子等的變化）都非常關鍵。在高電壓轉換器等元件中，封裝體擊穿電壓的變化非常關鍵。此外，一些環氧聚醯胺和聚氨酯如果長期暴露在高溫、高溼環境中，也會引起降解（有時也稱為「逆轉」）。通常採用加速試驗來鑑定塑封料是否容易發生這種失效。需要注意的是，當施加不同類型載荷時，各種失效原理可能同時在塑封元件上產生互動作用。例如，熱載荷會使封裝體結構內相鄰材料間發生CTE失配，從而引起機械失效。其他的互動作用，包括應力輔助腐蝕、應力腐蝕裂紋、場致金屬遷移、鈍化層和電解質層裂縫、溼熱導致的封裝體開裂，及溫度導致的化學反應加速等。在這些情況下，失效原理的綜合影響，並不一定等於個體影響的總和。

4.5.3 封裝過程缺陷的分類

封裝過程缺陷主要包括晶粒接合空洞、接合點不良、翹曲、晶片破裂、分層、塑封空洞、不均勻封裝、塑封毛邊、外來顆粒和不完全固化等。

1. 晶粒接合空洞

晶粒接合空洞是指在晶粒接合過程中，由於密封不好或晶粒接合機

的參數設定不當，或被銲晶片表面存在異物，比如氧化物等，引起的晶片和導線架基島之間存在未形成黏結或釺接的空洞，這些空洞嚴重的情況，可以引起導電性不良，影響功率元件的 $R_{DS(ON)}$ 值，通常表現為 ΔV_{DS} 超標。此外，空洞的存在，使晶片導熱不充分，容易形成熱量聚集點，同時在溫度和功率循環的過程中，由於受力不均勻，容易形成銲料層的裂紋，進而發展成為電特性不良，影響封裝產品的可靠性。因此，一般功率晶片都對空洞的大小和總面積有規定，在非車規級產品中，要求總面積不超過晶片面積的 10%，單個不超過 5%。晶粒接合空洞 X 光掃描圖，如圖 4-24 所示。

圖 4-24　晶粒接合空洞 X 光掃描圖

2. 接合不良

接合不良包括的種類較多，比如引線短路（銲點接觸到其他銲墊，或銲線之間短路）。尤其是對功率元件來說，一般接觸的是大電流、高電壓，所以不同極性的銲線間的距離，至少大於 400μm 或 1 倍的線徑距離，短於這個距離，有可能會發生擊穿短路，這點在封裝體的設計時也要考慮進去。此外，還有損傷晶片的彈坑，第二銲點的虛銲或接合強度弱，造成在受到交變應力情況下的接觸不良。功率元件封裝，乃至整個

半導體封裝,接合品質是非常關鍵的一環,一個封裝的品質,基本上可以透過接合品質來表徵。因為封裝品質問題中,短路和開路是永恆的話題,基本上可以囊括封裝品質問題的 90% 以上。常見的接合不良,如圖 4-25 和圖 4-26 所示。

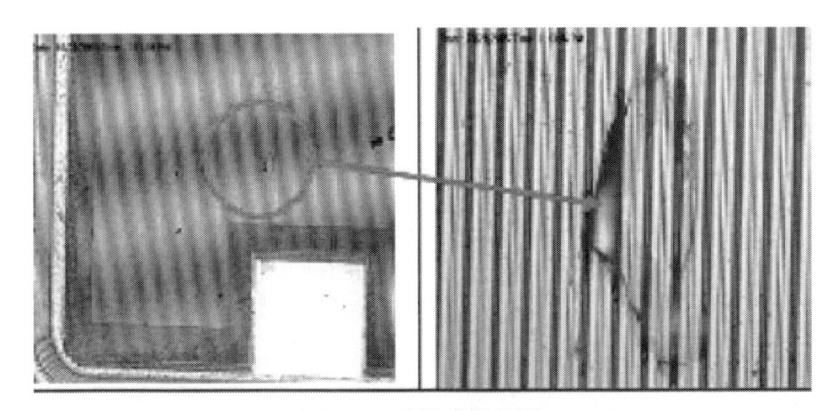

圖 4-25　彈坑實物照片

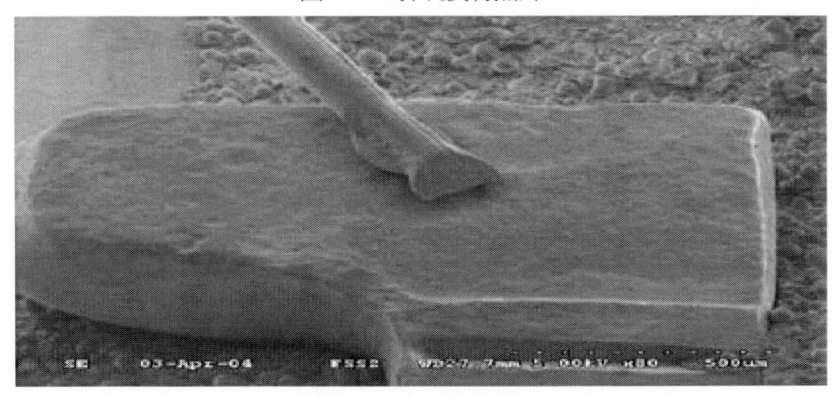

圖 4-26　虛銲實物照片

3. 翹曲

翹曲是指封裝元件在平面外的彎曲和變形。因塑封製程而引起的翹曲,會導致分層和晶片開裂等一系列可靠性問題。翹曲也會導致一系列的製造問題,如在塑封球柵陣列 (PBGA) 元件中,翹曲會導致銲料球共

面性差，使元件在組裝到 PCB 的回流銲接過程中，發生貼裝問題。翹曲模式包括內凹、外凸和組合模式三種。在封裝行業，有時候會把內凹稱為「笑臉」，外凸稱為「哭臉」。如圖 4-27 所示。

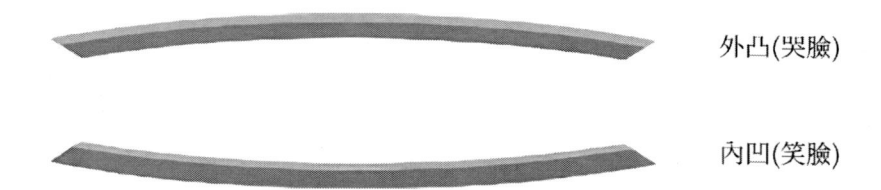

　　　　　　　　　　　　　　　　　　外凸(哭臉)

　　　　　　　　　　　　　　　　　　內凹(笑臉)

圖 4-27　翹曲示意圖

　　導致翹曲的原因，主要包括 CTE 失配和固化／壓縮收縮。後者一開始並沒有受到太多關注，隨著深入研究發現，塑封料的化學收縮在 IC 元件的翹曲中，也扮演著重要角色，尤其是在晶片上下兩側厚度不同的封裝元件上。在固化和後固化的過程中，塑封料在較高的固化溫度下，將發生化學收縮，被稱為「熱化學收縮」。透過提高玻璃化轉變溫度，並降低 T_g 附近的 CTE 變化，可以減小固化過程中發生的化學收縮。導致翹曲的因素，還包括諸如塑封料成分、塑封料溼氣、封裝的幾何結構等。透過對塑封料的成分、工藝參數、封裝結構和封裝前環境進行控制，可以將封裝翹曲降低到最小。在某些情況下，可以透過封裝電子元件的背面，來進行翹曲的補償。例如，大陶瓷電路板或多層板的外部連接位於同一側，對它們進行背面封裝，可以減小翹曲。

4. 晶片破裂

　　封裝製程中產生的應力，會導致晶片破裂。封裝製程通常會加重前段組裝製程中形成的微裂縫。晶圓或晶片減薄、背面研磨，以及晶片銲料晶粒接合等，都是可能導致晶片裂縫產生的原因。破裂的、機械失效的晶片，不一定會發生電氣失效。晶片破裂是否會導致元件的瞬間電氣

4.5 功率元件的失效分析

失效，還取決於裂紋的生成路徑。功率元件常見裂紋導致的電特性不良，通常是因短路，而不是開路。裂紋是致命的，往往不能透過一次電性量測篩選出來，因為裂紋的擴展需要時間，所以有裂紋的晶片能通過功能檢測，但很有可能在後續的使用環境中出現問題，這也大大影響了產品的使用壽命，並在某些重要場合會帶來安全隱憂。因此，必須嚴格控制封裝過程，尤其是劃片過程中的崩角（Chipping）大小，以防止裂紋產生。晶粒接合過程中，必須選擇合適的工藝參數，以減少對晶片的機械衝擊，同時確保有足夠的銲料厚度（BLT），來保證裂紋不能擴展。選擇合適的冷卻速率，可減少熱應力衝擊。較厚的銲料層可以吸收熱應力，以減少因封裝材料 CTE 失配帶來的熱應力影響。接合時的夾具設計，導線架基島的平面度與夾具墊板的貼合，夾持壓力以及塑封時的成型轉換壓力等工藝參數，都應予以重視，以防止晶片受到額外的機械應力而產生裂紋。晶片裂紋實物照片，如圖 4-28 所示。

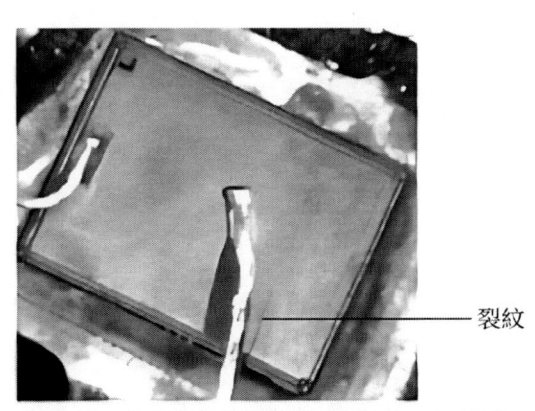

圖 4-28　晶片裂紋實物照片（來源於 Fairchild）

5. 分層

分層或黏接不牢指的是塑封料和其相鄰材料界面之間的分離。分層位置可能發生在塑封微電子元件中的任何區域；也可能發生在封裝製程、

後封裝製造階段，或電子元件使用階段。封裝製程導致的黏接不良界面，是引起分層的主要因素。界面空洞、封裝時的表面汙染和固化不完全，都會導致黏接不良。其他影響因素還包括固化和冷卻時的收縮應力與翹曲。在冷卻過程中，塑封料和相鄰材料之間的 CTE 失配，也會導致熱－機械應力，從而導致分層。可以根據界面類型，對分層進行分類。圖 4-29 為典型功率元件封裝的分層示意圖 [8]。

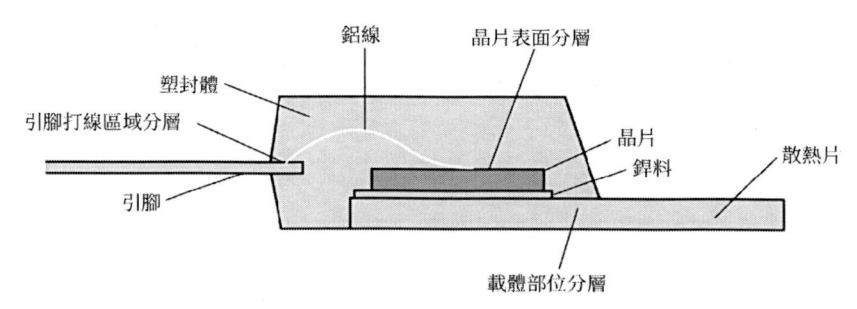

圖 4-29　典型功率元件封裝分層示意圖（注：該圖取自參考文獻 [8]）

6. 塑封空洞

　　封裝製程中，氣泡嵌入環氧材料中形成了空洞。空洞可以發生在封裝過程中的任何階段，包括轉移成型、填充、灌封和塑封料被置於空氣環境下的打標。透過最小化空氣量，如排空或抽真空，可以減少空洞，據報導，採用的真空壓力範圍為 1～300Torr[06]。模流模擬分析認為，是底部熔體前沿與晶片接觸，導致流動性受到阻礙。部分熔體前沿向上流動並通過晶片外圍的大開口區域，填充半模頂部。新形成的熔體前沿和吸附的熔體前沿，進入半模頂部區域，從而形成氣泡。塑封空洞超音波掃描圖，如圖 4-30 所示。

---

[06]　1Torr=133.322Pa。

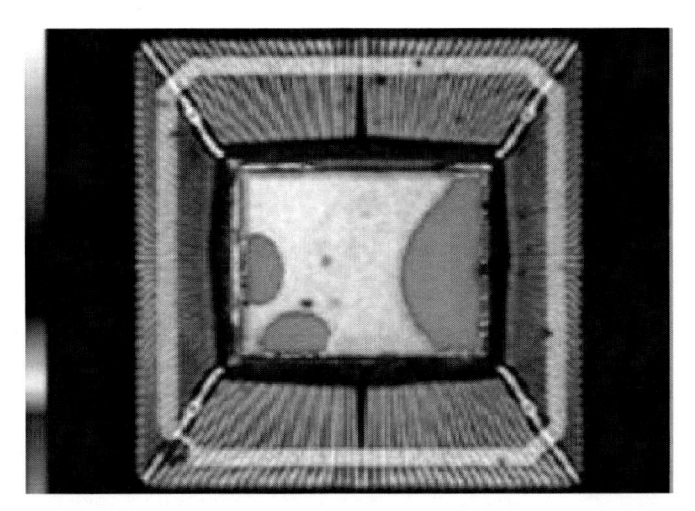

圖 4-30　塑封空洞超音波掃描圖

7. 不均勻封裝

不均勻的塑封體厚度，會導致翹曲和分層。傳統的封裝技術，諸如轉移成型、壓力成型和灌注封裝技術等，不易產生厚度不均勻的封裝缺陷。晶圓級封裝因其工藝特點，特別容易產生不均勻的塑封厚度。為了確保獲得均勻的塑封層厚度，應固定晶圓載體，使其傾斜度最小，以便於刮刀安裝。此外，還需要進行刮刀位置控制，以確保刮刀壓力穩定，從而得到均勻的塑封層厚度。在硬化前，當填充粒子在塑封料中的局部區域聚集並形成不均勻分布時，會導致不同質或不均勻的材料組成。塑封料的不充分混合，將會導致封裝灌封過程中不同質現象的發生。

8. 塑封毛邊

毛邊是指在塑封成型製程中，通過分型線，並沉積在元件引腳上的模塑膠。夾持壓力不足是產生毛邊的主要原因。如果引腳上的模塑膠殘留，沒有被及時清除，將導致組裝階段產生各種問題。例如，在下一個封裝階段中接合或黏附不充分。樹脂洩漏是較稀疏的毛邊形式。

9. 外來顆粒

在封裝製程中，封裝材料若暴露在汙染的環境、設備或材料中，外來顆粒就會在封裝中擴散，並聚集在封裝內的金屬部位上（如晶片和打線接合點），從而導致腐蝕和其他的後續可靠性問題。

10. 不完全固化

固化時間不足或固化溫度偏低都會導致不完全固化。另外，在兩種封裝料的灌注中，混合比例的輕微偏差，都將導致不完全固化。為了最大化實現封裝材料的特性，必須確保封裝材料完全固化。在很多封裝方法中，允許採用後固化的方法，確保封裝材料的完全固化，同時要注意確認封裝料的精確比例。

4.5.4　封裝體失效的分類

在封裝組裝階段或元件使用階段，都有可能發生封裝體失效。特別是當封裝微電子元件組裝到 PCB 上時更容易發生，該階段，元件需承受較高的回流溫度，會導致塑封料界面分層或破裂。

1. 分層

如上所述，分層是指塑封料在黏結界面處與相鄰的材料分離。可能導致分層的外部載荷和應力，包括水氣、溼氣、溫度及它們的共同作用。在組裝階段常常發生的一類分層，被稱為水氣誘導（或蒸汽誘導）分層，其失效原理主要是相對高溫下的水氣壓力。在封裝元件被組裝到 PCB 上時，為使銲料融化，溫度需達到 220℃，甚至更高，這遠高於塑封料的玻璃化轉變溫度（110～200℃）。在回流高溫下，塑封料與金屬界面間存在水氣蒸發，會形成水蒸氣，產生的蒸汽壓與材料間熱失

4.5 功率元件的失效分析

配、吸溼膨脹引起的應力等因素共同作用，最終導致界面黏結不牢或分層，甚至導致封裝體的破裂。無鉛銲料相比傳統鉛基銲料，其回流溫度更高，更容易發生分層問題。吸溼膨脹係數（CHE）又稱溼氣膨脹係數（CME），溼氣擴散到封裝界面的失效原理是水氣和溼氣引起分層的重要因素。溼氣可透過封裝體擴散，或沿著引線導線架和塑封料的界面擴散。研究發現，當塑封料和引線導線架界面間具有良好黏結時，溼氣主要透過塑封體進入封裝內部。但是，當這個黏結界面因封裝不良（如接合溫度引起的氧化、應力釋放不充分引起的引線導線架翹曲，或過度修剪和形式應力等）而退化時，在封裝輪廓上會形成分層和微裂縫，且溼氣或水氣將易於沿這個路徑擴散。更糟糕的是，溼氣會導致極性環氧黏著劑的水合作用，從而弱化和降低界面的化學接合。表面清潔是實現良好黏結的基本要求。表面氧化常常導致分層的發生（如第 3 章中所提到的例子），如銅合金引線導線架暴露在高溫下，就常常導致分層。氮氣或其他合成氣體的存在，有利於避免氧化。塑封料中的潤滑劑和附著力促進劑，會促進分層。潤滑劑可以幫助塑封料與模具型腔分離，但會增加界面分層的風險；另一方面，附著力促進劑可以確保塑封料和晶片界面之間的良好黏結，但卻難以從模具型腔內被清除。分層不僅為水氣擴散提供了路徑，也是樹脂裂縫的源頭。分層界面是裂縫萌生的位置，當承受較大外部載荷時，裂縫會透過樹脂擴展。研究顯示，發生在晶粒接合基島和樹脂之間的分層，最容易引起樹脂裂縫，其他位置出現的界面分層，對樹脂裂縫的影響較小。

2. 氣相誘導裂縫（爆米花現象）

水氣誘導分層進一步發展，會導致氣相誘導裂縫。當封裝體內的水氣透過裂縫逃逸時，會產生爆裂聲，和爆米花爆裂的聲音非常像，因此

第 4 章 功率元件的測試方法與常見不良解析

又被稱為爆米花現象。裂縫常常從晶片底座向塑封底面擴展。在銲接後的 PCB 中，透過外觀檢查，難以發現這些裂縫。QFP 和 TQFP 等大而薄的塑封形式，最容易產生爆米花現象；此外，也容易發生在晶片底座面積與元件面積之比較大、晶片底座面積與最小塑封料厚度之比較大的元件中。爆米花現象可能會伴隨其他問題，包括接合球從接合盤上斷裂，以及接合球下面的矽凹坑等。塑封元件內的裂縫，通常起源於引線導線架上的應力集中區（如邊緣和毛邊），並且在最薄塑封區域內擴展。毛邊是引線導線架表面在沖壓工藝中產生的小尺寸變形，改變沖壓方向，使毛邊位於引線導線架頂部，或刻蝕引線導線架（模壓），都可以減少裂縫。減少塑封元件內的溼氣，是減少爆米花現象的關鍵，常採用高溫烘烤的方法減少塑封元件內的溼氣。前人研究發現，封裝內允許的安全溼氣含量約為 1100×10^{-6}（0.11wt%）[07] [9]。在 125℃下烘烤 24h，可以充分去除封裝內吸收的溼氣。爆米花現象原理圖和實物圖，如圖 4-31 所示。

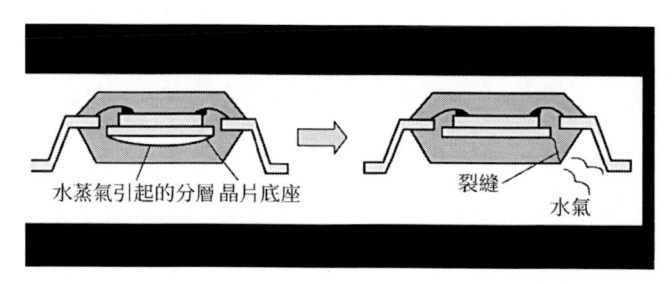

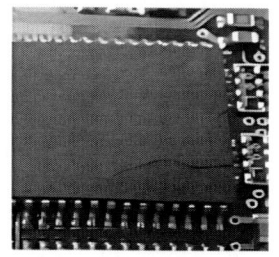

圖 4-31 爆米花現象原理圖和實物圖

3. 脆性斷裂

脆性斷裂經常發生在低降伏強度和非彈性材料中（如矽晶片）。當材料受到過應力作用時，突然的、災難性的裂縫擴展，是起源於如空洞、

---

[07] 重量百分率 wt% =〔(B 的質量／(A 的質量＋B 的質量)〕×100%，水氣的重量為 B，封裝體其餘物質的重量為 A，A+B 即所有物質的重量，烘乾前後稱量，計算得出的相對重量百分比。

夾雜物或不連續等微小缺陷。關於晶片裂紋的產生和擴展，在第 3 章已有介紹，這裡不再贅述。

4. 韌性斷裂

塑封材料容易發生脆性和韌性兩種斷裂模式，主要取決於環境和材料因素，包括溫度、聚合樹脂的黏塑特性和填充載荷。即使在含有脆性矽填料的高載入塑封材料中，因聚合樹脂的黏塑特性，仍然可能發生韌性斷裂。

5. 疲勞斷裂

塑封材料遭受到極限強度範圍內的週期性應力作用時，會因累積的疲勞斷裂而發生斷裂。施加到塑封材料上的溼、熱、機械或綜合載荷，都會產生循環應力。疲勞斷裂導致的失效是一種磨損失效原理，裂縫一般會在間斷點或缺陷位置萌生。疲勞斷裂包括三個階段：裂紋萌生（階段Ⅰ）；穩定的裂縫擴展（階段Ⅱ）；突發的、不確定的、災難性的失效（階段Ⅲ）。在週期性應力作用下，階段Ⅱ的疲勞裂縫擴展，指的是裂縫長度的穩定成長。塑封材料的裂縫擴展速率，遠高於金屬材料疲勞裂縫擴展速率的典型值（約 3 倍）。

4.5.5　加速失效的因素

環境和材料的載荷和應力，如溼氣、溫度和汙染物，會加速塑封元件的失效。塑封製程在封裝失效中產生關鍵性作用，如溼氣擴散係數、飽和溼氣含量、離子擴散速率、熱膨脹係數和塑封材料的吸溼膨脹係數等特性，會大大影響失效速率。導致失效加速的因素，主要有潮氣、溫度、汙染物和溶劑性環境、殘餘應力、自然環境應力、製造和組裝載荷

第4章　功率元件的測試方法與常見不良解析

及綜合載荷應力條件。潮氣會加速塑封微電子元件的分層、裂縫和腐蝕失效。在塑封元件中，潮氣是一個重要的失效加速因子。與潮氣導致失效加速相關的原理，包括黏結面退化、吸溼膨脹應力、水氣壓力、離子遷移及塑封料特性改變等。潮氣會改變塑封料的玻璃化轉變溫度 T_g、彈性模量和體積電阻率等特性。溫度是另一個關鍵的失效加速因子，通常利用與塑封料的玻璃化轉變溫度、各種材料的熱膨脹係數，以及由此引起的熱－機械應力相關的溫度等級，來評估溫度對封裝失效的影響。溫度對封裝失效的另一個影響因素，表現在會改變與溫度相關的封裝材料屬性、溼氣擴散係數和金屬間擴散等。汙染物和溶劑性環境汙染物，為失效的萌生和擴展提供了場所，汙染源主要有大氣汙染物、溼氣、助銲劑殘留、塑封料中的不潔淨粒子、熱退化產生的腐蝕性元素，及晶片黏著劑中排出的副產物（通常為環氧）。塑膠封裝體一般不會被腐蝕，但是溼氣和汙染物會在塑封料中擴散，並到達金屬部位，引起塑封元件內金屬部分的腐蝕。殘餘應力導致晶片黏結，會產生單向應力，應力的大小主要取決於晶片黏結層的特性。由於塑封料的收縮大於其他封裝材料，因此模塑成型時產生的應力是相當大的。可以採用應力測試晶片來測定組裝應力。自然環境應力作用在自然環境下，塑封料可能會發生降解。降解的特點是聚合鍵的斷裂，常常是固體聚合物轉變成包含單體、二聚體和其他低分子量種類的黏性液體。升高的溫度和密閉的環境常常會加速降解。陽光中的紫外線和大氣臭氧層是降解強而有力的催化劑，可透過切斷環氧樹脂的分子鏈使其降解。將塑封元件與易誘發降解的環境隔離，採用具有抗降解能力的聚合物，都是防止降解的方法。需要在溼熱環境下工作的產品，要求採用抗降解聚合物。對於製造和組裝載荷，製造和組裝條件都有可能導致封裝失效，包括高溫、低溫、溫度變化、操作載荷及因塑封料流動而在接合引線和晶片底座上施加的載荷。進行塑

封元件組裝時出現的爆米花現象，就是一個典型的例子。綜合載荷和應力條件在製造、組裝或操作過程中，如溫度和溼氣等失效加速因子常常是同時存在的。綜合載荷和應力條件，常常會進一步加速失效。這個特點常被應用於以缺陷部件篩選和易失效封裝元件鑑別為目的的加速試驗設計。

4.6 可靠性測試

半導體元件完成封裝後，為了評估其品質的長期穩定程度，需要進行可靠性測試。可靠性的定義，是指產品在規定的時間內和規定的條件下，完成規定功能的能力，所謂規定功能，是指產品滿足在工作狀態下無故障地工作。功率元件封裝常見的可靠性測試，一般有以下幾種：

1) HTSL（High Temparature Store Life），中文稱為高溫保存壽命測試，測試條件是150°C的儲存箱，元件放入其中不通電，分別在168h、500h、1,000h後做通電測試，並與在常溫下的特性值進行比較。在測試規範內及比較特性參數不超過20%的波動視為通過，樣本數是3批，每批77個，採用0/1判斷基準（有一個不良品出現，即認為整個專案的可靠性測試未通過）。

2) HTRB/GB（High Temperature Reverse/Gate Bias），中文稱為高溫反偏測試，測試條件是在150°C的儲存箱，80%的溼度條件下，對功率元件基極或閘極載入反偏電壓，持續1,685,001,000h後，分別讀取電特性值，並與在常溫下的特性值進行比較，在測試規範內及比較特性參數不超過20%的波動視為通過，樣本數是3批，每批77個，採用0/1判斷基準。

3) HTOL（High Temperrature Operating Life），中文稱為高溫工作壽命，測試條件是在125°C的儲存箱內，對功率元件的V_{ccs}設定規範內的最

第 4 章 功率元件的測試方法與常見不良解析

高電壓值，V_{dd} 採用正常的工作電壓值載入，持續 1,685,001,000h 後，分別讀取電特性值，並與常溫下的特性值進行比較，在測試規範內及比較特性參數不超過 20%的波動視為通過，樣本數是 3 批，每批 77 個，採用 0/1 判斷基準。

4）THBT（Temperature Humidity Bias Test），中文稱為高溫、高溼度電測，又稱雙八五測試，測試條件是在 85℃及 85%溼度條件下，加以 V_{cc} 最小工作電壓持續 1,685,001,000h 後，分別讀取電特性值，並與在常溫下的特性值進行比較，在測試規範內及比較特性參數不超過 20%的波動視為通過，樣本數是 3 批，每批 77 個，採用 0/1 判斷基準。

5）溫度循環試驗（Temperature Cycling Test），測試條件有兩種條件載入，一種是 -65～150℃（30min 一個循環），分別讀取第 200 次和第 500 次循環結束後的電特性值，並與在常溫下的特性值進行比較，在測試規範內及比較特性參數不超過 20%的波動視為通過，樣本數是 3 批，每批 77 個，採用 0/1 判斷基準。還有一種是溫度範圍為－55～150℃，分別讀取第 500 次和第 1,000 次循環結束後的電特性值，其他條件不變。

6）壓力鍋試驗，又稱 PCT 試驗，測試條件是把測試元件元件封裝體放入 121℃的水容器中（壓力鍋），加以 15psi[08] 的壓力，持續 96h 後讀取電特性值，並與在常溫下的特性值進行比較，在測試規範內及比較特性參數不超過 20%的波動視為通過，樣本數是 3 批，每批 77 個，採用 0/1 判斷基準。

7）HAST（High Temperature Accelerate Stress Test），中文稱為高溫加速應力試驗，這是測試條件最嚴苛的一種測試，把測試對象封裝體放入 130℃的容器內，施加 85%的溼度，再加以 19.5psi 的壓力，再在基極

---

[08]　1psi=6.895kPa=0.0689476bar。

或閘極上加以規範 80％的反偏電壓,讀取 96h 後的電特性數據,並與在常溫下的特性值進行比較,在測試規範內及比較特性參數不超過 20％的波動視為通過,樣本數是 3 批,每批 77 個,採用 0/1 判斷基準。這個測試一般來說可以快速檢驗產品的可靠性,經常用這個測試的結果來取代 1,000h 的 HTRB/GB 結果。因為其嚴苛性,所以經常作為參考項,而不列入正常可靠性考核項。對於可靠性測試項目的選擇,離散元件方面的測試規範和理論較全面。在特殊場合,比如汽車半導體應用的場合,可靠性測試項目往往不僅是考察 1,000h 後的電特性結果,還需要結合破壞性物理分析(Destructive Physical Analysis,DPA)的結果,通常的做法是取樣,按照失效分析的步驟,做全面的結構解剖,從封裝體的結構表現上來論證封裝體的可靠性表現,比如危險的應力集中點、溼氣通道、變形度等,來找到進一步提高封裝品質的線索和啟示。此外,對於離散元件中所有的、採用貼裝在電路板上的元件(SMD)的可靠性測試,在做正式可靠性測試之前,還需要做預處理(Pre Condition),其測試條件是在室溫加入一定的溼度條件下,封裝體歷經若干個溫度循環和三次模擬後續 PCB 貼裝的回流爐條件後,再測試樣品的電特性。

另外要說明的是晶鬚測試(Whisker Test),該測試的目的是為了考察在一定條件下,封裝體引腳電鍍層金屬鬚發展的情況。測試條件是 3 個月以上的烘箱,一般對於引腳間距較小的封裝體要求進行這項測試,或透過電流密度較大的功率元件,以評估在未來較長時間的應用中,晶鬚的發展狀況造成短路失效的風險。

表 4-3 和表 4-4 是美國快捷(Fairchild)公司對功率離散元件做可靠性驗證的全部品質驗證計畫(Qualification Plan),供讀者參考。

第 4 章 功率元件的測試方法與常見不良解析

表 4-3 可靠性測試項目表

測試項目	測試週期	樣本批數	樣本數量／每批	接受判據	參考規範	備註
電效能測試	所有測試產品均遵循產品規範		不適用	0/1	產品數據手冊	測試在室溫進行
外觀檢查	所有可靠性測試的產品	3	77／每批	0/1	MilStd750 Method2017	
HTSL@150degC	168h、500h、1,000h	3	77	0/1		
HTRB@150°C，80%的擊穿電壓設定	168h、500h、1,000h	3	77	0/1	JESD22-A108	
HTOL@125°C V_{cc}＝最高工作電壓，V_{dd}＝正常工作電壓	168h、500h、1,000h	3	77	0/1		
THBT，85°C／85% RH，V_{cc}＝最小工作電壓	168h、500h、1,000h	3	77	0/1	JESD22-A110-B JES-D22A-101	

4.6 可靠性測試

測試項目	測試週期	樣本批數	樣本數量/每批	接受判據	參考規範	備註
TMCL@-65～150°C,30min/循環	200h、500h循環	3	77	0/1	JESD22-A104	(國際標準要求最終讀出直流測試參數)
TMCL@-55～150°C,30min/循環	500h、1,000h循環	3	77	0/1	JESD22-A104	*僅供參考,國際標準要求讀出最終的直流測試參數
ACLV@121°C,15psi,100% RH	96h	3	77	0/1	JESD22-A102	
HAST@130°C,19.5psi,85% RH,80%的擊穿電壓設定	96h	3	77	0/1		*僅供參考

第 4 章 功率元件的測試方法與常見不良解析

表 4-4 晶圓或組裝水準測試項目表

測試項目	測試條件	樣本批數	樣本數量／每批	接受判據	備注
結構分析／開封後結構分析	Q-101-004 第四節	3	2	NA	樣品從 TMCL 及 THBT 中抽取
晶片剪切試驗	根據 MIL-STD-883 Method2019	3	11 顆／批	0/1	記錄讀數
接合強度	根據 JESD22-C100	3	11 根／批	0/1	記錄讀數
接合剪切測試	AEC-Q101-003	3	11 根／批	0/1	記錄讀數
晶片彈坑試驗	根據品質規範	3	11 顆／批	0/1	
銲料厚度 (BLT)	根據品質規範	3	3 顆／批	0/1	不小於 1mil
X 光檢查空洞	不適用	3	5 個單元	0/1	檢查空洞率，整體<10%
外觀尺寸	JESD22 B-100	1	1 條／批	0/1	需滿足產品外觀封裝規範
引腳及封裝體外尺寸	J-STD-002 JESD22-B105	1	30	0/1	記錄讀數
RSDH	JESD22-B106	3	30	0/1	記錄讀數

4.6 可靠性測試

測試項目	測試條件	樣本批數	樣本數量/每批	接受判據	備註
可焊性測試－在245°C蒸汽環境中放置 8h	JESD22-B102	1	22 顆／批	0/1	記錄讀數
超音波掃描	根據產品數據手冊	3	1 條／批	0/1	需滿足良率不低於 95%，對測試不良品至少選 5 個做失效分析，以了解原因
電效能終測	根據產品數據手冊	3	100%	不適用	
外觀檢查	MIL-STD-750 method2017	3	所有測試產品	不適用	打標及外觀不良
直流／交流參數測試	根據產品數據手冊	3	最少做 25 個直流測試和 5 個交流測試	不適用	
熱阻測試	JESD24-3/4	3	10		
晶鬚測試	根據 Jedec/Nemi 標準	1	根據品質規範	0/1	必須有數據

對功率模組的可靠性測試和品質評價標準，都是基於離散元件的可靠性評價標準而言，由於功率模組的複雜性，其抽樣性和檢查項目的標準和離散元件有很大的差別，後續章節將詳細介紹。

219

第 4 章 功率元件的測試方法與常見不良解析

思考題

1. 功率電子元件 MOSFET 常見的測試參數有哪些？
2. 功率元件動態參數測試有哪些？
3. 系統級測試（SLT）的通用測試流程是什麼？
4. 常見的封裝不良有哪些？
5. 功率元件封裝常見的可靠性測試項目有哪些？

參考文獻

[1] 三星半導體蘇州有限公司．半導體入門培訓教材［Z］．1996。

[2] 艾君．AlGaN/GaN HEMT 功率元件測試及封裝技術研究［D］．西安：西安電子科技大學，2011。

[3] 陳銘，吳昊．功率元件熱阻測試方法發展與應用［J］．積體電路應用，2016（8）：34 － 38。

[4] 單長玲，許允亮，劉琦，等．功率 VDMOS 元件熱阻測試［J］．機電元件，2018，38（2）：47 － 49。

[5] 張文濤，皓月蘭．功率 MOSFET 元件閘電荷測試與分析［J］．電子與封裝，2016，16（6）：21 － 23。

[6] 孫銘澤．1,200V 碳化矽功率元件測試及建模［D］．湘潭：湘潭大學，2020。

[7] 朱正宇．半導體封裝鋁線鍵點根部裂紋分析和改進［D］．上海：同濟大學，2006。

［8］劉旭昌. 塑封功率元件分層研究［J］. 電子工業設備，2017（4）：263。

［9］王瑩. 中國功率元件市場分析［J］. 電子產品世界，2008（1）：30 — 32。

［10］王小強，劉競升，羅軍，等 .SoC 系統級測試研究綜述［J］. 中國測試，2020，46（S2）：1 — 6。

［11］SABENA D. On the automatic generation of optimized software-based self-test programs for VLIW processors[J]. IEEE Transactionson Very Large Scale Integration（VLSI）Systems，2014，22（4）：813 — 823.

第 4 章 功率元件的測試方法與常見不良解析

第 5 章
功率元件封裝的設計原則與策略

一般而言,功率封裝的設計需要考慮以下幾個方面:①材料和結構設計;②封裝工藝設計;③散熱設計。

封裝考慮的不僅僅是提供晶片的保護和工作平臺,封裝是各種異質材料的混合體,一個傳統的功率封裝,通常包含銅、樹脂,以及 Si 基晶片,這些材料的熱膨脹係數 (CTE) 均不相同,會在發熱的過程中產生額外的拉壓和剪切應力。此外,內互連的設計,決定了晶片是否能正常工作,並對工作壽命有影響。散熱是功率元件永恆的話題,功率元件往往面對的是高壓、大電流的狀況,而矽的接面溫度上限不超過150℃,超過這個溫度,半導體的 PN 結就會失效。熱量不能及時散出,會對元件的工作產生嚴重影響,在重要的應用場合,往往會產生嚴重後果。

好的產品和品質往往是設計出來的,這一章將詳細針對功率元件的設計展開討論。

5.1 材料和結構設計

功率元件的材料和結構設計,主要是指導線架或基板的設計,塑封料的選擇雖然也是設計時需考慮的內容,但更多是結合材料特性、進行模擬計算去做選擇,本章不詳細介紹塑封料的選型問題,後面章節說到模擬的時候會有所涉及。所以針對導線架或基板,有以下設計原則。

第 5 章　功率元件封裝的設計原則與策略

5.1.1　引腳寬度設計

引腳的寬度如圖 5-1 箭頭所示，在正常的打金線或鋁線情況下，引腳寬度的最小設計經驗值如下：

1）線徑 <1.5mil[09] 金線單點 —— 8mil

2）線徑 <1.5mil 金線多點 —— 銲點數量乘以 4.5+2mil

3）線徑 ≥ 1.5mil 金線單點 —— 4 倍的線徑 +2.0mil －沖壓精度

4）線徑 ≥ 1.5mil 金線多點 —— 銲點數乘以 6.0+2mil

圖 5-1　引腳寬度設計示意圖

5）線徑 <6.0mil 鋁線 —— 15mil

6）線徑 ≥ 6.0mil 鋁線 —— 2.5 倍的線徑 +2.0mil －沖壓精度 +5mil（切刀距離）

疊層接合技術（Bond Stick On Ball，BSOB）的情況，引腳寬度的最小值設計原則：

1）線徑 <1.5mil 金線單點 —— 6.5mil

2）線徑 <1.5mil 金線多點 —— 銲點數量乘以 4.5+2mil

---

[09]　1mil=0.0254mm。

5.1 材料和結構設計

3）線徑 ≥ 1.5mil 金線單點 —— 3 倍的線徑 +2.0mil- 沖壓精度

4）線徑 ≥ 1.5mil 金線多點 —— 銲點數乘以 6.0+2mil

5.1.2　導線架引腳整形設計

導線架的引腳需要整形，以確保接合品質，並鎖住塑封料，其整形尺寸如圖 5-2 所示。

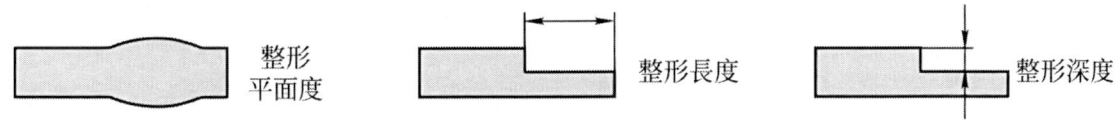

圖 5-2　導線架引腳整形尺寸示意圖

a）整形深度（Coin depth）=0.2 ～ 2.0mil；

b）整形長度（Coin length）= 到引腳邊最小 20mil，或最小 30mil，若製造過程中寬度方向的整形平面度（Coin flatness）經過 80%的整形。

5.1.3　導線架內部設計

導線架的基島形狀及在不同厚度情況下的間距設計要點，如圖 5-3 所示。

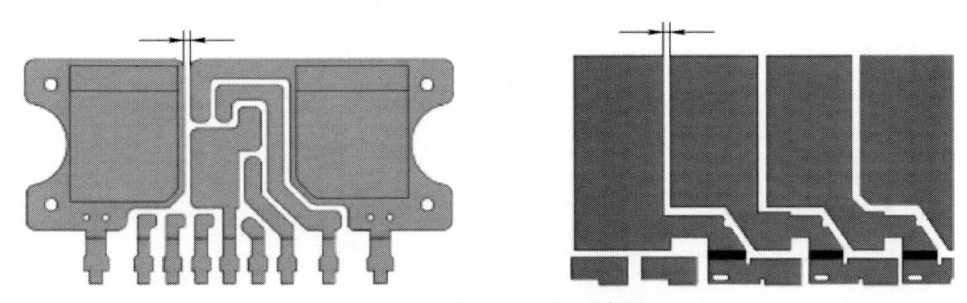

圖 5-3　導線架內部設計示意圖

第 5 章 功率元件封裝的設計原則與策略

做了表面平整和電鍍後,金屬基島間距最小值:

- 導線架厚度 <0.127mm 為 0.10mm;
- 導線架厚度 ≥ 0.127mm 為 0.8 倍的導線架厚度值。

引腳鎖孔有鎖住塑封料以防止溼氣進入的功能,如圖 5-4 所示。

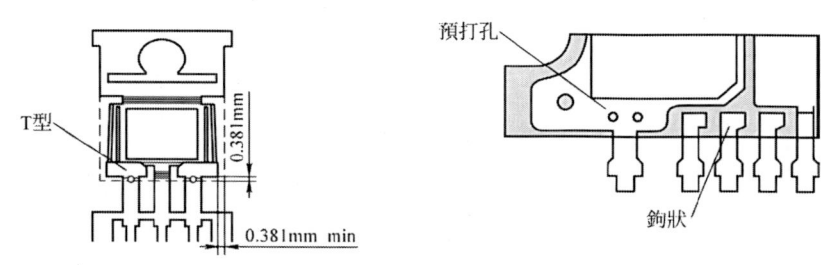

圖 5-4 引腳鎖孔示意圖

引腳鎖孔邊緣到封裝體邊緣的距離通常設計為 8mil,特殊情況下,可以調整為 5mil,引腳鎖孔到封裝體邊緣若能設計成 10mil 更好,因為需要在剪切成型製程中,為切筋打彎模具留有更多的分離空間。角上的引腳必須確保最小值為 0.254mm。鎖孔形狀可以是 T 型或鉤狀,以確保良好的鎖定功能。引腳可以設計成圓弧狀態,圓弧的中心線位於基島,這種概念不適用於多晶片多基島封裝導線架。導線架引腳到基島的最小距離,必須是導線架厚度的 1 倍以上,特殊情況下可以放寬到 0.8 倍的導線架厚度值。

對封裝體外部到引腳距離的定義,如圖 5-5 箭頭所示。

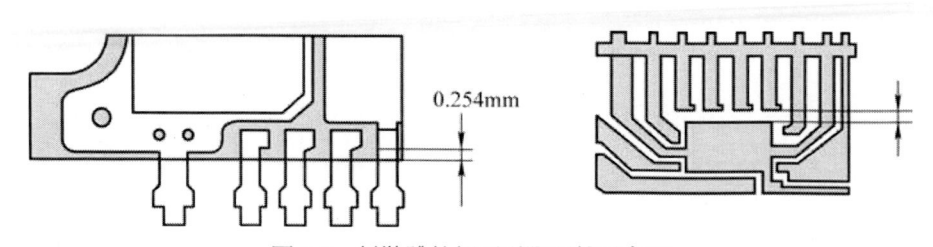

圖 5-5 封裝體外部到引腳距離示意圖

5.1 材料和結構設計

封裝體外部到引腳的距離，參考引腳鎖孔到封裝體邊緣的設計準則：引腳邊緣到封裝體外沿距離設計不小於 0.254mm；沒有設計引腳的基島邊緣到封裝體邊緣，最小距離為 0.305mm；設計引腳間距時，基島內引腳設置，應考慮在做接合時需用到的夾具壓板的空間分布。尖銳的倒角應該盡可能避免，一般來說，倒角圓角半徑以 0.8 倍的導線架厚度為宜。內引腳設置倒角示意圖，如圖 5-6 所示。

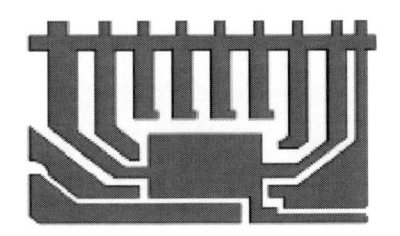

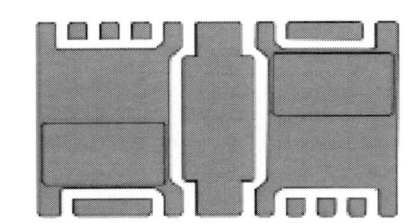

圖 5-6　內引腳設置倒角示意圖

為了確保絕緣安全，也定義了晶片邊緣到封裝體外沿的距離，如圖 5-7 所示。從晶片上邊緣到封裝體外沿的垂直距離，最小不小於 0.254mm。

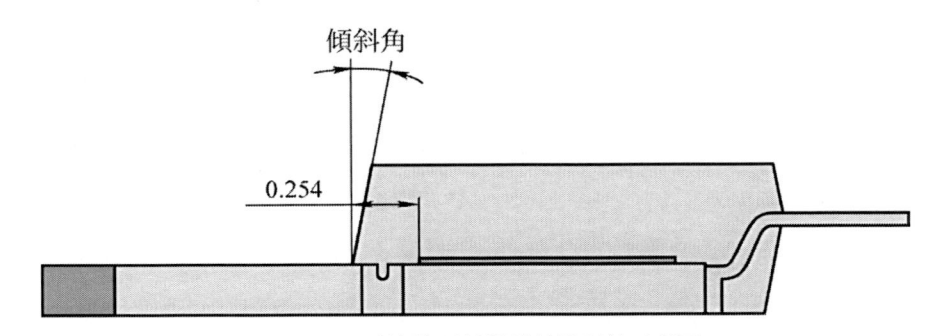

圖 5-7　晶片邊緣到封裝體外沿距離示意圖

Tie bar 的作用是發揮在封裝過程中支撐整條導線架的作用，對電子元件本身來說，一般並無功能，為了確保基島的穩定性和固定，必須考慮在 Tie bar 末端設計 V 型的溝槽，以便在脫模過程中封裝體穩定，同時

第 5 章　功率元件封裝的設計原則與策略

該 V 型溝槽的設計，還有鎖定塑封料、防止溼氣沿外引腳進入封裝體內部的作用。Tie bar 設計，如圖 5-8 所示。

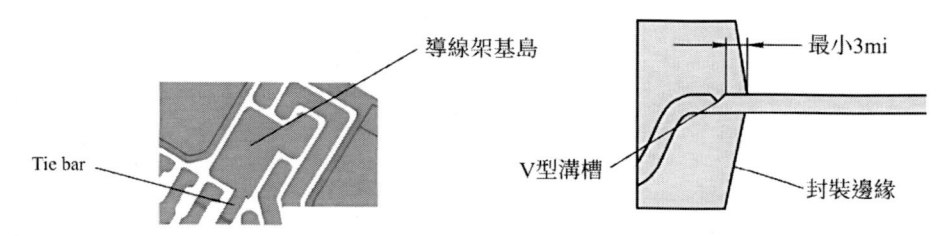

圖 5-8　Tie bar 設計示意圖

一般來說，Tie bar 的寬度最小值不得小於 1.5 倍的導線架厚度，典型的經驗值是設計為 0.254mm 以上。

V 型溝槽設計：V 型溝槽設計在導線架的表面和底面，開槽位置的選擇最好避開導線架引腳的薄弱點，通常指交接變形處、應力集中點等，如圖 5-8 所示。V 型溝槽的深度設計範圍是 0.05～0.5mm，開槽倒角角度設計為 90°，距離引腳平整區至少 0.125mm，同時距離封裝體外沿 0.075mm（在封裝引腳上溝槽中心最小間距 0.2mm 的情況下）。

U 型溝槽設計：在基島上設計 U 型溝槽，產生防止銲料溢出基島的作用。各種形狀的溝槽設計圖，目的都是相同的，而在工藝和尺寸上有很大的差異。

酒窩（Dimple）設計：為了在基島上更能鎖定塑封料，所有腐蝕類型的導線架，一定會要求在基島上做凹凸不平的小圓點的表面處理，通常來說，做這種類似酒窩的處理，有直接沖壓成鑽石外形，半切割成 U 型，和沖壓成內倒角、類似鴿子尾巴形狀三種方式，如圖 5-9 所示。U 型酒窩一般用於空間足夠的場合，鴿尾形的酒窩通常用於沖壓類導線架，而鑽石類型的酒窩，一般用於導線架較薄的情形。下沉距離（Downset）設計如圖 5-10 所示。

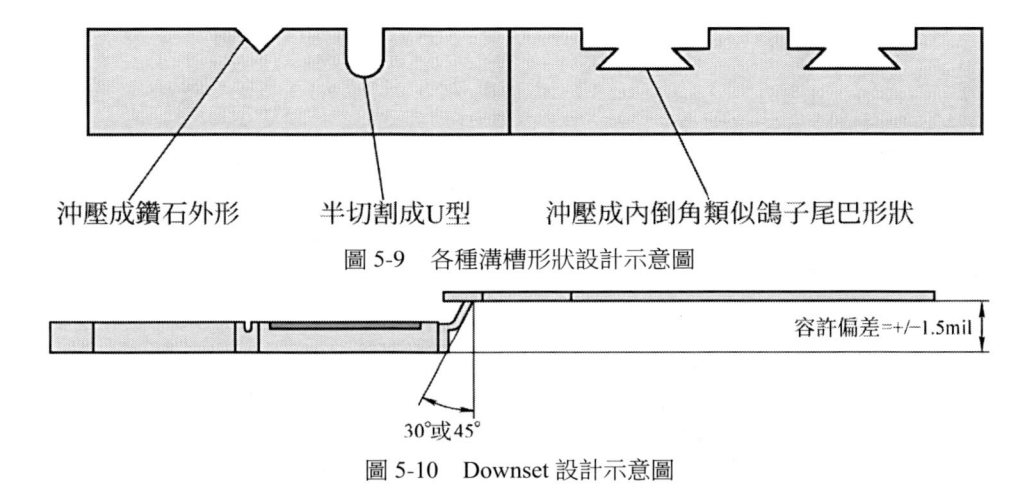

5.1 材料和結構設計

沖壓成鑽石外形　　半切割成U型　　沖壓成內倒角類似鴿子尾巴形狀

圖 5-9　各種溝槽形狀設計示意圖

容許偏差=+/-1.5mil

30°或45°

圖 5-10　Downset 設計示意圖

Tie bar 上的下沉設計，必須在原始的引腳和基島之間，這是為了在採用熱壓超音波接合時避開加熱塊。一般來說，Downset 的角度設計通常是 30°或 45°。太陡峭的設計，在導線架生產堆疊時，容易導致導線架折彎，從而導致封裝工藝品質等問題。

在做導線架基島（DAP）設計時，從導線架基島（DAP）到引腳接合區，需要做電鍍處理的區域設計，一般是基島中心線到封裝體邊緣減去 0.0635mm。這裡的 0.0635mm 是根據塑封模具設計的最大邊緣錯位允許偏差而定的。如圖 5-11 所示。

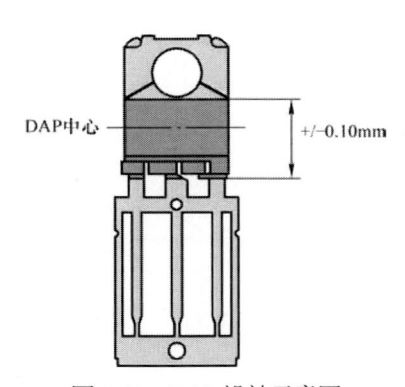

DAP中心　+/-0.10mm

圖 5-11　DAP 設計示意圖

第 5 章　功率元件封裝的設計原則與策略

　　封裝元件的第一腳位對電路組裝產生決定性作用，因此設計第一腳也非常重要。第一腳（Pin ＃ 1）設計，如圖 5-12 所示。Pin ＃ 1 必須設計在封裝體的邊角位置，也是為了便於肉眼辨識導線架的第一腳。在多排導線架的情況下，第一腳設計在基島轉角的倒角處。導線架設計的第一腳設計，應該盡量和基島的倒角接近。導線架圖上必須註明上下電鍍區域，上下區域的定義，以圖紙上的零點作為參考。電鍍材料必須適用於封裝，避免使用有或潛在有陽極電化學腐蝕反應的材料，比如純鋁、純銀、鈀或含鐵合金。

5.1.4　導線架外部設計

　　導線架的外部設計主要是聯筋（Dambar）設計和假引腳（False leads）設計。聯筋（Dambar）設計，如圖 5-13 所示。

圖 5-12　導線架第一腳設計示意圖

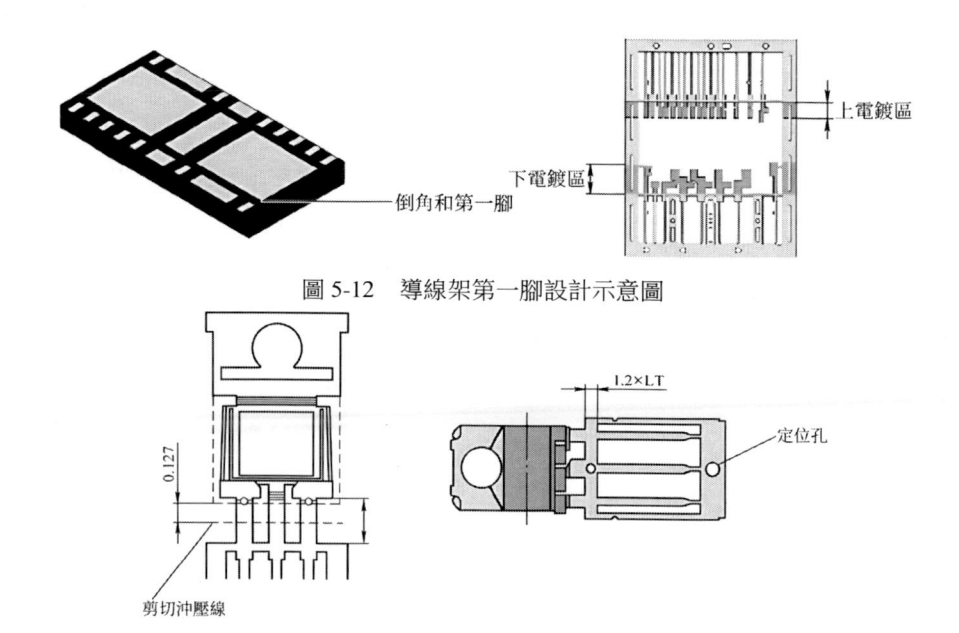

圖 5-13　聯筋設計示意圖

聯筋存在的作用,是阻止塑封料在塑封過程中的流動,同時保持外引腳的形狀,直到切筋程序之前。最小的聯筋寬度,一般設計為 1.2 倍的導線架厚度。較薄的聯筋會導致塑封料溢出。從封裝體邊緣到聯筋區的最小距離是 0.127mm,考慮了切筋時沖壓模具的製造能力。假引腳設計,如圖 5-14 所示。設計假引腳的目的,是為了更能提供引腳支撐,在需要錨定引腳位置的場合,發揮在切筋成型,尤其是成型過程中,當最後一個功能引腳被分離成型時,能保持封裝體的作用。當然,如果是一體成型切割,通常這個假引腳沒有任何作用,反而增加導線架材料和製造費用,所以是一個設計選項,而不是必要選項。

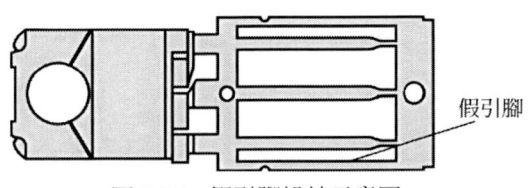

圖 5-14　假引腳設計示意圖

其他外導線架的設計要求,尤其是針對多排導線架的情形,主聯筋的寬度應該在設計時考慮到劃片用的金剛刀厚度,通常要小於其厚度,因為有些封裝體的分離,不是採用模具沖壓分離,而是採用金剛刀片切割的方式。因此,設計留有切割道並設計一些花紋或容易進行影像辨識的標記,有利於後續刀片分離時設備程序設計校準,如圖 5-15 所示。

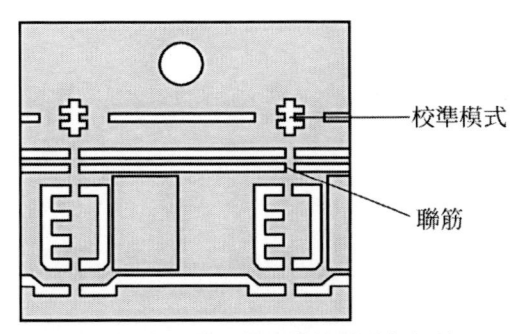

圖 5-15　切割分離封裝的導線架設計

5.1.5 封裝體設計

一般來說，封裝體裡面主要是金屬材料和塑封料，這裡有個含量比例的說法，理想的比例是金屬含量體積比不超過封裝體的 50%，如果金屬含量體積比超過 50%，那麼要了解清楚材料結構之間的應力分布狀況，及其在不同溫度和交變溫度環境下的可靠性表現，因為大多數半導體電子元件在安裝到 PCB 上時，會承受 200～300℃的高溫回流銲接，材料的不同，意味著熱膨脹係數的差異，搭配在一起時，就會產生不同的應力表現。封裝體的弱點往往在於材料界面，出現諸如分層、裂紋、爆米花現象等，影響元件的可靠性，第 4 章裡已有關於封裝品質問題的描述，嚴重情況下，封裝體會失去保護晶片的原始功能。因此，為了能設計出可靠穩定的封裝體，在設計的時候，遇到金屬含量過大（大於50%），或未經驗證的封裝體結構，或採用新的塑封料配方，或導線架基板材料發生變化時，建議掌握以下內容：

1）對於全新的封裝體且沒有可參考的情況下，設計者必須透過有限元建模、模流模擬及力學模擬（尤其是切筋成型製程），了解結構的力學狀況，並寫入設計 DFMEA 檔案。

2）至少了解晶片、內互連接材、晶粒接合材料、導線架和塑封料的正規化馮米賽斯應力（Von Mises Stress）狀況，以確保封裝體的設計不超過材料所允許的極限應力值。

3）了解導線架設計涉及的受力分析，尤其是切筋成型製程的受力狀況分析，其結果寫入設計 DFMEA 檔案，並有相關改善措施。封裝體的脫模角度設計與脫模相關，脫模角度（Draft Angle）的最小值設計，如圖 5-16 所示。

5.1 材料和結構設計

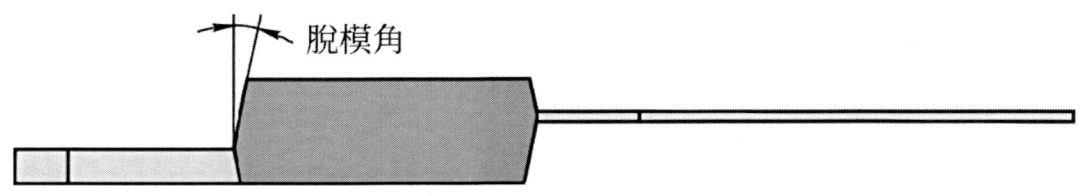

圖 5-16 封裝體脫模角度設計

1) 對全包封的塑封體在使用型腔彈出針 (cavity ejector pin) 的情形下,脫模角度一般設計為 5°。

2) 對全包封的塑封體在沒有使用型腔彈出針的情形下,脫模角度通常是 7°～10°。

3) 對半包封的塑封體在沒有使用型腔彈出針的情形下,脫模角度通常是 7°。

封裝體倒角半徑設計:對全包封外形來說,典型值是 0.05～0.127mm;對採用放電加工或精磨加工的模具來說,是 0.13～0.17mm。

外引腳抬起高度 (Stand-off) 如圖 5-17 所示,根據 JEDEC 和 EIAJ 標準設計,對於全新封裝體,在沒有標準可參考的情形下:

Low Profile=0.0127～0.10mm;High Profile=0.127～0.254mm;多排類型 =0.00～0.05mm。

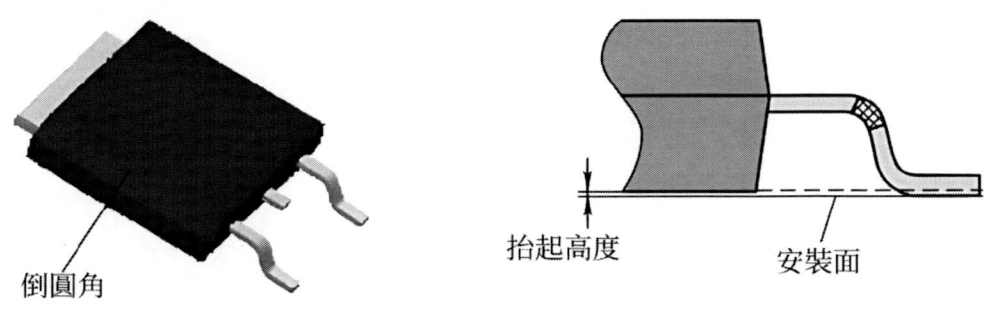

圖 5-17 外引腳抬起高度示意圖

第 5 章　功率元件封裝的設計原則與策略

引腳肩部長度（Lead Shoulder Length）設計，如圖 5-18 所示。

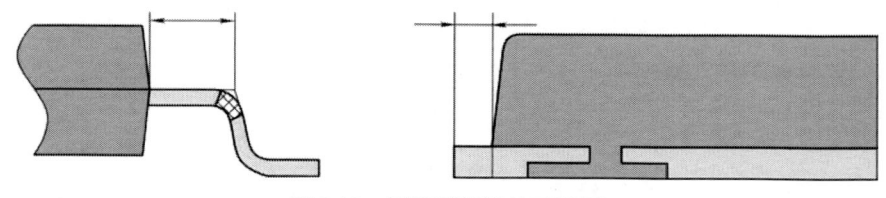

圖 5-18　引腳肩部設計示意圖

1) 成形時有墊塊的情形，其典型值考慮為 1/2（導線架厚度＋引腳電鍍層厚度）。

2) 沒有墊塊、直接成形的情況下，因為本體成形一般在 0～0.025mm，注意到引腳肩部長度是指封裝體邊緣到引腳彎曲圓弧中心的距離，通常這個平坦區域值是第一次和第二次彎曲的中間，這個區域在照相機視覺系統裡可以看得到。

3) 多排封裝的情形，其值一般是 0.075～0.125mm，這裡定義的引腳肩部長度，是從封裝體邊緣到引腳邊緣的距離。

4) 彎曲半徑的最小值（BR）=1/21/2（導線架厚度＋引腳電鍍層厚度最大值）。

引腳接觸長度（Foot Landing）一般設為 0.10mm，如圖 5-19 所示。

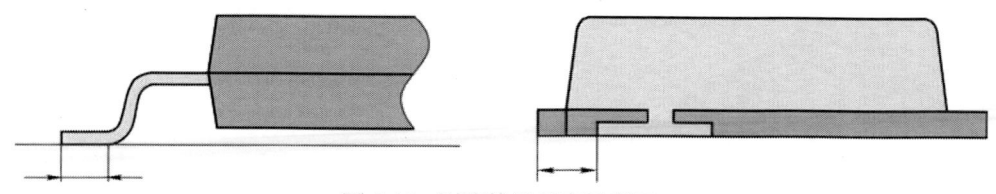

圖 5-19　引腳接觸長度示意圖

引腳角度（Lead Angle）相對垂直方向來說，一般是 0°～10°，引腳端部角度相對水平方向來說，一般是 0°～5°，如圖 5-20 所示。

图 5-20　引脚端部角度示意图

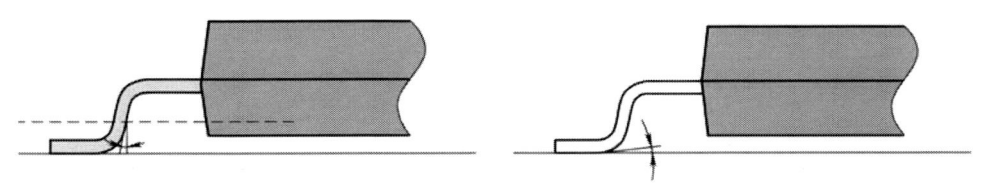

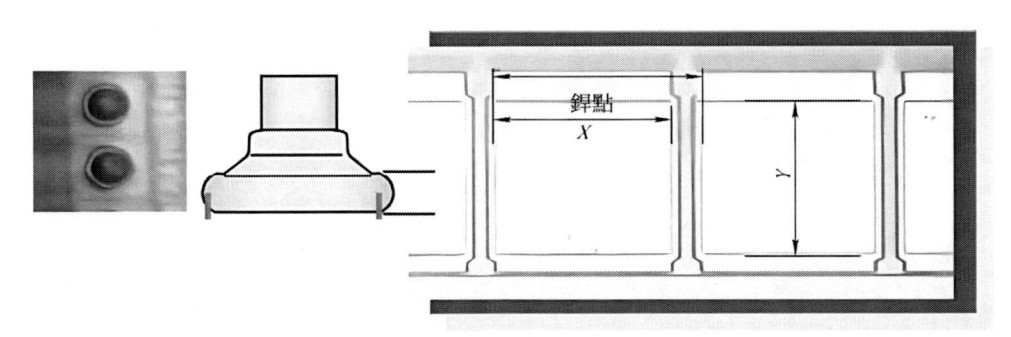

5.2　封装工艺设计

封装内互连包括晶片、导线架和基板的连接工艺，以及晶片、导线架或基板上指定的脚为连接形成电通道的工艺。

5.2.1　封装内互连工艺设计原则

在进行工艺设计时，在已知材料状况和工艺设备的情况下进行制程能力设计，或根据设备的制程能力来对材料做工艺条件限定，这些都是工艺设计的内容。目标是设计出符合一定品质要求的制程，包括合适的材料、设备、工装及相应的工艺参数，并给出控制范围规范。以下是一个例子。已知线径为 1.0mil（0.0254mm）的金线，要打在晶片銲垫上，请问銲垫大小该如何设计，可以确保接合的完成？銲点及銲垫尺寸设计示意图，如图 5-21 所示。

图 5-21　銲点及銲垫尺寸设计示意图

第 5 章 功率元件封裝的設計原則與策略

這是一個典型的能力設計問題,首先是制定目標,比如描述穩定的數字是製程能力指數 C_{pk},一般來說,汽車產品要求 $C_{pk}>1.67$,而一般工業品要求 $C_{pk}>1.33$,C_{pk} 的計算公式如下:

$$C_{pk} = \frac{USL - Mean}{3\sigma} \text{ 或者} \frac{Mean - LSL}{3\sigma}$$

(5-1)

取兩者的最小值。

C_p 的計算公式如下:

$$C_p = \frac{USL - LSL}{6\sigma}$$

(5-2)

在這個例子中,我們取銲墊中心點為零點,假設銲球形狀是中心對稱的圓形,則測量銲球的邊緣位置,可以得到銲球相對於中心的波動數據。銲點在銲墊上 X 方向的波動範圍是 (-X/2 ～ X/2),銲點在銲墊上 Y 方向的波動範圍是 (-Y/2 ～ Y/2)。以 X 方向為例,得到

$$C_p = \frac{X}{6\sigma}$$

(5-3)

式中,σ 是樣本的標準差,透過測量樣本的一組數據的波動得出。當 C_p 為 1.33 或 1.67 時,我們就可以得出相應的 X 值,X 即銲墊在 X 方向的長度值。同理可以得出銲墊在 Y 方向的寬度值。由此來定義根據不同的工業產品品質目標而設計的銲墊尺寸大小。需要指出的是,銲墊尺寸大小的設計,不是封裝設計的內容,因為銲墊大小的確立,在晶片設

計時已經確定了，晶片設計工程師應該在設計時考量封裝的製程能力，同時封裝工程師根據晶片上銲墊的尺寸大小，選擇合適的內互連工藝，並控制波動，以提高製程能力來滿足封裝接合製程的需求。

根據以上思路和計算方法，透過實驗論證，測量計算出 σ，我們可以得到功率電子元件封裝製程中，在各個程序的設計準則，具體內容如下節所述。

5.2.2 晶粒接合工藝設計一般規則

在單個基島上晶片間的距離，如圖 5-22 所示，其設計可參考表 5-1。

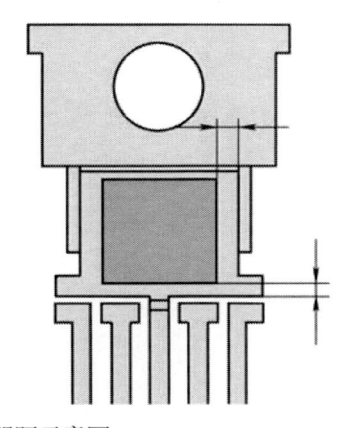

圖 5-22　單個基島晶片間距示意圖

表 5-1　晶粒接合基島設計參考

晶粒接合方法	晶片間的最小距離／mm
不使用壓模組的軟釺銲（熱機）	0.5
使用壓模組的軟釺銲（熱機）	0.65
晶粒接合膠（冷機）	0.25

晶片到基島邊緣的最小距離，見表 5-2。

第 5 章　功率元件封裝的設計原則與策略

表 5-2　晶片到基島邊緣最小距離設計參考

晶粒接合方法	晶片到基島邊緣的最小距離／mm
不使用壓模組的軟釺銲（熱機）	0.25
使用壓模組的軟釺銲（熱機）	0.5
晶粒接合膠（冷機）	0.125

多基島情形下的晶片間距離，如圖 5-23 所示，設計參考見表 5-3。

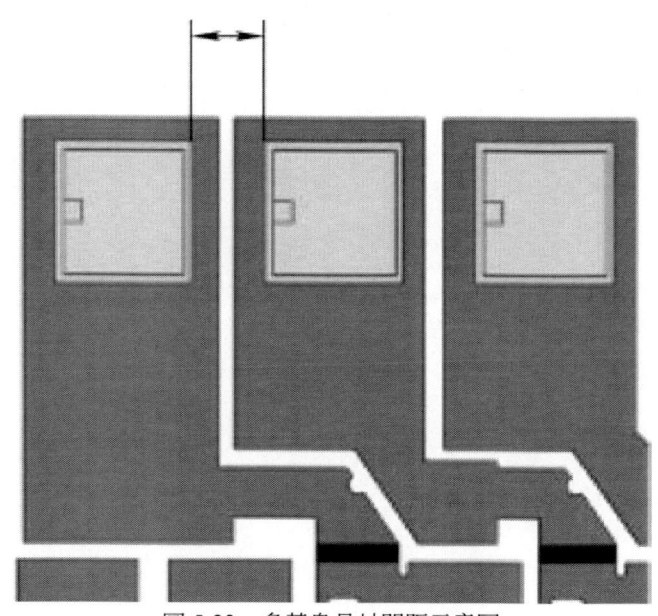

圖 5-23　多基島晶片間距示意圖

表 5-3　多基島晶片間距設計參考

晶粒接合方法	晶片間的最小距離
不使用壓模組的軟釺銲（熱機）	0.5mm ＋基島最小間距
使用壓模組的軟釺銲（熱機）	0.1mm ＋基島最小間距
晶粒接合膠（冷機）	0.25mm ＋基島最小間距

5.2.3 接合工藝設計一般規則

金線銲點直徑,如圖 5-24 所示,其經驗值設計如下:

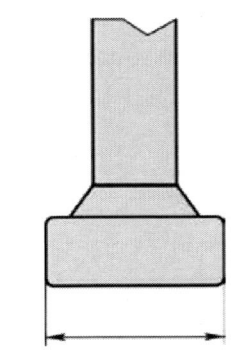

圖 5-24 金線銲點直徑示意圖

1) 線徑 <1.5mil 的情況下,銲點直徑為 4 倍的線徑;

2) 線徑≥ 1.5mil 的情況下,銲點直徑為 3 倍的線徑。

鋁線銲點間距(Pitch)如圖 5-25 所示,其值設計的經驗公式為 Pitch=1/2BTW+1/2WW 最大值 +3mil 公差。第二銲點(尾部)形狀,如圖 5-25b 所示,其尺寸設計參考表 5-4。

注:
T表示公差;
WD是線徑;
WW是鋼嘴劈刀銲接工具的寬度;
BTW是銲點成形的寬度。

a) 鋁線銲點間距　　　　b) 第二銲點(尾部)形狀

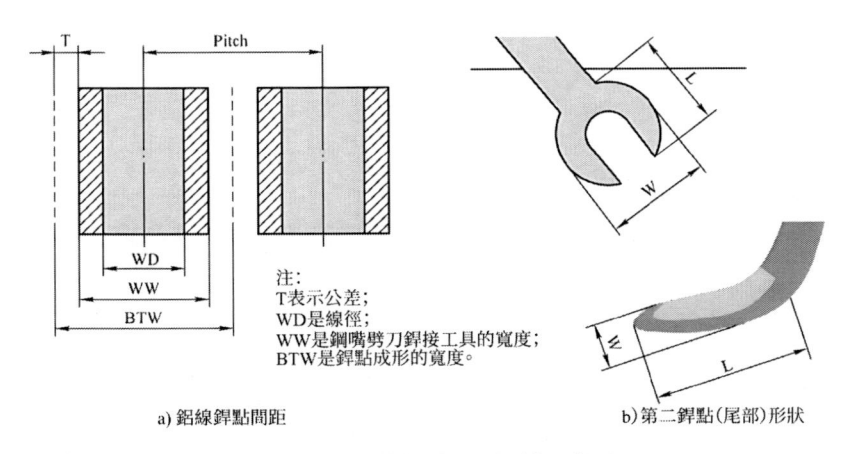

圖 5-25 鋁線銲點間距設計示意圖

第 5 章　功率元件封裝的設計原則與策略

表 5-4　第二銲點成形形狀設計參考

線材類型	線徑／mil	銲點寬度（倍線徑）	銲點長度（倍線徑）
金線	0.8	6.5	7.0
	1.0	5.0	5.5
	1.5	4.0	3.5
	2.0	3.5	3.0

銲墊尺寸設計。金或銅線銲墊尺寸（正方形）設計，如圖 5-26 所示，其尺寸設計，見表 5-5。

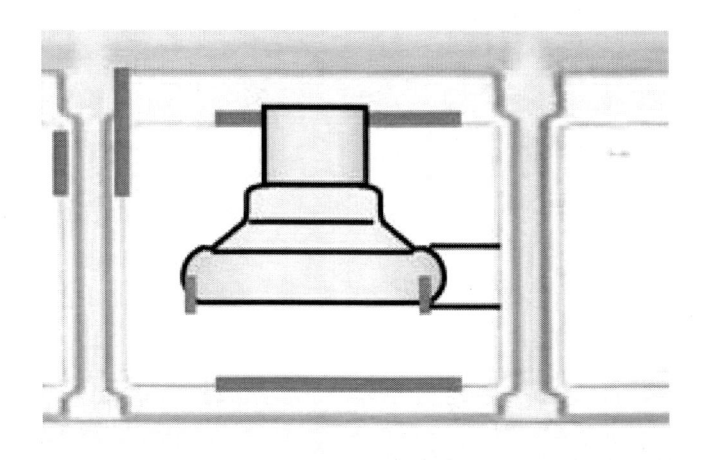

圖 5-26　金或銅線銲墊設計示意圖

表 5-5　金或銅線銲墊尺寸設計參考

金或銅線線徑／mil	銲墊尺寸（正方形）／mil
0.8	5.0
1.0	5.0
1.3	5.0
1.5	6.0
2.0	7.0

鋁線的情形。適用於粗鋁線和細鋁線,細鋁線是指鋁線線徑小於 75μm 的線材,第二銲點採用扯斷、而不是切刀切斷的情形,如圖 5-27 所示。

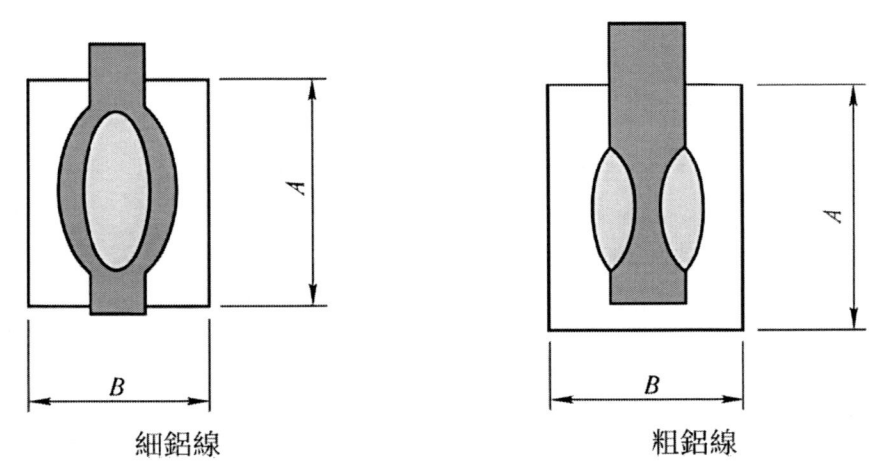

細鋁線　　　　　　　　　　粗鋁線

圖 5-27　細鋁線和粗鋁線銲點形狀設計示意圖

圖 5-27 中,長度 A=3 倍的線徑 +75μm,寬度 B=2 倍的線徑 +75μm。各種接合方法所對應的最小線徑,見表 5-6。

表 5-6　最小線徑接合適用場合參考

最小線徑／mil	適用場合
0.8（Au）	適用於使用熱超音波接合的製程,且沒有 BSOB 的場合
1.2（Au）	適用於使用熱超音波接合的製程,且有 BSOB 的場合
1.6（Al）	適用於冷超音波楔型接合,且封裝體無須經過中筋、散熱片或剪切成型製程的場合
6.0（Al）	適用於冷超音波楔型接合,且封裝體會經過中筋、散熱片或剪切成型製程的場合

第 5 章　功率元件封裝的設計原則與策略

第二銲點材料及對應的銲接方法要求，見表 5-7。

表 5-7　第二銲點材料及對應的銲接方法匯總

接合方式	熱超音波接合	BSOB 熱超音波接合	冷超音波接合
接合線材	金線	金線	鋁線線徑 <2mil：摻鎳摻矽 鋁線線徑 ≥ 2mil：摻鎳
第二銲點表面材料推薦	銀 金 鎳鈀合金	銀 金 鎳鈀合金	鍍鎳

地線銲點到晶片邊緣的最小距離，如圖 5-28 所示，其值設計分別如下：

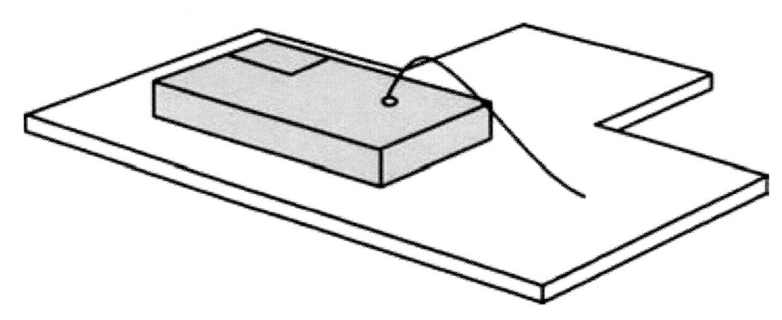

圖 5-28　內互連地線設計示意圖

1) 採用銀漿晶粒接合的情形：最大溢膠距離 +2mil 設備精度 +2mil；

2) 採用軟釺接銲料晶粒接合的情形：最大溢料距離 +2mil 設備精度 +2mil。

晶片上第一銲點上線弧到晶片邊緣的距離最小值 D，如圖 5-29 所示，一般是 0.076mm。

5.2 封裝工藝設計

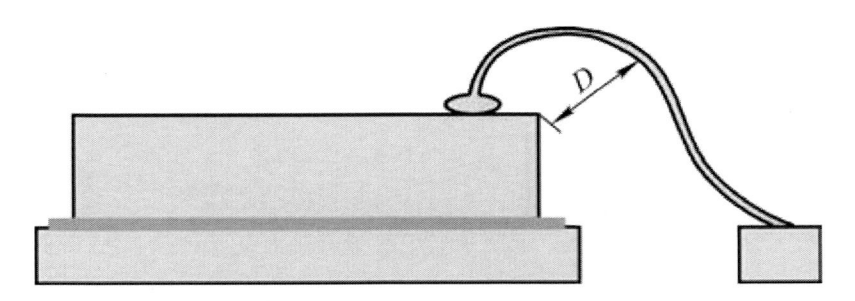

圖 5-29　內互連第一銲點距離設計示意圖

晶片邊緣到第二銲點的距離 X_n 的計算模型，如圖 5-30 所示，其計算公式如下：

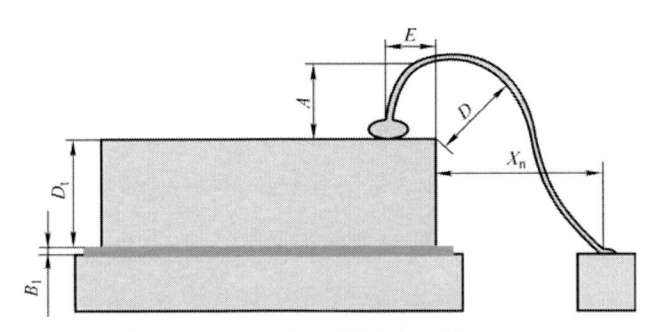

圖 5-30　內互連第二銲點距離設計示意圖

$$X_n = 9.6328 \exp\{0.0336[(D_t + B_1)/A(E+D)+D]\}^{[1]} \quad (5\text{-}4)$$

式中，D_t 是晶片厚度；B_1 是銲料厚度；A 是晶片表面量到的線弧最高距離；E 是第一銲點到晶片邊緣的距離；D 是線材到晶片邊緣的距離（最小是 3mil）。

銲線最高處距離封裝表面的最小距離設計，如圖 5-31 所示，A 和 B 的值，如箭頭所示。

1) 在經過高壓水刀去飛邊處理，並在封裝體表面需要用雷射燒灼印字的情形：A=0.10mm，B=0.10mm；

2）在經過高壓水刀去飛邊處理，但無須在封裝體表面用雷射燒灼印字的情形：A=0.10mm，B=0.075mm。

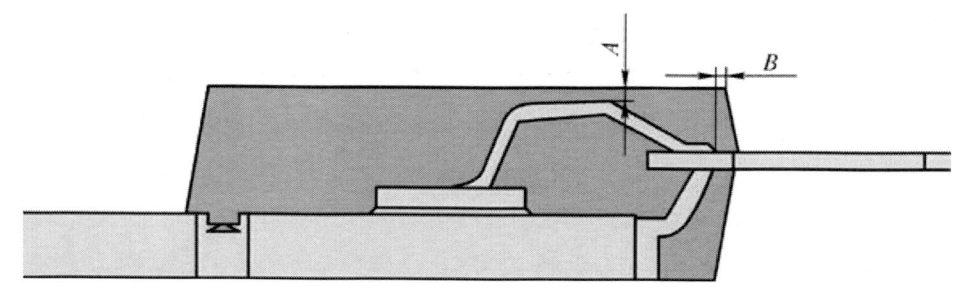

圖 5-31　內互連銲線最高處距離封裝表面的最小距離設計示意圖

5.2.4　塑封工藝設計

塑封工藝設計主要考慮以下幾點：

1）從塑封模具型腔 Tie bar 到封裝體邊緣的最小夾持距離。

2）導線架有中筋的情形下，最小距離是中筋寬度＋中筋到封裝體邊緣的距離；導線架沒有中筋的情形下，最小距離是 0.635mm。

3）對於那些基島暴露在封裝體背面的封裝類型（如：Dpak，TO263），表面平面度要求是 +/-0.0127mm。

4）定位步進用的孔的精度是 +/-0.025mm。

5）塑封模具的澆口倒角（包括角度和深度），設計時需要考量模流的平整均勻和填充順暢。

6）塑封料流進塑封模具型腔的流動方向，是由導線架設計決定的。

7）模具必須設計得能盡量避免溢料產生。

8）模具型腔表面必須經過拋光處理。

9) 對 TO 系列產品來說，型腔表面必須經過精磨處理，使其表面粗糙度 (RA) 不得超過 2.2。

10) 對模組產品來說，精磨面的表面粗糙度 (RA) 不超過 2.5（需要打標、列印的區域必須經過拋光處理）。

11) 內外氣孔都不允許存在，直徑小於 5mil 的氣孔不計。

12) 內互連接材的形變程度不超過銲點間距的 10%。

13) 模具的偏差精度必須在 2mil 以內（新模具驗收時按 1.5mil 驗收）。

14) 對多排導線架來說，澆口圓角半徑不小於 6mm，包括各邊的模具夾子印記區 1mm。

15) 設計時必須考慮模具型腔標記。

16) 建議模具澆口（進料口）被設計在封裝體底部。

17) 模具型腔建議做物理氣相沉積 (PVD) 鍍層處理。

18) 脫模角不超過 12°。

19) 模具型腔的支撐柱子設計，建議採用整體固定的方式，以防止產生溢料。

20) 模具設計還必須考慮脫模頂針、澆口、冒口頂針設計。

21) 針孔設計：推薦深度不超過 4mil。

22) 頂針一般建議設計成圓形。

23) 至少設計 3 根以上的針，來控制模具偏差和錯位。

24) 不允許導線架壓傷，無損標記的情況。

25) 不允許有氣孔及未填充情形。

26) 不允許溢料出現在基島及引腳。

5.2.5　切筋打彎（引腳彎折）工藝設計

切筋打彎工藝設計主要考慮以下幾點：

1）預成型及最終成型的壓模組，必須經過鏡面拋光處理。

2）所有剪切成型模具必須有鋒銳面設計。

3）所有切中筋的模具，必須有一定的平刀邊或角度不超過 10°。

4）在剪切成型設備上，凸輪必須是馬達驅動的，建議採用步進馬達，不推薦採用伺服馬達和空壓機。

5）剪切模具的設計必須留出至少 50%的切口，從衝頭頂部到封裝體表面。

6）在分離處設計 V 型溝槽，使剪切過程順利分離封裝體。

5.3　封裝的散熱設計

半導體功率元件在工作時都不可避免地會產生功率損耗，功耗的能量將以熱量的形式散發出來，使半導體元件的溫度升高。散熱性對封裝來說是非常重要的指標，尤其對功率元件，往往散熱設計優良與否，決定了產品的可靠性，及應用範圍和相應的市場占有率。通常散熱設計考慮的是散熱通道，以及在這個熱量傳遞的通路中，各種不同材料對傳熱速率的影響。電阻是對電路中電流導通難易程度的表徵，相對的，熱阻是用來表徵熱量傳遞難易程度的數值，是任意兩點之間的溫度差，除以兩點之間流動的熱流量（單位時間內流動的熱量）而獲得的值。熱阻值高意味著熱量難以傳遞，而熱阻值低意味著熱量易於傳遞。熱阻的通用符號是 R_{th} 或 θ，單位是℃/W 或 K/W。可用與電阻幾乎相同的思路來考慮

熱阻，且可用與歐姆定律相同的方式來處理熱計算的基本公式。表 5-8 是兩者的比較。

表 5-8　電學和熱學物理量比較表

電學	電流 I/A	電壓差 ΔV/V	電阻 R/Ω
熱學	熱流量 P/W	溫度差 ΔT/°C	熱阻 R_{th}（°C /W）

因此，就像可以透過 RI 來求出電位差 ΔV 一樣，可以透過 $R_{th}P$ 來求出溫度差 ΔT，也可以測得溫差來推算熱阻。熱阻的計算公式如下：

$$R_{th} = \frac{T_2 - T_1}{P_d}$$

(5-5)

一般來說，半導體功率元件是指耗散功率在 1W 或以上的半導體元件。半導體功率開關元件的工作狀態只有兩個：關斷（截止）或導通（飽和）。理想的開關元件在關斷（截止）時，其兩端的電壓較高，但電流為零，所以功耗為零；導通（飽和）時流過它的電流較大，但其兩端的電壓降為零，所以功耗也為零。也就是說，理想的開關元件的理論效率為 100％（無損耗）。但實際的半導體功率開關元件在關斷（截止）時，其兩端的電壓最高，但電流不為零，總有一定的反向穿透電流 I_o，則其關斷（截止）時的功耗為

$$P_{off} = U_{ee} I_O \quad (5\text{-}6)$$

式中，P_{off} 為半導體功率開關元件在關斷時的功耗（W）；U_{ce} 為半導體功率開關元件集電極—發射極之間或陽極—陰極之間的電壓（V）；I_O 為半導體功率開關電子元件的反向穿透電流（A）。

第 5 章 功率元件封裝的設計原則與策略

由於目前常用的半導體功率開關元件大多數是使用矽材料製造的，其反向穿透電流一般為微安級，所以半導體功率開關元件在關斷時的功耗實際上是很小的，一般為毫瓦級。

實際的半導體功率開關元件在導通（飽和）時，其兩端的電壓很低，稱為導通壓降（飽和壓降），對於常用的矽元件大約為 0.3V，但由於導通電流一般較大，約為幾安到幾十安，甚至幾百安，所以其導通（飽和）時的功耗一般為幾瓦到幾十瓦。實際的半導體功率開關元件在導通（飽和）時，其功耗為

$$P_{on}=U_s I_s \quad (5\text{-}7)$$

式中，P_{on} 為半導體功率開關元件在導通（飽和）時的功耗（W）；U_s 為半導體功率開關元件導通壓降或飽和壓降（V）；I_s 為半導體功率開關元件的導通電流或飽和電流（A）。另外，實際的半導體功率開關元件在導通（飽和）和關斷（截止）狀態之間轉換時，必然會經過一個中間過程，這個過程的電壓和電流均較大，產生的功耗為 P 轉換，如果開關元件的開關特性良好，則這個過程時間很短，功耗較小；如果開關元件的開關特性較差，則這個過程時間較長，功耗較大。

以上三個過程的功耗之和，就是實際半導體功率開關元件在一個工作週期內的功耗：

$$P_d = P_{on} + P_{OFF} + P_{轉換} \quad (5\text{-}8)$$

對熱阻而言，其計算相對複雜一些。例如，一個典型的半導體功率元件安裝在 PCB 上，其熱阻分布，如圖 5-32 所示。

元件系統的熱阻，等於其晶片的熱量傳遞到周圍環境的傳熱途徑上所有環節的熱阻總和，即：

5.3 封裝的散熱設計

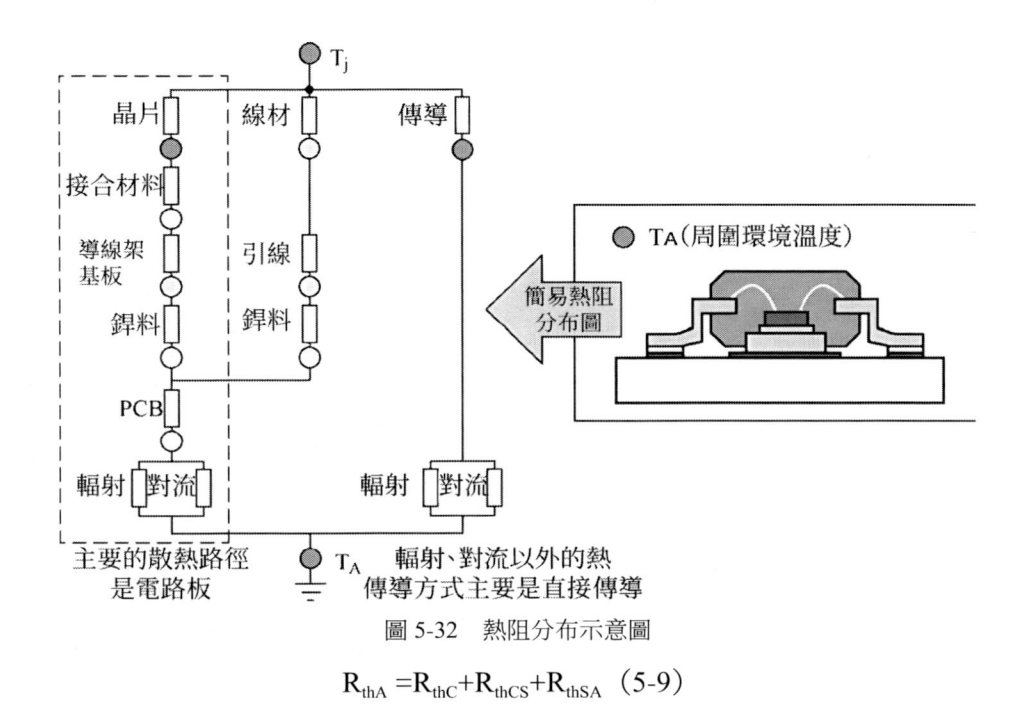

圖 5-32 熱阻分布示意圖

$$R_{thA} = R_{thC} + R_{thCS} + R_{thSA} \quad (5-9)$$

式中，R_{thA} 是元件封裝體的總熱阻，又稱 θ_A；R_{thC} 是晶片到封裝體表面的熱阻，又稱 θ_{jc}；R_{thCS} 是封裝體表面到 PCB 表面的熱阻，又稱 θ_{cs}；R_{thSA} 是封裝體表面到周圍環境的熱阻，又稱 θ_{SA}。

對封裝熱設計而言，主要研究 θ_{jc}，即晶片到外殼的熱阻。從圖 5-32 可知，θ_{jc} 是晶片、接合絲、銲料、塑封料、導線架及導線架引腳的熱阻串並聯之和。在封裝設計過程中，先了解元件的功耗，根據材料的熱阻特性，代入串並聯公式，得出 θ_{jc}，即可得到晶片表面到封裝體上下表面的溫度差，矽基的晶片接面溫度一般不能超過 175℃，SiC 晶片接面溫度不超過 200℃，根據這個原則，對封裝體上下表面的溫度進行實測，即可驗證材料的選擇是否合適，是否可以做散熱處理。關於熱阻 θ_{jc} 的測定，在 JEDEC 標準 JESD51 — 14 的 2010 年 11 月版本中，單一熱傳導路徑

第 5 章 功率元件封裝的設計原則與策略

半導體元件熱阻 R_{jc} 測試，採用瞬態雙界面測試法，標準中有很詳細的規定，這裡簡單介紹一下測試原理。根據半導體物理，電流和溫度之間是指數函式關係，PN 結電流電壓特性方程式為

$$I=I_0 Exp（qV_j/nKT）\quad (5\text{-}10)$$

對溫度 T 求導得到：

$$dV_j/dT=nK/qlnI/I_0=1/k\quad (5\text{-}11)$$

1/k 是個和溫度相關的常數，因此線性條件在很大的溫度範圍內都是精確成立的，可以用 PN 結恆定電流下的正向電壓值來指示溫度變化[2]。恆流溫度電壓曲線，如圖 5-33 所示。

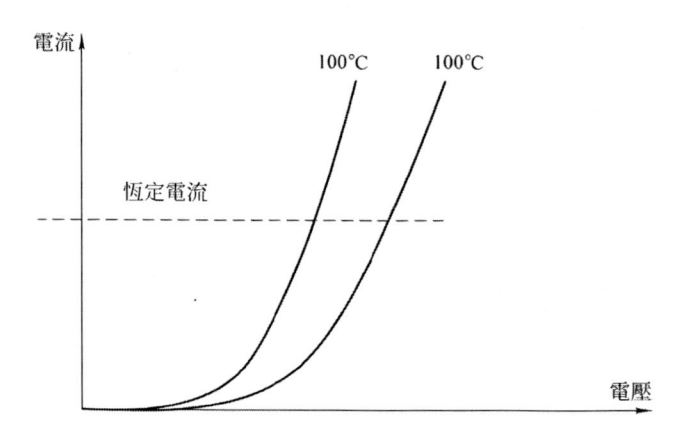

圖 5-33　恆流溫度電壓曲線

JESD51－14 中定義了動態和靜態兩種測試方法，動態測試法較古老，準確度和可靠性都不如靜態測試法，目前常見的是靜態測試法。靜態測試法不受加熱過程功率變化的影響，適合 LED、功率元件（MOSFET、IGBT）的測試，其完整的熱回應（響應）曲線，可以產生足夠精確的結構函式。其基本測量方法和原理，是透過施加在被測半導體元件上

功率的切換，得到接面溫度隨時間變化的曲線，其測量步驟如下 [3]：

1）使用測試小電流獲得被測半導體元件的溫度係數 (mV/°C)，得到正向電壓隨溫度變化的關係。

2）使用大電流進行加熱，$P_{tot}=P_1+P_2$。

3）當達到熱平衡狀態時，切換成小電流測量 P2（切換時間小於 1μs）。

4）當切換到測試電流後，被測半導體元件的正向電壓被測量並記錄下來，直到和環境溫度達新的熱平衡狀態。被記錄下來的正向電壓數值，透過被測半導體元件的溫度係數 (mV/°C)，被轉換成相應的溫度隨時間變化的關係。

5）透過測試完整的瞬態熱阻回應（響應）曲線（瞬態熱阻和時間的關係），用數學方法做反卷積變換，將函式從時間域變換到空間域，得到關於熱容和熱阻關係的結構函式，進而分析封裝體內部的結構關係。

在理解了熱阻的計算和測量後，功率元件的熱設計就相對簡單了，根據元件的耗散功率數值，透過簡化的數學模型，計算得出元件的接面溫度和各個工作表面的溫度，在此基礎上，可以代入不同的溫度和功率值，因為溫度是熱量對時間的導數，其表示式和不同材料的導熱能力相關。材料的導熱係數是指在穩定傳熱條件下，1m 厚的材料，兩側表面的溫差為 1°C，在一定時間內，透過 $1m^2$ 面積傳遞的熱量，單位為 W/(m·K)，此處的 K 可用°C代替。根據接面溫度和使用環境的溫度要求，選擇材料合理的導熱係數和結構，可以滿足元件的散熱要求。

第 5 章 功率元件封裝的設計原則與策略

思考題

1. 功率封裝的內互連設計主要有哪些要點？
2. 已知銲墊尺寸，如何做內互連工藝設計？
3. 熱阻的定義和計算公式是什麼？
4. 功率封裝的熱阻如何分布？
5. 熱阻測量的主要方法有哪些？

參考文獻

［1］Fairchild Semiconductor. Power Package Design Rule［R］.2007.

［2］JEDEC，JESD51-14. Transient Dual Interface Test Method for the Measurement of the Thermal Resistance Junction to Case of Semiconductor Devices with Heat Flow Trough a Single Path［S/OL］.Nov2010：https：// www.jedec.org/standards-documents/docs/jesd51-14-0.html.

［3］Mentor Graphics. 基於結構函式的高精度熱阻測定及系統構造解析［R］.2014-12-1.

第 6 章
功率封裝的模擬分析與技術應用

　　所謂模擬，顧名思義就是並非實際的生產或產品實現過程，而是透過電腦建模，把需要研究的過程或產品結構模擬出來，並透過載入運算觀察產品的狀況，提前發現問題，從而輔助產品結構設計、最佳化和提高產品品質，以滿足實際生產過程及產品實現的要求。對封裝及功率元件來說，模擬主要有機械結構應力模擬、熱模擬仿真、電效能模擬、塑封料模流模擬及可靠性載入模擬。

6.1　模擬（仿真）的基本原理

　　模擬通常所用的方法是網格化建模，即有限元法，有限元可以把一個複雜的幾何體劃分成簡單的理想單元，如三角形或矩形形狀，並對每一個單元，透過載入[10]，列出方程組（聯立方程式），對方程組求解，並透過對解的集合求收斂，得到對整體載入的解。其基本思路是將連續的求解區域離散為一組個數有限，且按一定方式相互連接在一起的單元的組合體。由於單元能按不同的連接方式進行組合，且單元本身又可以有不同形狀，因此可以將幾何形狀複雜的求解區域模型化。有限元法作為數值分析方法的另一個重要特點是，利用在每一個單元內假設的近似因

---

[10]　此處載入指透過材料力學的原理，假設在微觀單元某一方向上施加力，計算這個力帶來的應力和應變表現。

第 6 章　功率封裝的模擬分析與技術應用

數來分片地表示全求解區域上待求的未知場函式。單元內的近似函式，通常由未知場函式或其導數在單元的各個結點的數值和其插值函式來表達。這樣一來，一個問題的有限元分析中，未知場函式或其導數在各個結點上的數值，就成為新的未知量（亦即自由度），從而使一個連續的無限自由度問題，變成離散的有限自由度問題。一經求解出這些未知量，就可以透過插值函式計算出各個單元內場函式的近似值，從而得到整個求解區域的近似解。顯然隨著單元數目的增加，亦即單元尺寸的縮小，或隨著單元自由度的增加及插值函式精度的提高，解的近似程度將不斷改進。如果單元是滿足收斂要求的，近似解最後將收斂於精確解。對半導體封裝體來說，有限元建模可以透過計算來得到某些結構的應力應變分布，透過施加不同的載荷來模擬可靠性載入的結果，從而預測產品的可靠性、壽命和品質。可以透過代入不同材料的熱膨脹係數（CTE）計算在一定環境條件下，受冷熱交變的結構變化，如翹曲和裂紋。因此有限元模擬可以作為輔助封裝設計的有效方法，也可以作為分析失效原理，找到解決方案的重要工具。

　　基於這個思路，我們通常先對研究的封裝體的幾何形狀做一個測量，並和實際生產中的控制範圍做比較。在此基礎上，模擬各種不同的幾何形狀，並展開有限元建模計算，採用統計分析的方法，比較其應力應變的結果，從而得出最佳化的模型。在得到最佳化的模型後，透過實際生產樣品的可靠性結果來檢驗成果，並做出局部最佳化改進 [1]。有限元建模需要用到一些假設和理論。線彈性力學基本方程式的特點如下：

　1）幾何方程式的應變和位移的關係是線性的；

　2）物性方程式的應力和應變的關係是線性的；

　3）建立於變形前狀態的平衡方程式也是線性的。

　　如果上述線性關係不能保持，例如，在結構的形狀有不連續變化

6.1 模擬（仿真）的基本原理

（如缺口、裂紋等）的部位存在應力集中，外載荷到達一定數值時，該部位首先進入塑性變形，這時，在該部位線彈性的應力應變關係不再適用，雖然結構的其他大部分割槽域仍保持彈性。長期處於高溫條件下，工作的結構將發生蠕變變形，即在載荷或應力保持不變的情況下，變形或應變仍隨著時間的進展而繼續增加，這也不是線彈性的物性方程式所能描述的。上述現象都屬於材料非線性範疇內所要研究的問題。彈塑性材料進入塑性的特徵，是當載荷卸去以後，存在不可恢復的永久變形，因而在涉及解除安裝的情況下，應力應變之間不再存在唯一的對應關係，這是有別於非線性彈塑性材料的基本屬性。材料非線性問題的處理，可以簡化成線性問題，即不需要重新列出整個問題的表達格式，只要將材料結構關係線性化，就可將線性問題的表達格式推廣用於非線性分析。一般來說，透過試探和迭代的過程求解一系列線性問題，如果在最後階段，材料的狀態參數被調整到滿足材料的非線性結構關係，就最終得到了問題的解答。材料非線性問題可以分為兩類，一類是不依賴時間的彈塑性問題，其特點是當載荷作用後，材料變形立即發生，且不再隨時間而變化；另一類是依賴時間的彈塑性問題，其特點是載荷作用後，材料不僅立即發生變形，且變形隨時間而繼續變化，在載荷保持不變的條件下，由於材料特性而繼續增加的變形，稱之為蠕變；另一方面，在變形保持不變的條件下，由於材料特性而使應力衰減，稱之為鬆弛。彈塑性理論對於金屬材料，在三維主應力空間常用的 Von Mises 降伏條件是：

$$\sigma_{ij}=1/6[(\sigma_1-\sigma_2)^2+(\sigma_2-\sigma_3)^2+(\sigma_3-\sigma_1)^2]-1/3\sigma m^2 \quad (6-1)$$

式中，σ_1、σ_2、σ_3 是三個方向上的主應力；$\sigma_m =1/3$（$\sigma_1 1 + \sigma_2 2 + \sigma_3 3$），是平均正應力。計算中需要用到的材料參數一般有楊氏模量、蒲松比、降伏強度、切線模量、CTE、熱傳導係數及玻璃化溫度等。

6.2 功率封裝的應力模擬

單純的機械應力計算，而不涉及由於材料熱膨脹係數（CTE）引起的熱應力變化的材料受力狀況分析，被稱為應力模擬。半導體功率封裝中涉及的單純機械應力狀況較簡單，主要是晶片在作業過程中受到的機械應力衝擊，如在晶粒接合過程中，對晶片的頂出和拾取過程中的相向應力；在接合過程中的鉚頭靜壓力，以及夾具對晶片的扭矩；在塑封過程中，塑封料固化時對晶片表面結構的作用力；在切筋打彎時沖壓模具對外引腳及封裝體的機械衝擊。以下就對這些機械應力模擬的典型案例進行分享和介紹。

1. 晶粒接合應力模擬案例

以 D－PAK（TO－252）晶粒接合時驗證頂針對晶片的衝擊應力為例，來計算相應的應力大小，從而判斷晶片上的印痕深度是否存在危險的受力狀態。畫出有限元網格，如圖 6-1 所示。

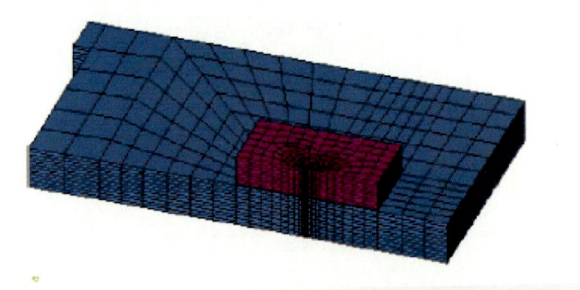

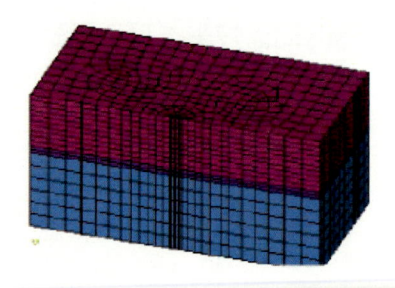

圖 6-1　頂針作用有限元網格圖

關注圖 6-1 中紫紅色部分，計算得到在頂針作用下的晶片從下到上第一主應力分布，如圖 6-2 所示，單位為 MPa。

6.2 功率封裝的應力模擬

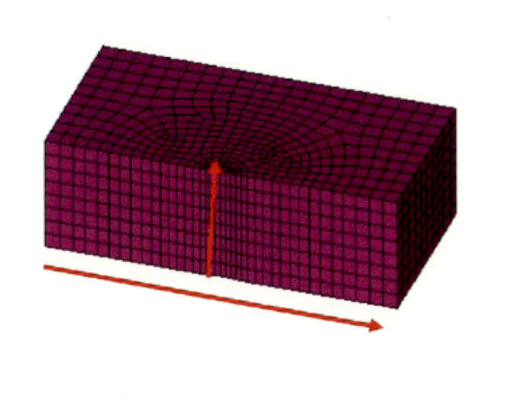

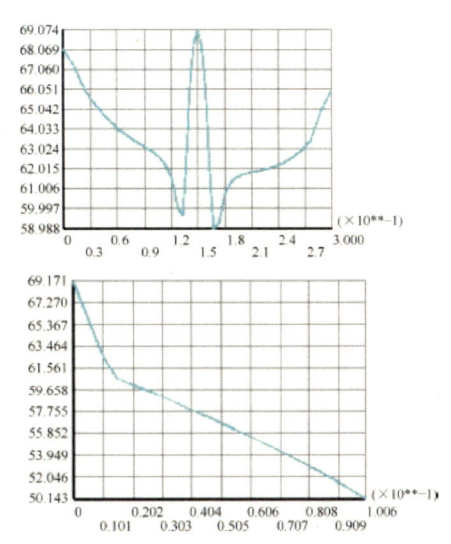

圖 6-2　頂針作用晶片應力圖

　　由此可定義出危險點，得到結論：頂針作用在晶片的中心點是衝擊應力最大的位置，應力隨著晶片的厚度，從下往上遞減。應力在 X 方向呈對稱分布，中間 (3.2 ～ 3.8) 為應力集中區域，該區域兩邊的應力從 60MPa 左右，逐漸向晶片邊緣一邊擴展一邊增大，晶片左右邊緣的應力較高，但還是低於中心區域。

2. 接合夾具應力模擬

　　在第 3 章中，我們知道接合的夾具對接合的過程產生非常重要的作用，夾持不好，在接合的過程中，會導致壓力不均和鬆弛，造成超音波振幅失控，損傷晶片，導致彈坑現象，因此確保良好的夾持和無縫的貼合，是接合夾具設計的關鍵。一些熱超音波的情形，還需要考慮 200℃ 左右溫度場的影響，因此往往需要做在一定溫度場下的力學模擬研究，以了解高溫下夾具的夾持變形和控制。接合壓板及高溫翹曲，如圖 6-3 所示。

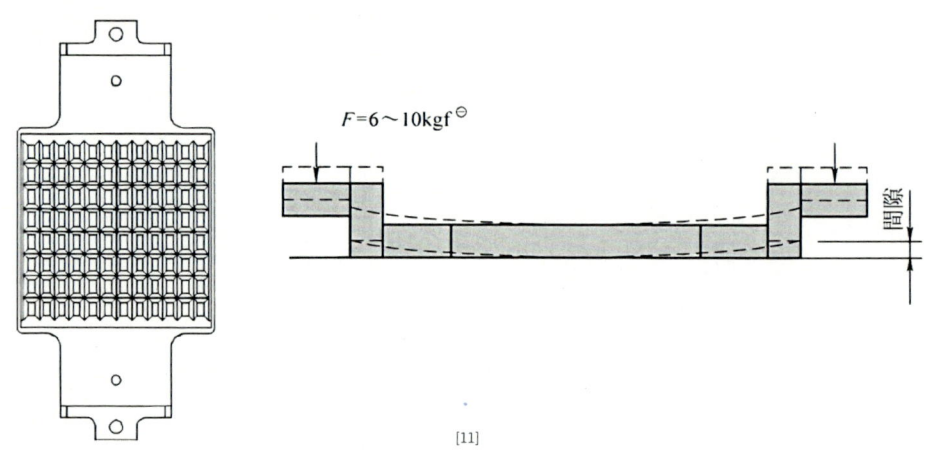

第 6 章　功率封裝的模擬分析與技術應用

$F=6\sim10\text{kgf}$ [11]

圖 6-3　接合壓板及高溫翹曲示意圖

透過有限元計算得到的接合壓板應力應變圖，如圖 6-4 所示。

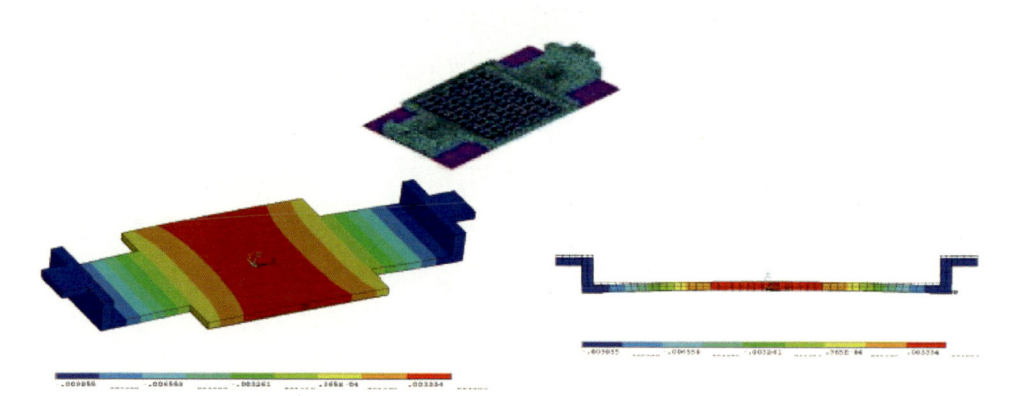

圖 6-4　接合壓板應力應變圖

關於接合夾具設計有一些建議，比如先鎖緊螺釘、施加機械靜壓力，再進入溫度場，同時保持壓力，翹曲嚴重的地方，可以再做鎖緊螺釘的設計。這樣可以有效指導設計，減少夾板翹曲，提高接觸貼合品質，減少在步進過程中的彈性跳動。

---

[11]　1kgf=9.80665N。

258

3. 塑封料固化的應力影響

塑封料主要是環氧樹脂（熱固性）和填料（二氧化矽）顆粒，在固化的過程中，填料顆粒隨著樹脂化學變性，逐漸施加應力於晶片表面，晶片表面的結構，在微觀下是有微米級別變化的，填料的顆粒直徑也是微米級別，當顆粒的尺寸增大到接近晶片結構時，在結構的應力集中區，會產生額外的應力破壞，情況嚴重時可導致電子元件失效。晶片功能環受損，如圖 6-5 所示。

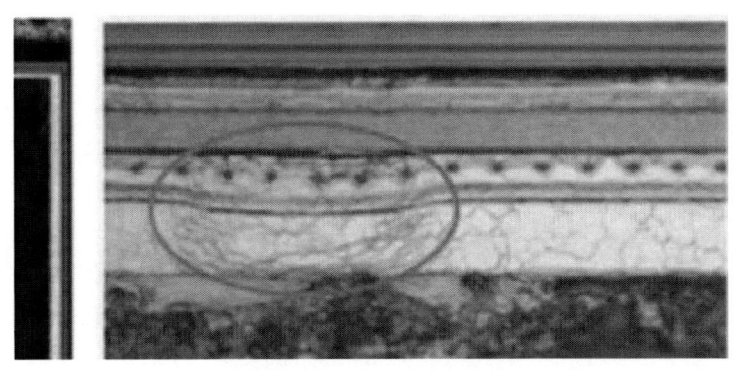

圖 6-5　晶片功能環受損圖

當功率晶片的外部一圈金屬線（Gate Bais）受到額外的應力作用，會發生變形斷裂，導致元件失效。要弄清楚這個原因，可以做應力模擬分析，晶片表面結構及應力分布示意圖，如圖 6-6 所示。

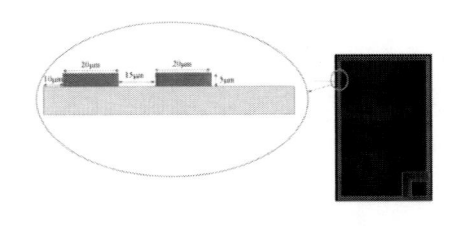

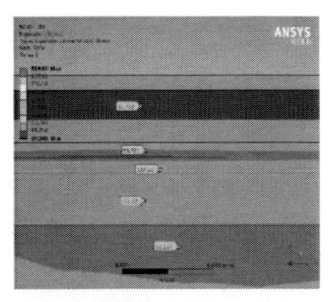

圖 6-6　晶片表面結構及應力分布示意圖

第 6 章 功率封裝的模擬分析與技術應用

建立模型做有限元分析計算結果如下：在金屬線的上、下兩側位置，應力值為 169MPa 和 132MPa，而其他區域只有 50～80MPa，明顯的應力集中，那改善措施就是減小晶片上金屬線的凸起尺寸，或減小填料顆粒度的尺寸，以減少應力集中狀況。

6.3　功率封裝的熱模擬

功率元件及封裝大多工作在大電流、高電壓場合，因此大量的功率帶來的發熱和散熱問題，以及由此引起的熱應力狀況的變化，是熱模擬研究的主要內容。熱模擬主要是描繪元件及封裝在一定環境下的溫度場表現，可以結合計算相應的、由於材料 CTE 不同帶來的熱應力作用，給出不同溫度場下的受力狀況表現。其熱應力的表徵和計算方法，與單純機械應力載入沒有差別，相對地，可以把靜態應力狀態下的模擬方法，視為在恆溫條件下的應力表徵，而施加了連續或交變溫度場情況下的靜態應力計算，就是熱應力模擬的結果。熱模擬可以視為一種虛擬實驗，它可以在不做出實際產品的前提下，透過輸入一系列材料和載入數據，計算在不同場景下產品的散熱表現。因此，熱模擬能夠提前預測產品的散熱是否合理，從而節省研發時間和打樣成本。熱模擬主要研究以下幾個方面：①描繪產品在不同環境下的溫度場表現；②描繪產品內部及周圍熱量的流動路徑，分析散熱過程；③分析並得出散熱最佳化方向；④調整相關參數（如材料 CTE 及環境散熱條件）以最佳化計算，得到最佳散熱設計方案。

熱模擬的本質是求解一系列根據流體力學和熱傳學的基本物理定律推導出的方程組。在求解時，透過軟體（如 ANSYS），先將連續空間網格化。在一個單元格內，輸入質量將導致物體密度的變化，而輸入能量

6.3 功率封裝的熱模擬

則導致物體溫度的變化,即每個單元都必須滿足質量守恆定律和能量守恆定律。對於流速的變化,則是依據動量定理得出,即物體在單位時間內某方向上動量的變化,與它受到的衝量值相同。連同流體狀態方程式(流體的密度、導熱係數、黏度、比熱容等物理性質隨溫度、壓力的變化關係式)和使用者給定的邊界條件,列出方程組求解。功率封裝熱模擬中,絕大多數都是關注元件元件達到穩定狀態時的溫度表現,這時,溫度已不再隨時間的變化而變化,固體內部的溫度方程式中,不再包含密度和比熱容這兩個物性參數,因此可以不予賦值。計算前,軟體會先將整個產品的求解區域裂解成有限的多個單元體,單元體和單元體之間,就可以根據上述定律,建構耦合關係。求解時,軟體先根據初始化時的數值進行耦合計算,在滿足上述定律的前提下,逐個傳遞輸入輸出,並校驗傳遞過來的數值與已知邊界條件之間的誤差。根據誤差,軟體會依據相應的數值計算方法,自動調整輸入值,再進行新一輪的計算。總計算輪數,也就是軟體中的迭代步數。把所有的儲存格視為一個集合,求有限單元的收斂值,就可以得到相應整體的數字特徵。得到的結果,主要是熱阻及溫度場。以下給出雙面散熱 IGBT 模組的熱模擬案例。雙面散熱 IGBT 模組的結構和熱阻分布,如圖 6-7 所示。

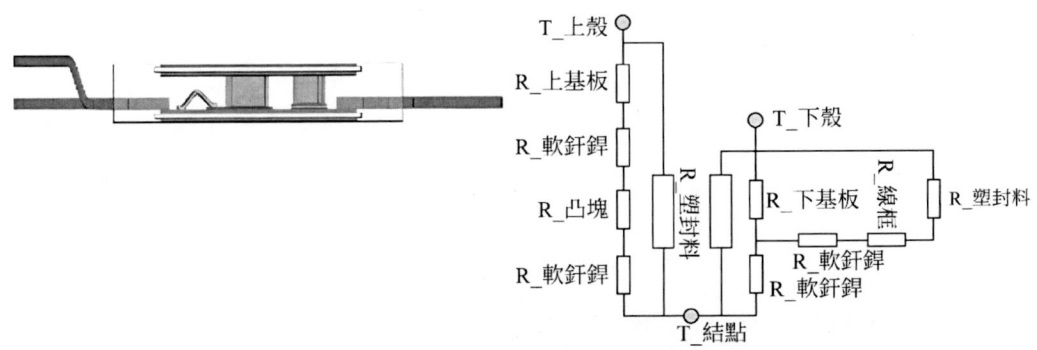

圖 6-7　雙面散熱 IGBT 模組結構及熱阻分布圖

第 6 章　功率封裝的模擬分析與技術應用

輸入材料（陶瓷、銅、鋁線、銲料、塑封料及銅鎢合金）的導熱係數 [W/（m·K）]，並透過軟體（ANSYS）進行網格化，結合邊界條件（主要是熱阻計算公式），得到溫度分布圖，如圖 6-8 所示。

圖 6-8　雙面散熱模組溫度分布圖

計算顯示：雙面散熱下，IGBT 的結殼熱阻為 0.145K/W，二極體的結殼熱阻為 0.25K/W。晶片的部分熱量被困於塑封料中而不能有效傳遞，因此特別需要採用高導熱的塑封料來提高散熱效能。

6.4　功率封裝的可靠性載入模擬

功率封裝的可靠性載入模擬的主要目的是透過輸入環境條件（主要是溫度，也有壓力、溼度和交變功率）來表徵功率元件及封裝的應力應變狀況，從而判斷封裝結構，包括材料、工藝方法是否能滿足可靠性要求，做出品質和壽命預測，而無須製造出實際的產品，並進行長時間的可靠性驗證。透過最佳化材料的選擇和封裝結構，從而節省設計時間，同時也可以進行失效原理分析，了解功率封裝在工作環境下的可靠性表現，並理解失效的根本原因。一般來說，可靠性模擬主要有幾個方面：溫度循環、功率循環、溼氣預處理及在交變環境條件下的晶片裂紋、銲線根部裂紋、分層模擬等。以下介紹一些可靠性模擬案例，幫助讀者理解，並正確使用可靠性模擬工具。

1. 溫度循環

以 D PAK（TO-252）晶片頂針裂紋原理分析為例，分別模擬在高低溫（－55～150℃）情況下的封裝體應力狀況，如圖 6-9 所示。

6.4 功率封裝的可靠性載入模擬

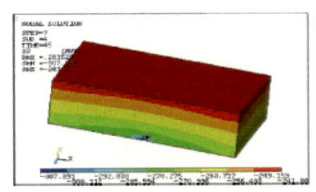

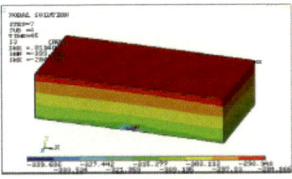

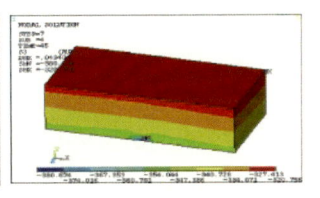

圖 6-9 晶片頂針裂紋模擬高溫應力分布圖

晶片厚度都是 16mil[12]，代入不同晶片尺寸，從左到右分別是：1630μm × 1670μm、2540μm × 2540μm、3380μm × 2630μm，-55℃下的受壓應力分別是：-307.391MPa、-339.606MPa、-380.6741MPa。可以看到，隨著晶片尺寸的增加，第三主應力（受壓應力）增大的趨勢，如圖 6-10 所示。

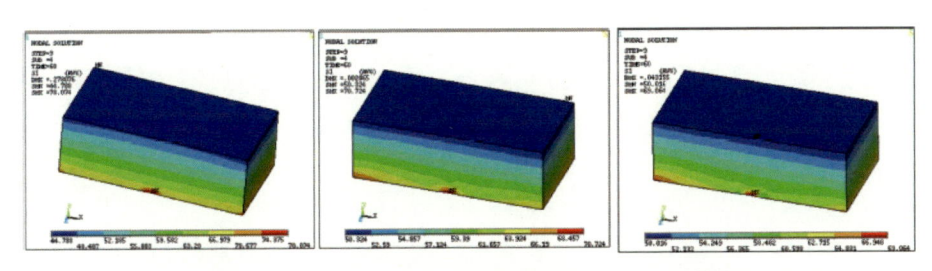

圖 6-10 不同晶片尺寸下的受壓應力（低溫）計算圖

150℃下的受拉應力分別是：78.07MPa、70.72MPa、69.06MPa，可以看到，隨著晶片尺寸的增加，第一主應力（受拉應力）減小的趨勢，如圖 6-11 所示。代入不同的銲料厚度（BLT），從左到右分別是 0.5mil、1.0mil、3.0mil，-55℃下的受壓應力分別是 -335.64MPa、-315.21MPa、-252.86MPa，可以看到，隨著銲料厚度的增加，第三主應力（受壓應力）減小的趨勢，如圖 6-12 所示。

---

[12]　1mil=25.4×10−6m。

第 6 章　功率封裝的模擬分析與技術應用

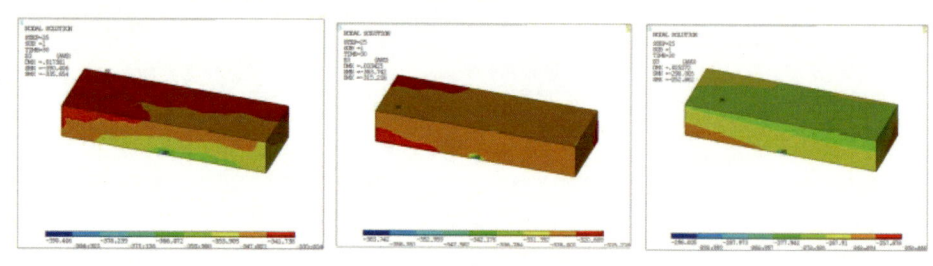

圖 6-11　不同晶片尺寸下的受拉應力（高溫）計算圖

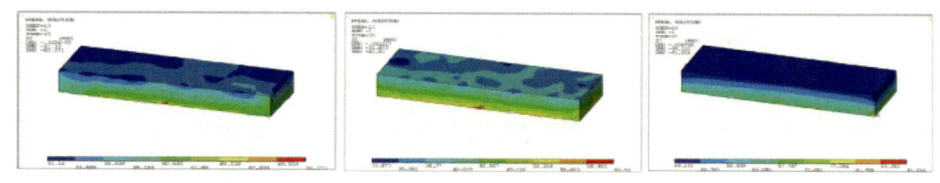

圖 6-12　不同銲料厚度下的受壓應力（低溫）計算圖

150℃下的受拉應力，分別是 52.27MPa、62.91MPa、91.01MPa，可以看到，隨著晶片尺寸的增加，第一主應力（受拉應力）增大的趨勢。由此，透過溫度循環模擬，對頂針產生的印痕而導致的不同應力狀況，得到如下結論：

1）在頂針印痕附近的第一主應力（受拉應力），隨著晶片尺寸的增加而減小。但晶片尺寸增加導致的應力值的減少不顯著，隨著晶片尺寸從 1630μm×1670μm 增大到 3380μm×2630μm，第一主應力只有約 11% 的減小幅度。

2）頂針印痕面積和深度的增加（從 5000Å[13] 到 15000Å）會導致第一主應力增加 6%。

3）晶片厚度的增加（從 10mil 到 16mil）會導致第一主應力增加 66%。

4）銲料厚度的增加（從 0.5mil 到 3.0mil）會導致第一主應力減少 74%。

---

[13]　原子直徑的單位常用奈米（nm）和埃（Å）。1Å=0.1nm=10 − 10m。

這個溫度循環結合頂針印痕缺陷的模擬，告訴工藝設計者，為了防止晶片裂紋的產生及後續微裂紋的擴展而影響可靠性，要嚴格控制頂針的印痕，且銲料厚度（BLT）不能太薄，越厚的晶片，在高溫時受到的受拉應力作用越大，其可靠性不如薄晶片。

2. 功率循環

功率元件中的典型可靠性考核項目是功率循環，主要考察在功率循環的過程中，銲點疲勞強度的問題，在離散功率元件中，該項也是重要的考察項目，模擬功率循環載入，觀察銲點（主要是在晶片上的第一銲點）的受力狀況對實際生產的品質控制具有現實的指導意義。功率循環對比溫度循環的載入，主要不同點在於受熱的方式不同。溫度循環過程中，雖然是交變的高溫到低溫的載入，但在一定的溫度保持時間內，施加的是恆定的溫度場，而功率循環是施加週期性的功率作用於晶片，因此其發熱方式是從晶片開始作用到各個封裝相關的材料，由於材料熱阻的不同，其溫度分布是不均勻的，但在某個材料界面，其溫度是均勻的，所以如果要了解銲點的溫度，就要代入不同的材料熱阻，得到模型如圖 6-13 所示（以 TO-263 封裝為例）。

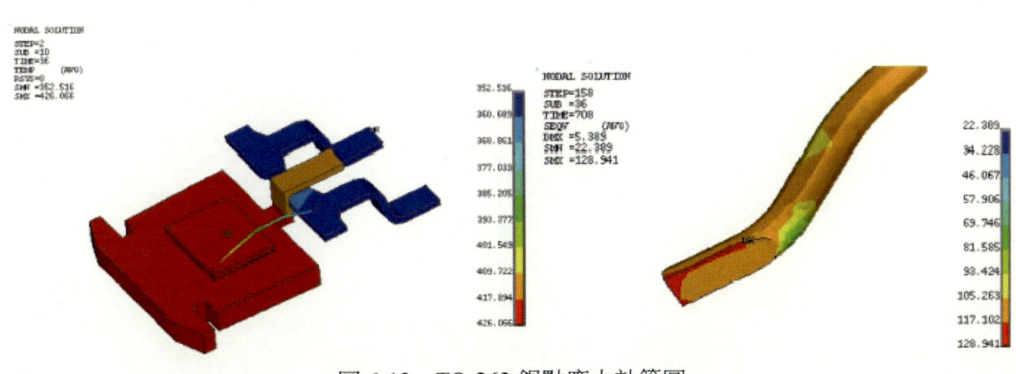

圖 6-13　TO-263 銲點應力計算圖

第 6 章　功率封裝的模擬分析與技術應用

　　晶片表面的溫度（包括第一銲點）圖中，紅色區域是 426K，計算第一銲點應力，發現最大應力值為 128MPa（鋁線的拉伸強度 σ_b 為 110MPa），因此必然存在應變，計算應變得到如圖 6-14 所示的結果。

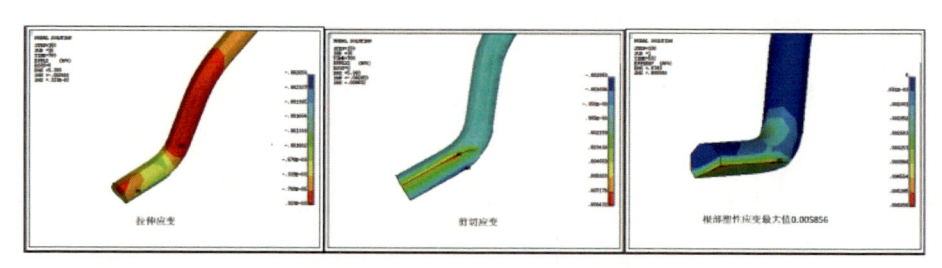

圖 6-14　TO-263 銲點應變計算圖

　　從而計算銲點循環壽命週期：$N_f = C \times \varepsilon^{-m}$，這裡 C 是常數 1，m 是關於鋁線的參數，等於 1.4，得到 N_f=1334，在這種功率輸入循環下，只有 1,300 次左右的壽命，就會逐漸發生脫落或疲勞斷裂。為了提高功率循環壽命，需要減少應力集中，降低應變發生的機率，提出如圖 6-15 所示的改進方向。

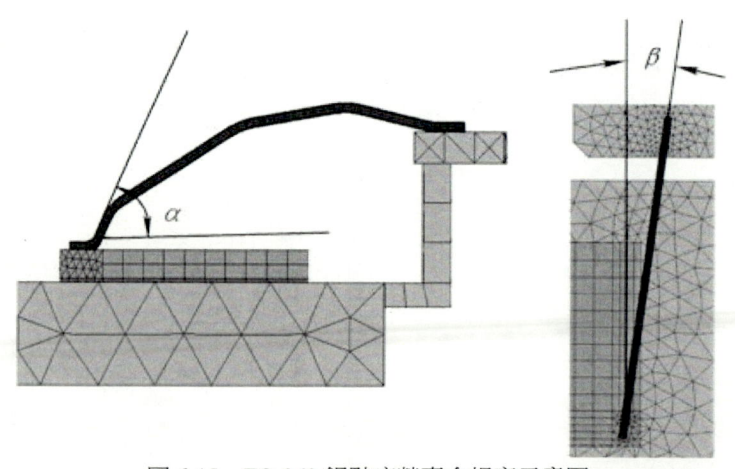

圖 6-15　TO-263 銲點疲勞壽命提高示意圖

接合時盡量減少 α，以減少應力集中，設定合適的 β，減少銲線的扭曲，並增加銲點的厚度（增加銲線線徑），以此來改善銲點的應力集中狀況，可以有效地提高耐功率循環的壽命。

總之，物理模擬包括機械應力模擬、熱模擬、可靠性載入模擬，可以為封裝的結構設計、工藝方法開發、失效原理分析等，提供強而有力的技術支援，可以做最佳化設計，能以最小的代價，獲得合理的結構，是封裝開發和品質提升強而有力的工具。此外，結合電效能模擬，得到電流密度方向，能夠描繪功率密度，找到發熱源頭，更可以服務於封裝開發，尤其在高功率模組的開發中，得到廣泛的應用，這裡不贅述，有興趣的讀者，可以參閱相關技術數據。

思考題

1. 模擬的基本原理和假設是什麼？
2. 功率封裝模擬的種類有哪些？
3. 怎麼做可靠性載入？
4. 熱和應力的模擬怎麼結合？
5. 根據模擬結果如何做最佳化？

參考文獻

[1] 朱正宇. 半導體封裝鋁線銲點根部裂紋分析與改進 [D]. 上海：同濟大學，2006。

第 6 章 功率封裝的模擬分析與技術應用

第 7 章

功率模組封裝技術與系統整合

在前面第 3 章已經對功率模組的封裝特點做了一些闡述，本章詳細說明功率模組封裝的具體過程。

7.1 功率模組的特點及其發展

發展功率模組的動機，主要是能量密度的高度整合，絕緣安全和電力電子的電路拓撲簡化，現在 AC/AC 的轉換，對電力電子來說是最常見的應用。圖 7-1 是基於英飛凌公司的功率模組應用發展線路圖。

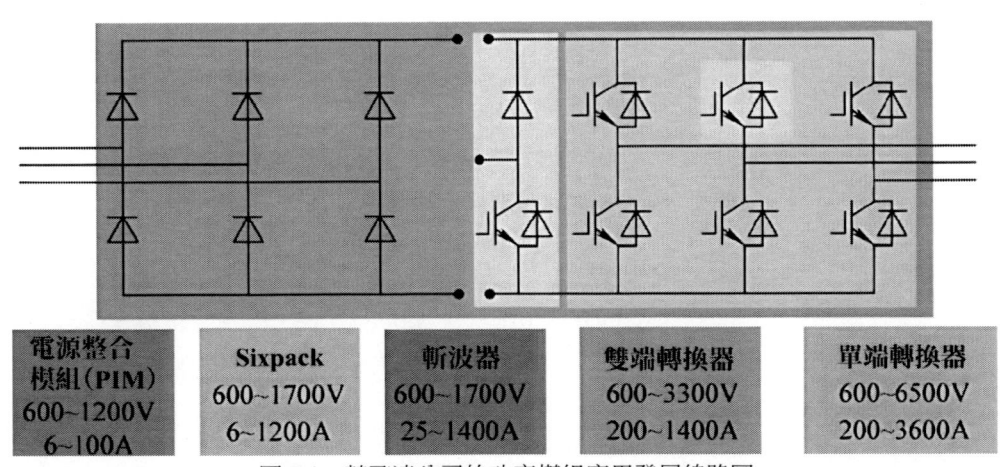

電源整合模組(PIM)	Sixpack	斬波器	雙端轉換器	單端轉換器
600~1200V	600~1700V	600~1700V	600~3300V	600~6500V
6~100A	6~1200A	25~1400A	200~1400A	200~3600A

圖 7-1 英飛凌公司的功率模組應用發展線路圖

功率模組常見的挑戰有：①由於不同材料 CTE 的差異引起的熱變形

第 7 章　功率模組封裝技術與系統整合

不同，而造成的額外應力（典型的銅是 17×10^{-6}/℃，矽是 3×10^{-6}/℃，陶瓷是 6×10^{-6}/℃）；②功率模組通常要通過大電流，所以散熱問題很關鍵；③功率模組一般承受的電壓較高，最高可達上萬伏特，因此絕緣安全性問題尤為重要。1975 年開始採用的壓接，是一種基本的解決方案，壓接的特點是採用非常厚的銅基座以產生導流和散熱的作用，晶片採用鉬合金材料燒結到基座上（銀燒結是 1986 年才開始有的）。這種結構的好處是可以解決因 CTE 失配帶來的晶片移動問題，但過於笨重的機械結構，限制了電流承載密度，同時安裝時的振動，對晶片的可靠性影響還是很大的，早期的 34mm 壓接式功率模組，如圖 7-2 所示。

圖 7-2　早期的 34mm 壓接式功率模組

在 1975～1987 年，美國公司採用了軟釺銲料的方式來生產閘流體和可控矽功率元件。軟釺銲料的優點是對於 CTE 失配的情況，可以產生很好的應力吸收和緩衝作用，減少熱應力的傷害，提高模組可靠性。隨著 1980 年代中期矽基電力電子技術的發展，更多採用打線接合（Wire Bonding）技術來做內互連，第 4 章已詳細介紹其特點。採用軟釺銲料後的模組，取消了壓接的單面結構，在功率循環中，熱應力主要是會對銲料層產生變形，情況嚴重的話，會導致銲料層斷裂，從而限制功率循環的壽命。由此開發出銀燒結工藝（前面已有具體介紹）。為了匹配 CTE 兼顧絕緣要求，1978 年，德國 IXYS 公司首次把覆銅陶瓷基板（Direct Bonding Copper，DBC）材料用於功率模組，其 CTE 為 8ppm/K，接近

矽，具有良好的導熱、導電和對外絕緣效能（中間的陶瓷），可以在此基礎上開發不同的電路拓撲，從而提高模組的整合度和功率密度。表 7-1 對不同功率模組基板類型的特點做個歸納。

表 7-1 不同功率模組基板類型特點歸納

功率模組基板類型	英文全稱	開發時間	絕緣層材料	優點	缺點
DBC	Direct Bonding Copper	1978 年	Al_2O_3	低成本，被大量應用	散熱性不如其他
DBC	Direct Bonding Copper	1980 年代	AlN	R_{th} 較好，散熱較好（比 Al_2O_3）	成本高（比 Al_2O_3）
AMB	Active Metal Brazed	1990 年代	AlN	R_{th} 更好，散熱更好	製作工藝複雜
AMB	Active Metal Brazed	21 世紀	Si_3N_4	R_{th} 更好，散熱更好，較高機械強度	製作工藝複雜
DAB	Direct Bonded Al Metalized	1990 年代	AlN	高溫度循環能力	低功率循環能力
IMS	Insulated Metal Substrates	1980 年代	Polymer	靈活，低成本	不適合高功率

內互連的主要發展趨勢是從鋁線、鋁帶到銅片和銅線，其中，銅線和銅片是最近開發出的內互連工藝，主要是結合了燒結後再做內互連，

第 7 章 功率模組封裝技術與系統整合

後面具體介紹其特點。

功率模組的發展隨著對基板材料的深加工和電路拓撲的創新,其結構變得越來越「PCB」化,類似的先進封裝業和系統級封裝業,都採用大量 PCB 技術,如 SMT 等,封裝業和電子製造服務業(Electronics Manufacturing Services,EMS)也早已相互滲透。在 1980 年代提出取消壓接方式、採用電路板一體式安裝解決方案的需求推動下,德國 IXYS 和英飛凌公司相繼推出了採用針形端子連接的模組類型,圖 7-3 是英飛凌公司的典型 Easy Pack 內部結構實物圖。其封裝特點是把針形端子逐個插入對應基板上的針座裡,針座和針形端子實現過盈配合,從而實現可靠的電路通路,針座和晶片等採用印刷回流銲接的方式,用軟釬銲料連接在基板設計指定的位置。當然除了針形端子對外連接外,還有採用螺釘連接方式的端子,以及採用傳統銲接方式(超音波壓接或點銲等)等實現端子和外部的電路連接。

圖 7-3 Easy Pack 內部結構實物圖

散熱方式也隨著功率密度的增加、散熱要求的提高,而發展出不同的模式。傳統的方式都是採用導熱矽脂把 DBC 的背面和散熱金屬片連接在一起,這種連接方式的弊端,是在安裝散熱片和安裝模組的過程中,有回流銲接等熱衝擊的過程,容易發生導熱矽脂層的裂紋,從而影響散

熱效率。因此減少熱衝擊對散熱矽脂的影響，對於安裝散熱片具有重要意義。此外，不同的散熱方式對熱阻 $R_{th}ja$ 和 $R_{th}jc$ 及系統散熱的影響是巨大的，傳統空氣對流方式的散熱效率是水冷方式散熱效率的二分之一，而採用柱狀散熱片（Pin Fin）水冷方式的散熱效率，是一般水冷方式散熱效率的一倍以上，採用 AlN 散熱片和柱狀散熱片方式接近。所以選擇不同的散熱片材料、結構和冷卻方式帶來的散熱效率，是有很大差別的，當然也要具體考量應用場合和成本，結合各種因素，選擇 CP 值最佳的方案。圖 7-4 是英飛凌公司給出的幾種材料結構和散熱方式的比較。

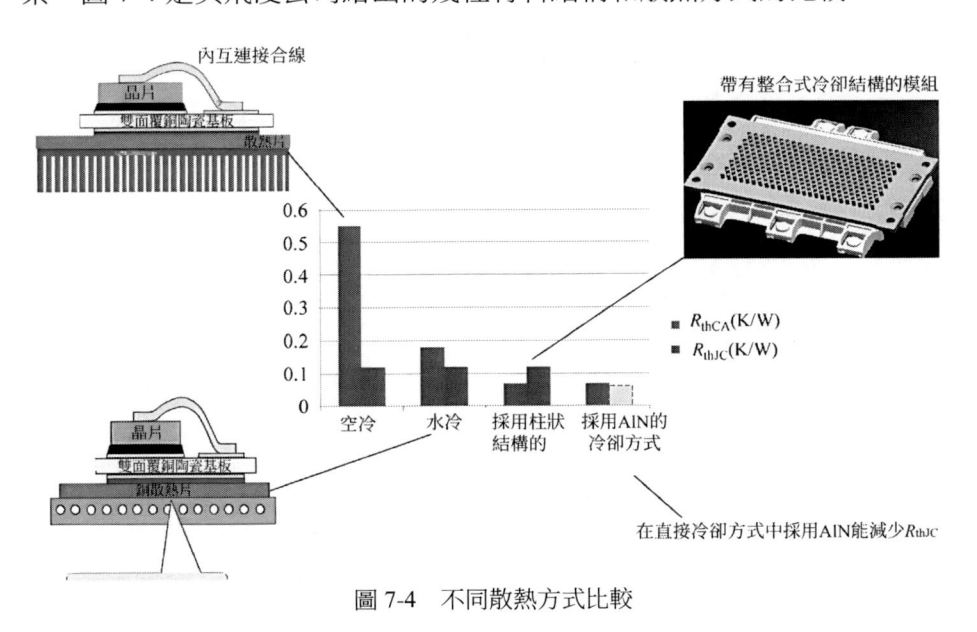

圖 7-4　不同散熱方式比較

7.2　典型的功率模組封裝製程

目前市場上功率模組主要有三種形式，一是智慧功率模組（IPM），其特點是採用塑封、多晶片，包括 IGBT、FRD 及高低壓 IC，甚至還有被動元件元件，合封在一個封裝裡，這種封裝模式，以功率離散元件的

封裝設計思路為基礎,採用引線導線架及 DBC、銲料晶粒接合、金鋁線混打、塑封的方式,目標市場是白色家電應用和消費電子,以及部分功率不大的工業場所;二是採用灌膠盒封的功率模組,一般採用 DBC,粗鋁線、粗銅線接合或銅片銲接,銲料晶粒接合或銀燒結工藝,端子採用銲接壓接方式,灌入導熱絕緣混合膠保護,塑膠盒外殼,適用於高功率工業品和汽車應用場景;第三種其實是結合了前兩種的優勢,採用 DBC、銅柱、銲料晶粒接合或銀燒結工藝,打線或銅片銲接接合、塑封形成雙面散熱通道。此外,SiC 模組的結構和製程可以是前兩種,為了充分發揮 SiC 材料的耐高溫優勢,其封裝技術主要發展趨勢是採用銀燒結代替銲料,採用銅(銅線、銅片)做內互連,代替粗鋁線內互連。

圖 7-5 是典型的 IPM 封裝路線(分為純導線架銀膠晶粒接合類、純導線架軟釺銲和銀膠混合晶粒接合類,以及銲料晶粒接合 DBC 類三種)。

7.2 典型的功率模組封裝製程

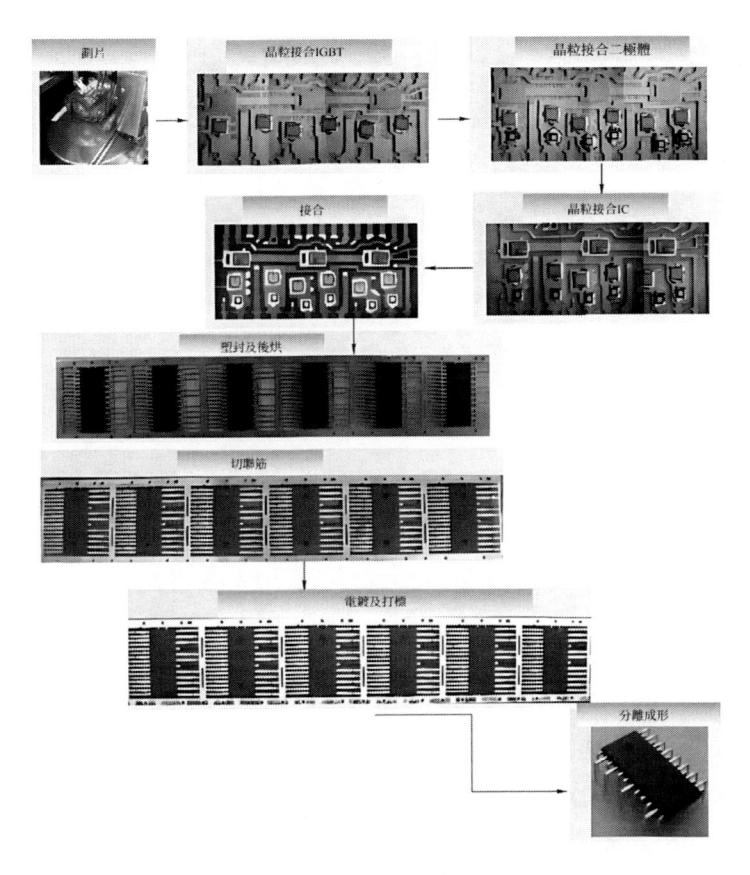

圖 7-5　IPM 封裝線路圖

純導線架銀膠晶粒接合類製程做出的 IPM 主要用於小功率的家電電源，水泵調速變頻控制等場合，基於傳統的 IC 封裝方式，採用銅線內互連和全塑封，是成熟的封裝技術的延伸。純導線架軟銲錫和銀膠混合晶粒接合類 IPM 封裝線路（以快捷半導體 SPM 生產流程為例），如圖 7-6 所示。

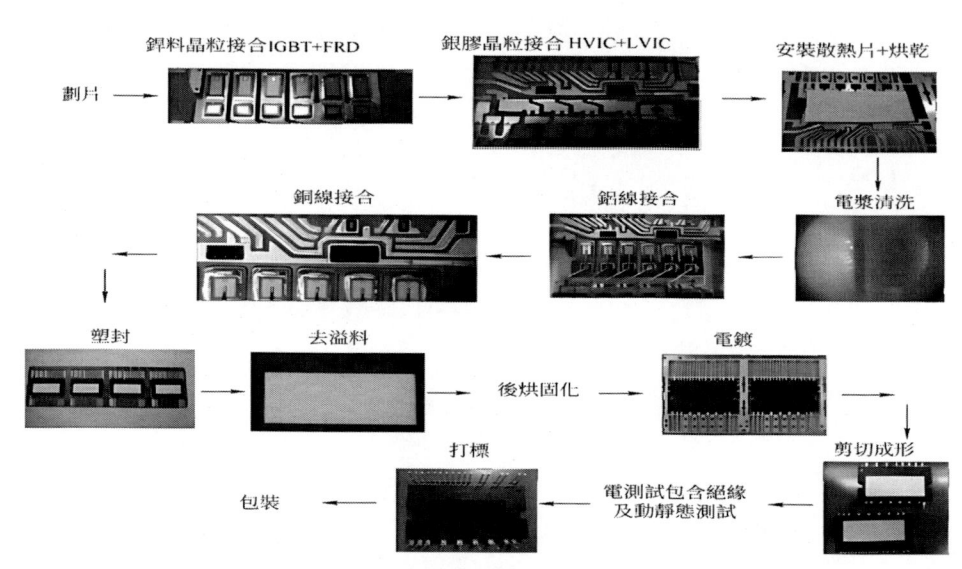

第 7 章　功率模組封裝技術與系統整合

圖 7-6　採用純導線架軟釬銲和銀膠混合晶粒接合類 IPM 封裝線路圖

採用這種方式封裝的模組特點是有散熱片，一般是陶瓷，功率晶片採用粗鋁線，晶片控制部分採用金銅線接合，功率較大，可用於白色家電變頻調控的大多數場合，其特點是貼片分為控制晶片和功率晶片，分別採用傳統的點銀膠和軟釬銲的方式晶粒接合。一般先做功率晶片，因為軟釬銲熱機的溫度較高，達到 350℃，銀膠烘乾只有 100℃左右，還有特殊的一道散熱片（一般是陶瓷片）的安裝工藝，該工藝採用矽膠黏結陶瓷片後烘乾，這道工藝的困難點是點膠塗布的均勻性，加熱和加壓的控制，以確保可靠連接（貼緊才能展現散熱作用），同時要控制氣泡，並確保一定的厚度，厚度過厚會在塑封時壓裂陶瓷片，太薄則會造成塑封料溢料覆蓋，影響散熱效率。因此，一般在塑封完成後，需要安排一道雷射去溢料的程序。此外，綁線的夾具設計也很特殊，需要先做鋁線，因為粗鋁線的剛度較好，在後續物料傳動過程中，可以有效抗形變。金銅線的壓板設計也很特殊，需要避開已經綁線完成的鋁線區域，因此需要

7.2 典型的功率模組封裝製程

抬高打線區域,這也是在導線架設計時需要考慮的因素。

銲料晶粒接合 DBC 類 IPM 封裝線路,如圖 7-7 所示。

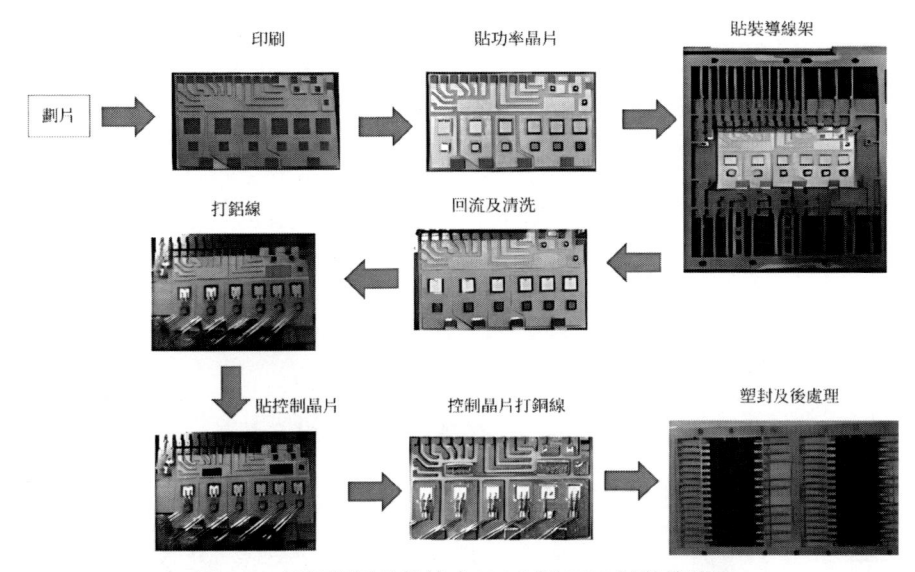

圖 7-7 採用銲料晶粒接合 DBC 類 IPM 封裝線路圖

採用 DBC 作為基板,再在其上安裝功率晶片並進行內互連,是功率模組發展的一個重要里程碑。如前所述,DBC 既兼顧功率元件內互連及導熱散熱的需求,又因為其絕緣性,能夠滿足安規的要求,特別適用於高功率場合。DBC 類型的 IPM 是 IPM 封裝技術的進一步提升,採用 SMT 技術,把功率晶片被動元件元件(電容、電阻)有效地整合並封裝在一塊基板上,同時,採用粗鋁線內互連,以及設計抬高的導線架連接,安裝控制晶片,提高了晶片整合度,並能智慧化地分配功率。美國快捷公司開發的此類功率模組,將其稱為 SPM(Smart Power Module,SPM),和前面的 IPM 相比,其製程複雜性有所降低,更借鑑了傳統 EMS 行業的組裝技術,比如印刷、貼片、回流、清洗等電路板安裝技

第 7 章　功率模組封裝技術與系統整合

術。筆者曾在快捷半導體主導開發這一項技術，主要是在設計回流銲接夾具時，考量導線架和 DBC 及回流銲接夾具的熱吸收和膨脹的差異引起的封裝材料移動，及尺寸上的波動，所以需要鎖定，但過於鎖緊，又會造成材料膨脹時的熱應力無處釋放，從而產生導線架變形翹曲，這點和現在流行的先進封裝裡的基板類似。所以需要透過計算和實驗，來確定夾具的最佳化設計，從而確保生產良率。DBC 類型的 IPM 的後段製程和前述 IPM 沒有多少差別。因為採用塑封，所以尺寸的波動對塑封模具而言很致命，控制尺寸波動，尤其是導線架厚度方面的變化尤為關鍵。

灌膠盒封高功率模組封裝線路，如圖 7-8 所示。

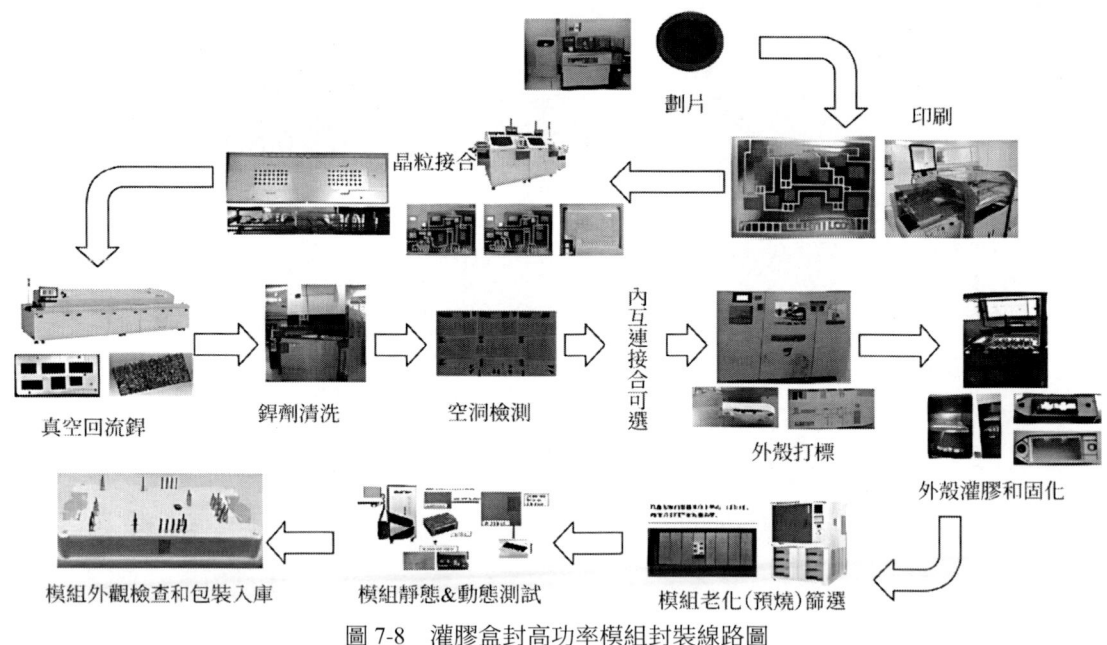

圖 7-8　灌膠盒封高功率模組封裝線路圖

圖 7-8 是典型的灌膠盒封模組製程，其中，內互連接合工藝視不同情況需求而新增，若採用銅片（也有叫銅夾）材料連接技術做內互連，就

無須內互連接合工藝，但如果因為晶片上的閘極非常小，需要做細鋁線接合，或乾脆就不用銅片，源極區域也採用粗鋁線接合。內互連接合是一道關鍵工藝，當然，其封裝內阻和導熱效能遠沒有採用銅片來得好。在高功率應用的情況下，應該盡量避免內互連接合，但因為銅片製造的客製化特性（需要根據不同的晶片尺寸和銲墊尺寸，及布局來訂製），其生產靈活度不夠，同時做銅片也對晶片表面純鋁的情況不適用，需要額外的電鍍鎳鈀金來改善晶片表面的可銲性（採用銲膏回流銲接連接銅片和晶片）。因此，在內阻影響不突出，散熱性影響不大的情況下，常常還是採用鋁線連結。

因為銅的電阻小、導熱快，又開發出粗銅線接合綁定技術，後面會詳述。也有一些公司為了提高可靠性，主要是功率循環方面，採用了盒裝塑封的工藝，該工藝的主要困難點是功能端子的安裝，因為端子一般較長，傳統的安裝方式是採用機械式壓接，通俗來說，就是把功能端子（PIN）一根根插入訂製的DBC銲接的端子基座裡。而採用塑封替代灌膠後帶來的工藝性問題，主要是要控制端子的尺寸波動帶來的後續測試端子接觸，同時塑封的壓力對盒子的選材和蓋子的密封性都帶來了工藝性問題，要得到成熟可靠的良率，必須花大功夫研究各個製程帶來的尺寸波動，透過精選材質（塑封料、盒子、盒蓋等），確保產量和良率。塑封雖然比灌膠可靠性更好，但工藝要求的確更高。因此，在此基礎上，開發出雙面散熱塑封功率模組，不一樣的電路拓撲，半橋一個模組，三個模組產生全橋三相調控的作用。

雙面散熱塑封功率模組封裝製程線路，如圖 7-9 所示。

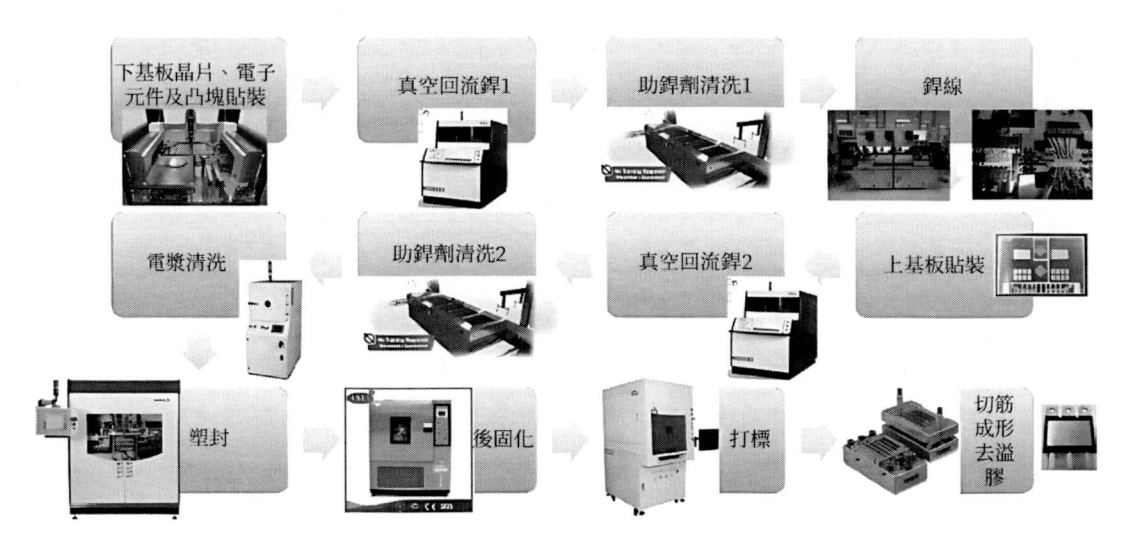

第 7 章　功率模組封裝技術與系統整合

圖 7-9　雙面散熱塑封功率模組封裝製程線路圖

　　這種工藝製作出來的模組，採用雙面 DBC 和銅柱，可以採用內互連綁線接合，也可以採用銅片內互連，塑封後厚度可控，非常薄，又稱刀片式功率模組。具有電路拓撲簡單、可靠性高、功率密度大、散熱性優良、安裝方便等優點。表 7-2 是兩種模組（雙面散熱和傳統灌膠盒封類型）的比較。

表 7-2　灌膠盒封模組和雙面散熱模組的比較

	灌膠盒封模組	雙面散熱模組
外形（示意圖）		

7.2 典型的功率模組封裝製程

	灌膠盒封模組	雙面散熱模組
電路圖		
封裝結構	3個半橋在同一個模組裡	3個獨立半橋分三個模組組合
工藝特點	1）傳統綁線和盒裝方式 2）壓接方式	1）銅片方式或綁線和塑封 2）銲接方式
內部結構		
關鍵技術	AIWB+DBC+盒裝灌膠植PIN	銅片+DBC+塑封（厚度可調節）
散熱性	單面散熱	雙面散熱，效率相比提高60%
體積重量	相對大	相對減少20%（三個疊裝）

第 7 章　功率模組封裝技術與系統整合

	灌膠盒封模組	雙面散熱模組
安裝	機械螺絲固定，尺寸固定，無法擴充	插槽式，可根據實際開發，可擴充，增減方便

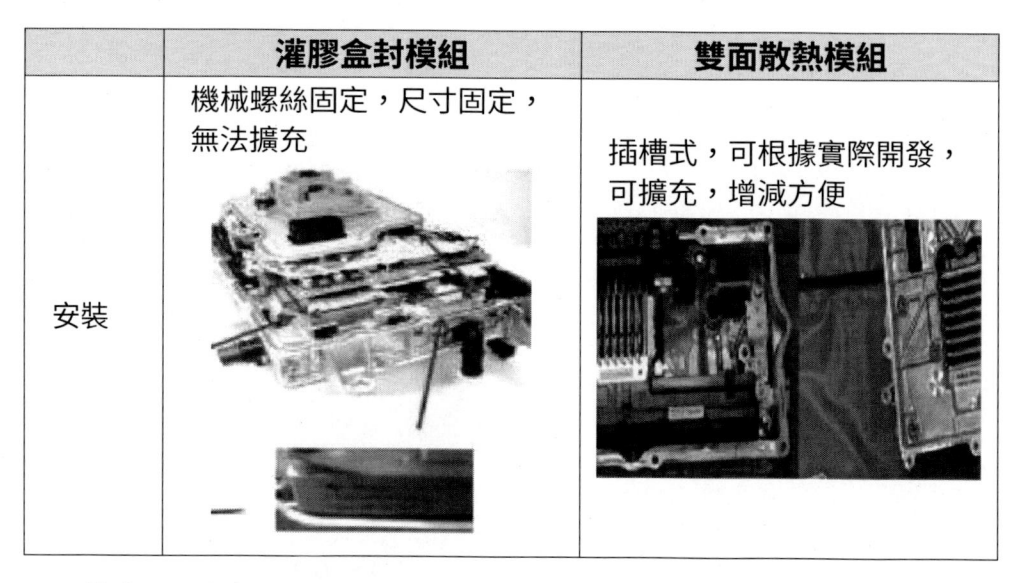

從表 7-2 中對比結果可知，雙面散熱模組的體積更小，哪怕是三合一，也比傳統灌膠盒裝模組更緊湊，因此功率密度更大。因為是雙面散熱，其散熱效率也比傳統灌膠盒裝模組更好。相對灌膠而言，塑封的封裝保護更好，更耐機械衝擊，並能有效提高可靠性，提升功率循環壽命。

7.3　模組封裝的關鍵工藝

有別於離散元件模組的製造，有一些特別的關鍵工藝技術，如銀燒結、粗銅線接合、植 PIN 等。以下分別就這些關鍵技術做一些介紹。

7.3.1　銀燒結

在前面的章節裡已經介紹過銀燒結的一般原理，銀燒結對比傳統的銲料結合，其機械強度、細緻度顯著提高，且因為是固相連接，形成原

7.3 模組封裝的關鍵工藝

子間相互擴散的細緻連接層,因此其導電、導熱的效率和效能,都比銲料有明顯的提高。所以銀燒結通常用於因為大電流、高電壓帶來的高功率應用場所,因為功率大,所以散熱和可靠性問題尤為關鍵,銀燒結可以在溫度和應力循環過程中,保持固相連接層的強度,其可靠性表現可以達15萬次以上的功率循環而不產生裂紋,甚至晶片本身都不一定能達到如此高的疲勞載入循環壽命。這種高功率情況下的優良可靠性表現,使其成為高功率模組的製造晶粒接合首選,尤其是採用碳化矽等第三代寬能隙半導體材料的應用場合。我們知道,碳化矽等第三代寬能隙半導體材料比傳統矽基材料的接面溫度高,達200°C以上。一般矽基材料在175°C以上就會出現失效。耐受溫度的提升,大大提高了元件工作溫度的範圍和可靠性,因此碳化矽等多用於高功率模組場合,因為成本問題,目前在汽車上的應用趨勢非常明顯。所以銀燒結用於碳化矽等場合是功率模組的發展趨勢,未來可以成為標準配置。圖7-10為銀燒結與銲接的比較。

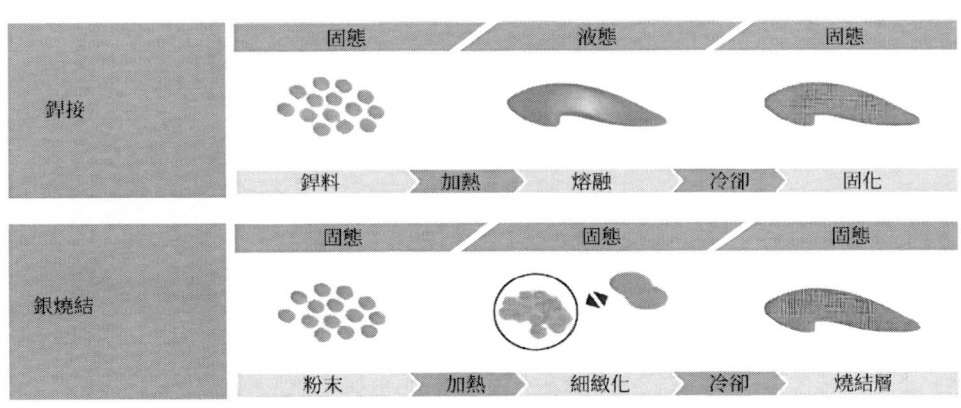

圖 7-10 銲接和銀燒結原理比較示意圖

燒結銀和含銀銲料相比,具有顯著的優勢:耐高溫、導熱好、可靠性高、厚度可控。具體特性比較,見表7-3。

表 7-3　含銀銲料與燒結銀比較表

特性	銲料（SNAg3.5）	燒結銀	單位
熔點	221	961	°C
熱傳導率	20	240	W/（m·K）
導電率	8	41	MS/m
工藝厚度	最大 90	最大 20	μm
熱膨脹係數（CTE）	28	19	1/K
機械強度	30	55	MPa
工藝溫度	260～300	200 左右	°C

　　銀燒結用到的銀，有奈米銀和直徑 0.1μm 左右的非奈米銀，其應用場景有所不同。銀燒結的燒結工藝分有壓和無壓兩種，無壓燒結的情況下，其熱傳導率大約在 100W/（m·K），差不多是有壓燒結的一半，但對比銀膠 1～5W/（m·K）和銲料的 35～65W/（m·K），還是有顯著性的提高。有壓燒結的可靠性最好，但工藝設備要求也很複雜，其工藝過程如圖 7-11 所示。

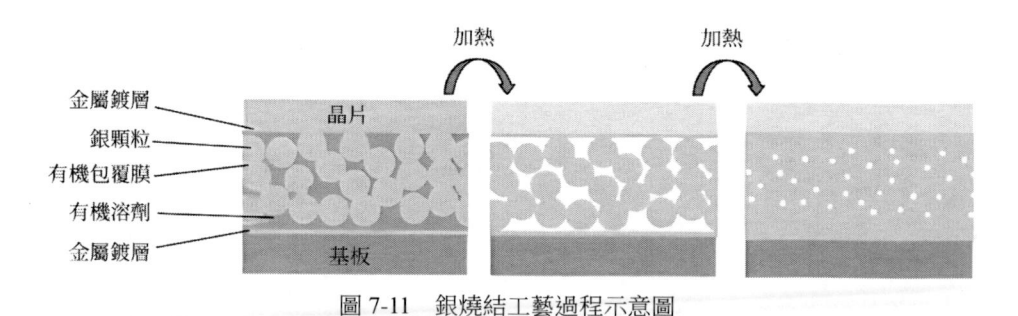

圖 7-11　銀燒結工藝過程示意圖

7.3.2　粗銅線接合

　　內互連實現電特性與外部的連接，是封裝的主要目的，傳統的內互連方式主要是打線接合（Wire Bonding），對功率模組來說，傳統的打線

7.3 模組封裝的關鍵工藝

方式是鋁線超音波壓銲，採用多根粗鋁線（10mil 以上），把晶片的源極和外部定義的引腳端子銲墊連接起來，產生通電和導熱的作用。這種方法工藝成熟，非常靈活，可以適用於模組內晶片不同布局而帶來的互連變化要求，相對於上節所說的銅片工藝，其雖然導電率和導熱性略差，但無須晶片特殊處理，且沒有晶片上閘極銲墊尺寸的限制，可根據銲墊大小，選擇不同線徑完成互連。隨著功率模組向追求高功率、高功率密度的方向發展，尤其是當採用碳化矽等高接面溫度第三代功率半導體元件，對內互連電阻、電感這些寄生參數敏感度、對散熱性方面的要求越來越高，需要找到一種既可以提升效能，又可以滿足生產靈活性的製程方法。因此，有人研究採用鋁包銅線，及粗銅線替代粗鋁線做超音波冷壓銲的方法。見圖 7-12 和圖 7-13 不同銲線方法特性的研究。

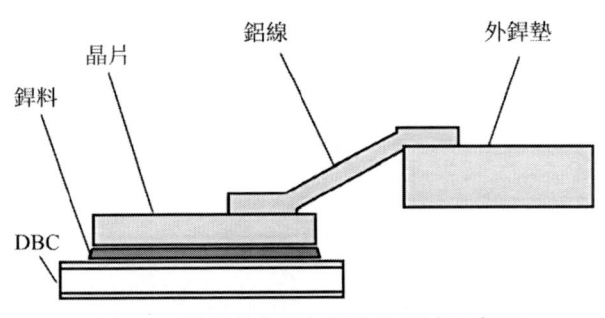

圖 7-12　粗鋁線和鋁包銅線內互連示意圖

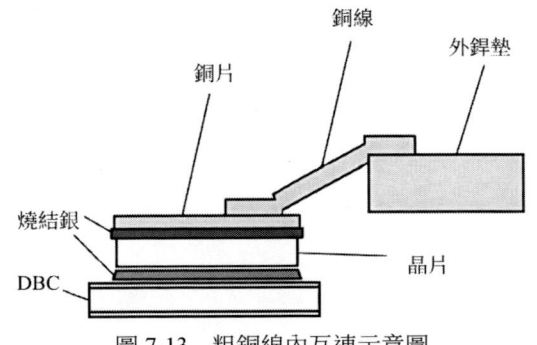

圖 7-13　粗銅線內互連示意圖

第 7 章 功率模組封裝技術與系統整合

表 7-4 為三種內互連接合（綁線）比較表。

表 7-4 三種內互連接合（綁線）比較表

線材	粗鋁線	鋁包銅線	粗銅線
橫截面形狀			
接合實物照片（來源於賀利氏）			

7.3 模組封裝的關鍵工藝

線材	粗鋁線	鋁包銅線	粗銅線
	低	中	高
熔斷電流	(圖表：熔斷電流/A 對 線徑/μm，顯示粗鋁線、鋁包銅線、粗銅線三條曲線，線徑範圍100~550μm，熔斷電流0.00~70.00A)（數據：來源於賀利氏）	基本上同粗鋁線	需要在晶片表面做銅層，其他同粗鋁線
工藝特性	靈活，成熟	基本上同粗鋁線	需要在晶片表面做銅層，其他同粗鋁線
可靠性(功率循環)	一般在3萬~5萬次	同粗鋁線	結合銀燒結後可達15萬次以上

287

第 7 章　功率模組封裝技術與系統整合

可見粗銅線接合的方式做內互連具有效能上的顯著優勢，結合燒結銀後，可以顯著提高產品的可靠性。粗銅線銲接的主要障礙是需要在晶片表面做一層薄銅，以保護晶片不被打裂，或受到其他機械損傷。超音波壓銲的原理是透過壓緊銲材和母材做高頻振動摩擦，以產生塑性變形，進而形成互連接頭。這個過程中，因為晶片表面一般是鋁，如果直接用銅線接觸鋁表面，因為銅比鋁硬，繼而在加壓的狀況下，銅容易刺穿鋁層，加上機械振動的因素，容易傷及晶片的電路層，且異種金屬之間的銲接可靠性不如同種金屬間可靠。所以有必要先在晶片表面做銅薄層，一般在 50μm 左右，做這層銅，有兩種常見的方法，英飛凌公司的專利是用電鍍的方法，直接在代工廠解決。德國賀利氏公司開發了另一種方法，即透過燒結銀，把薄銅片燒結在晶片表面。這兩種方法都可以得到高品質的銅薄層。圖 7-14 是賀利氏公司的 DTS（Die Top System）技術結構。

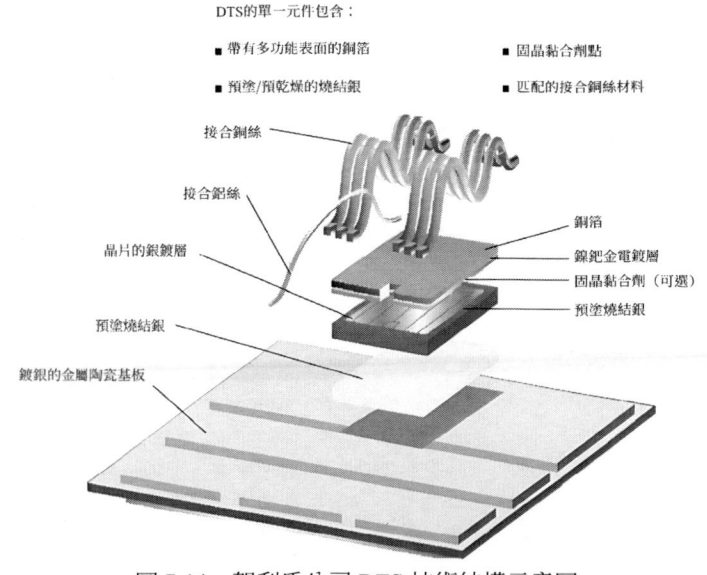

圖 7-14　賀利氏公司 DTS 技術結構示意圖

7.3 模組封裝的關鍵工藝

為了打粗銅線，先要做一層銅箔層，圖 7-15 是賀利氏公司銅箔層製作流程。該工藝的特點是，先把銅片做成類似晶圓的方式貼在膜上，在銅片背面布敷燒結銀材料，再透過類似晶粒接合中處理晶片的方式，拾取銅片並瞄準，將其貼裝到晶片表面，施加一定溫度，在一定時間內完成燒結的工藝。

7.3.3 植 PIN

模組因為其電路拓撲的不同，一些功能性的引腳端子，一般不能和傳統導線架類封裝的引腳分布一樣，分為單邊、雙邊或四周型的布局，其腳位分布有點類似引腳網格陣列（Pin Grid Array，PGA），但也不規則，該腳位的設計，需要考慮電路拓撲，也需要遵循製程規律和條件。

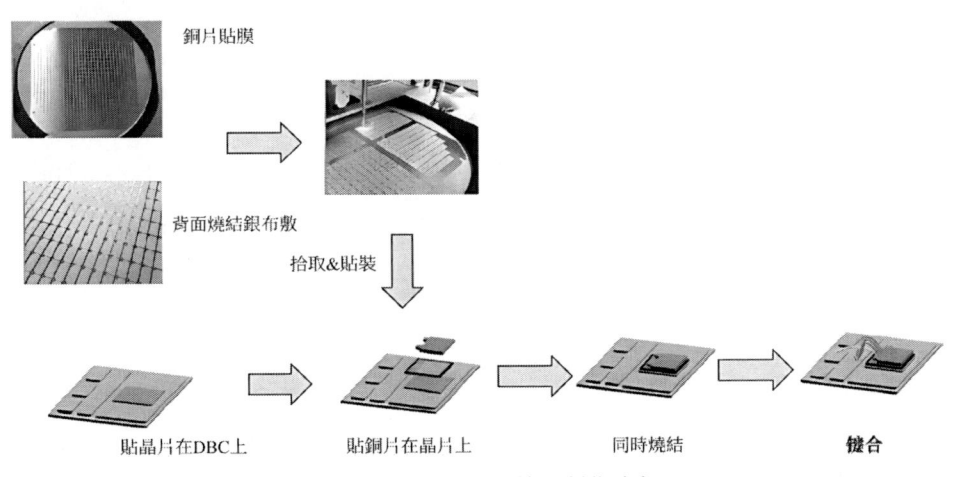

圖 7-15　賀利氏公司銅箔層製作流程圖

圖 7-16 所示是英飛凌公司的 Easy Pack 外形圖。圖 7-17、圖 7-18 所示為 PIN 封裝體透視結構圖和實物圖。

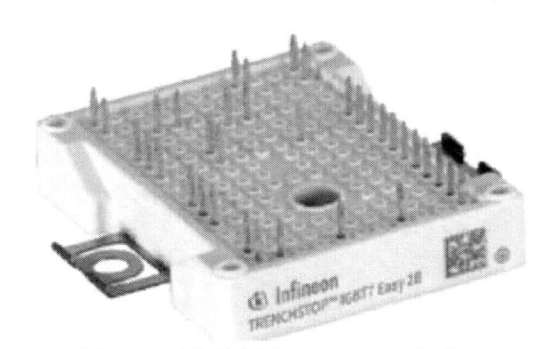

第 7 章　功率模組封裝技術與系統整合

圖 7-16　英飛凌公司 Easy Pack 外形圖

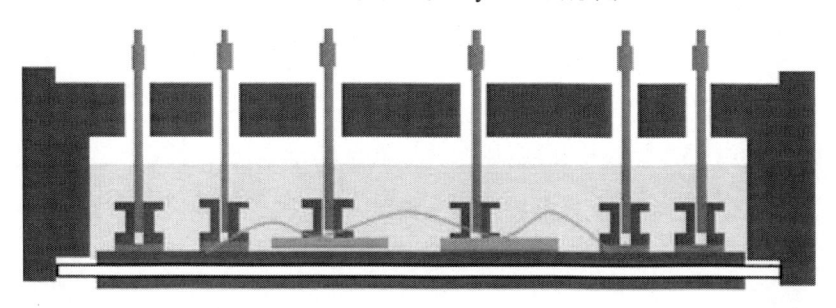

圖 7-17　PIN 封裝體結構側面透視示意圖

這是目前較成熟的 PIN 安裝結構，由圖 7-17 可見，通常先透過 SMT 技術，利用印刷貼裝回流的製程，使針座和設計在基板上對應的銲墊做好內互連，並保持一定的機械精度和剛度。再透過機械壓入的方式，把對應的 PIN 插入針座中，因為是過盈配合，因此 PIN 可以緊密固定在針座中，並保持垂直方向。蓋上蓋子後，相應的針腳外露，使用時和外部電路板上的對應孔安裝固定後，形成電路通道。此外，也有不採用針座機械壓接的方式，而把針直接透過印刷貼裝回流銲接，安裝在基板上。這種方法需要設計精密的銲接定位工具，以確保 PIN 在做回流銲接時被固定住，且回流曲線和條件，要考慮銲接夾具的吸熱和對熱流分布的影響造成溫度場的差異，所以回流時，其工藝條件設計較複雜，同時夾具的設計，包括選材，也非常關鍵。無論採用哪種方式，PIN 或針

7.3 模組封裝的關鍵工藝

座銲接完成並做好內互連後，都需要進行通斷測試，以確保電效能的功能可靠。完成後，需要把基板（包括內互連元件）裝盒灌膠，施以覆蓋保護，蓋子做密封處理。灌膠時採用抽真空的方式，以確保膠體內部沒有氣泡，產生良好的導熱作用。也有採用塑封的方式，這種方式的優點是塑封料的選擇面廣，可以採用高導熱性填料來進一步提升導熱效果，同時，塑封體的細緻度比膠體高，更可以對電路進行保護。同時可靠性方面，單就功率循環來說，塑封一般比膠體的可靠性壽命提高 20%～30%。但也因為塑封後的模組本身較硬，PIN 的位置就相對固定，沒有可些微擺動的空間，因此，對針的位置精度要求非常高，否則會帶來後續成品測試時對準接觸不良，影響產品測試的良率。而採用膠體的情況，在測試時，測試的金手指則對針具有自我對準校正的功能。塑封方式對材料和工藝波動的控制要求更高，所以選擇塑封時一定要謹慎。

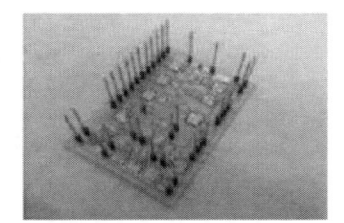

圖 7-18　PIN 封裝體針座結構實物圖

7.3.4　端子銲接

外接端子的銲接品質也對模組的使用和壽命有重要影響，圖 7-19 為某製造公司 SiC 三相全橋功率模組的端子銲接結構實物圖。

因為需要通過高功率、高電壓、大電流，所以銲接品質非常重要。傳統的銲料銲接連接外端子顯然有弊端，在大量發熱的情況下，銲料界面的熱量會積聚，當溫度高到接近或超過銲料熔點時，銲料層會軟化，

第 7 章　功率模組封裝技術與系統整合

進而導致脫落的問題，影響功能和使用壽命。因此廣泛採用超音波壓力銲，不同於超音波接合，其能量和銲材有所不同，一般端子材料都是銅，DBC 表面也是銅，沒有了脆弱的晶片限制，可以採用硬規範，比如加大振幅能量和壓力，使同種金屬間的摩擦加劇，相互間的塑性流動更充分，在壓力作用下形成可靠的銲點。

圖 7-19　端子銲接結構實物圖

思考題

1. 功率模組的類型有哪些？
2. 覆銅陶瓷基板（DBC）有哪些種類？各自的特點是什麼？
3. 功率模組的封裝主要過程有哪些？
4. 功率模組的封裝關鍵技術有哪些，各自關鍵點是什麼？
5. 總結歸納功率模組的封裝及結構發展趨勢。

第 8 章
車用規格半導體封裝的特點與技術要求

汽車用到的半導體晶片，統稱汽車半導體，也有稱為汽車電子，實際上汽車電子的範圍更廣，包括汽車上和電相關的所有電子元件元件和系統，尤其是電子元件元件組裝後形成的 PCB，和所實現的系統功能。這裡我們專指車用半導體元件的封裝，包括多晶片模組，但不包括 PCB 級的電子系統，即車規級半導體封裝的特點及要求。汽車半導體按照在車上的應用，主要分為四大類：微處理器（MCU）、功率半導體元件、感測器和其他（如影音娛樂等），其分布如圖 8-1 所示。

汽車半導體整體領域構成情況

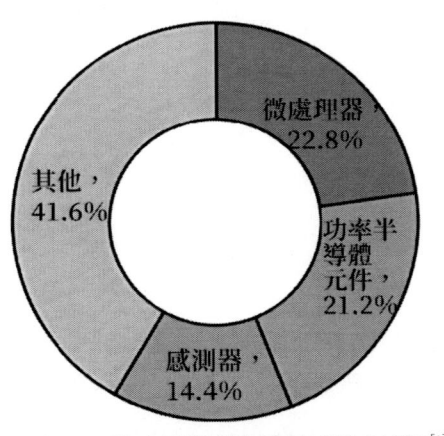

其他，41.6%
微處理器，22.8%
功率半導體元件，21.2%
感測器，14.4%

圖 8-1　汽車半導體整體領域構成情況[1]

第 8 章　車用規格半導體封裝的特點與技術要求

近年來，隨著汽車電動化的發展趨勢，汽車半導體的構成比例也有所變化，圖 8-2 是傳統燃油車和採用電機驅動的新能源車的車用半導體構成圖。

傳統燃油汽車半導體類型用量比例情況　　　　純電動車半導體類型用量比例情況

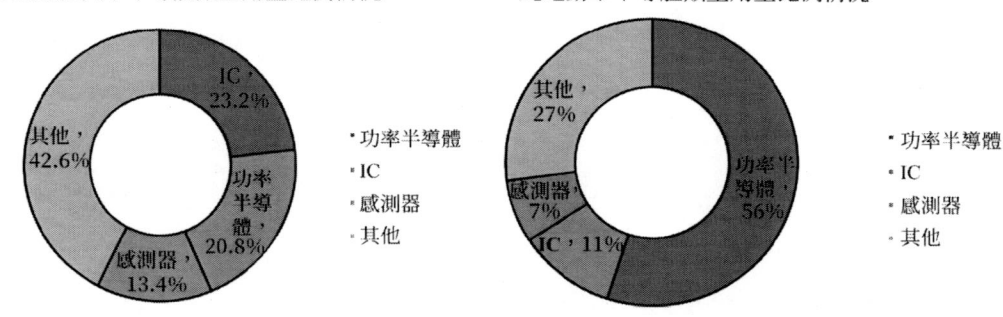

傳統燃油汽車：IC，23.2%；其他，42.6%；功率半導體，20.8%；感測器，13.4%
・功率半導體
・IC
・感測器
・其他

純電動車：其他，27%；功率半導體，56%；感測器，7%；IC，11%
・功率半導體
・IC
・感測器
・其他

圖 8-2　車用半導體比例之傳統燃油車 VS 純電動車[1]

尤其值得注意的是，功率半導體的比例從 21% 增加到 56%，幾乎是翻倍增加。汽車半導體的發展，隨著汽車電動化、智慧化的轉變趨勢，功率半導體的比例越來越高，對汽車行業的發展產生決定性作用。

隨著電動化趨勢的發展，使車用功率元件在汽車上的應用比例從 21% 成長到 56%，功率元件的成長非常明顯，也越來越突顯車規級功率半導體對汽車行業的重要性。封裝是形成半導體元件元件的最後步驟，決定了產品的電功能實現，也決定了產品的使用壽命和可靠性。對汽車來說，要求零缺陷是生產指導思維，其從誕生開始，經歷了一系列生產活動和方法研究，汽車（包括車規級車用產品）生產體系，主要有三個方面，需要從事車規級半導體元件的從業人員牢牢掌握，分別是：IATF 16949：2016 汽車業品質管理系統，汽車電子協會對汽車電子產品的測試標準和指南系列的 AEC-Q 系列，及對晶片設計或功能設計相關的汽車功能安全標準 ISO 26262，此外特別地，對功率模組的測試認證，目前業

界普遍接受的是按照 AQG 324 來考核。圖 8-3 是汽車半導體整個產業鏈全圖。

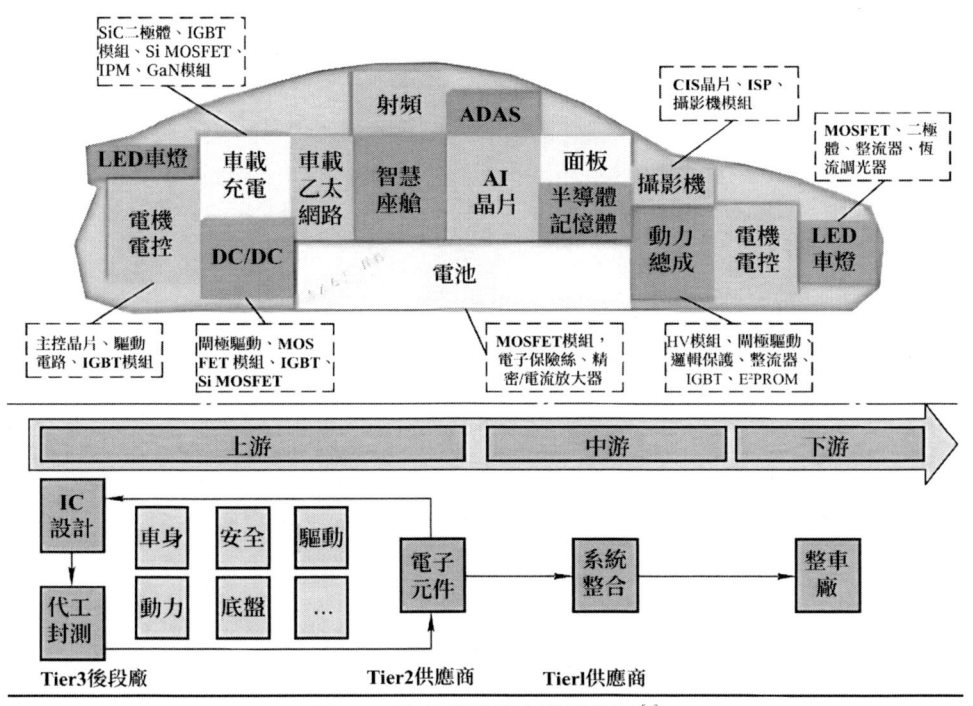

圖 8-3　汽車半導體產業鏈全圖[2]

8.1　IATF 16949：2016 汽車業品質管理系統

　　國際汽車工作組（International Automotive Task Force，IATF），其成立的宗旨是協調全球汽車供應鏈中的不同評估和認證系統，其後因汽車行業要求及 ISO 9001 修訂的需求，建立了 2002 年第二版和 2009 年第三版，故其標準先是 ISO/TS 16949：2002（Temparary Standard），2009 年後正式更名為 ISO/TS 16949：2009，目前執行的最新標準為 IATF

第 8 章　車用規格半導體封裝的特點與技術要求

16949：2016，這是一套適用於全球汽車製造業的共同產品和技術開發的常見技術和方法。

IATF 的主要內容清單如下（本書不一一展開具體內容，相關具體標準，有興趣了解的讀者，可以到相關網站上下載閱讀，或諮詢 IATF 官方，得到具體標準文獻），以 IATF 16949：2016 為例 [3]：

引言

  0.1　總則

  0.2　品質管理原則

  0.3　過程方法

  0.4　與其他管理系統標準的關係

1　範圍

2　規範性引用標準和參考性引用標準

3　術語和定義

4　組織的環境

  4.1　理解組織及其環境

  4.2　理解相關方的需求和期望

  4.3　品質管理系統的範圍

  4.4　品質管理系統及其過程

5　領導作用

  5.1　領導作用和承諾

  5.2　方針

5.3 組織的作用、職責和許可權

6 策劃

6.1 應對風險和機遇的措施

6.2 品質目標及其實施的策劃

6.3 變更的策劃

7 支持

7.1 資源

7.2 能力

7.3 意識

7.4 溝通

7.5 形成檔案的資訊

8 執行

8.1 執行策劃和控制

8.2 產品和服務的要求

8.3 產品和服務的設計和開發

8.4 外部提供過程、產品和服務的控制

8.5 生產和服務提供

8.6 產品和服務放行

8.7 不合格輸出的控制

9 績效評價

9.1 監視、測量、分析和評價

第 8 章　車用規格半導體封裝的特點與技術要求

9.2　內部稽核

9.3　管理評審

IATF 16949：2016 的中心思想是採用 PDCA 循環與基於風險的思維方式相結合的過程方法，以提高實現目標的有效性和效率。基於此思路，汽車工業行動集團（Automotive International Action Group，AIAG）開發和定義了五大工具，涵蓋車用產品的設計、生產、銷售服務等過程。分別是先期產品品質計畫（Advanced Product Quality Plan，APQP）、失效模式與影響分析（Failure Mode effect Analysis，FMEA）、測量系統分析（Measurement System Analysis，MSA）、統計過程控制（Statistical Process Control，SPC），以及生產產品認可程序（Production Part Approve Procedure，PPAP）。

APQP 實際上提供了一系列車用產品從設計到量產、最後交付的專案管理計畫，一般來說，把產品實現的過程分為四個階段，每個階段都要做階段評估，確保該階段的輸出目標達成。對汽車半導體（包括功率元件）的產品實現來說，圍繞顧客為中心的原則，按零缺陷的指導思維，展開產品實現的專案計畫。具體分為四個階段，第一階段通常稱為策劃定義階段，第二階段稱為設計階段，第三階段稱為考核驗證階段，第四階段稱為量產交付階段。表 8-1 為編者在實際工作中總結的半導體封裝產品 APQP 各階段要素匯總，供讀者參考使用。

表 8-1　APQP 專案管理要素總結

APQP 第一階段：策劃定義
確定客戶要求
技術要求、規格書、圖樣、樣品
時間要求

成本目標
品質＆可靠性要求
產能要求
客戶特殊要求
分析市場和競爭狀況
市場資訊
競爭分析（QFD 選用）
提交產品初步設計方案
檢查產品安全控制程序（法律法規要求）
提交新產品開發方案
提交初始材料清單（可參考新產品開發方案）
提交初始過程流程圖
提供初始特殊特性清單
提交設備、檢驗治具清單
風險分析
起草設計 DFMEA
列出產品製程能力和成本目標
不足項分析
提供客戶要求清單
提供生產能力評估報告
提交成本分析結果
提交產品和過程特性清單
提交新產品開發可行性報告
製作雛形產品
起草產品外形圖
起草導線架或基板圖
起草原型產品製作流程
完善更新 DFMEA
設計評審

第 8 章　車用規格半導體封裝的特點與技術要求

提交新工程規範
提交新材料規範
提交新工裝和設施要求
確定新量具／試驗設備要求
預算（投資）批准
提交專案建議書開展專案批准
組織專案團隊小組
提供產品策劃進度圖表
起草專案憲章
提交材料、新設備、模具技術協議
發出設備材料採購申請
第一階段專案小組內部評審
APQP 第二階段：設計
發出設備材料採購訂單
設備運達
材料抵達
設備安裝偵錯（除錯）考核
檔案管理工程圖紙和規範，產品資訊登入
確立客戶包裝標準
釋出新產品製程流程圖
提供製程流程圖檢查清單
完成場地平面布置圖
提交產品特性矩陣圖
完成產品潛在的失效模式與影響分析
提交產品潛在的失效模式與影響檢查清單
提交產品試生產控制計畫
提交控制計畫檢查清單
完成製程作業指導書
提交新設備和模具驗收報告

8.1　IATF 16949：2016 汽車業品質管理系統

提交新材料驗證報告
釋出內部列印規範
釋出內部配線圖
情報單錄入
製作先期工程樣品
提交測量系統分析計畫
提交產品過程初始能力研究計畫
確認關鍵作業參數
做出作業參數清單表
列出新測試設備的要求
評估和更新品質系統
批准並控制考核計畫
提交產線認證計畫
提交初期生產計畫
第二階段專案組內部評審
第二階段管理層評審
APQP 第三階段：考核驗證
測量系統分析實施表
評估先期製程能力，測試良率和特殊製程
製作考核樣品
提交外形尺寸測量報告
提交考核過程報告
提交 PPAP 數據
提交包裝評價
獲得 500h 可靠性結果
獲得 1000h 可靠性結果
獲得客戶可靠性報告
更新 PFMEA
更新控制計畫

第 8 章 車用規格半導體封裝的特點與技術要求

產品品質策劃總結認定
製造可行性評估
試生產並執行產線認證計畫
發行產線認證報告
第三階段專案組內部評審
第三階段管理層評審
APQP 第四階段：量產交付
提供量產需求
提供量產準備確認表
提供考核、量產設備清單
提供新專案量產準備就緒確認表
提供作業人員應徵和培訓計畫
提供作業人員培訓和認定清單
提供量產轉移確認表
生產初期試生產
提供初期流動報告
完成減少波動和提高良率的計畫
更新 PFMEA
更新量產控制計畫
提交新產品量產批准報告
第四階段專案小組內部評審
第四階段管理層評審
量產

　　FMEA 是一種系列化相對客觀的風險評估方法，用來認可並評價產品／過程中的潛在失效及該失效的後果，確定能夠消除或減少潛在失效發生機會的措施，且將全部過程形成檔案，並不斷更新。FMEA 最早起源於航空行業，後在 70 年代末，汽車業開始使用 FMEA 作為危險性分析

的工具，以評估目前市場上的汽車。後期，作為增強設計檢討活動的工具，開始用列表形式。如圖 8-4 所示，為過程 FMEA 工作表的表頭樣式。

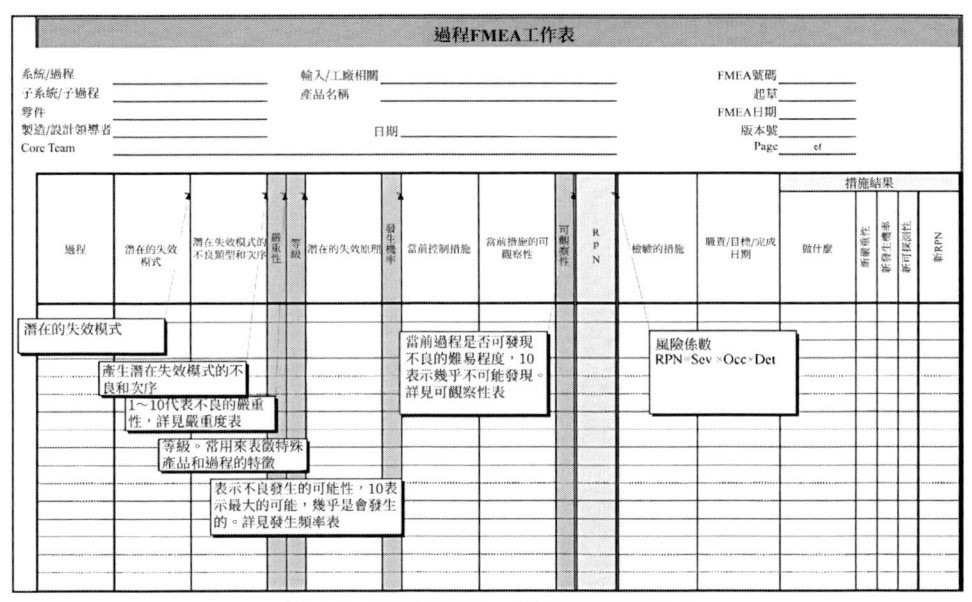

圖 8-4　過程 FMEA 工作表的表頭樣式

所以具體 FMEA 的做法是先描述過程，把過程相關的人員召集在一起，先列舉過程中已經產生或潛在可能產生的不良現象，連結到對終端使用者的使用風險，評估失效產生的後果，涉及安全的打 9 分以上，最高 10 分，最低 1 分。這個過程稱之為嚴重性評估，然後再根據實際發生的頻率和機率，按頻率最高的打 10 分，不可能發生的打 1 分，這時通常是認為系統有防錯功能，這個過程稱之為頻率評估。再評估發現這個不良的難易程度，現有過程不可能發現不良的打 10 分，現有過程這個不良一定會被察覺到的打 1 分，把三個分數的乘積算出來，得到 RPN（Risk Priority Number），這個值的取值範圍是 1～1000，通常來說，大於 100 的專案，需要做風險減少措施，把要做的措施列在表右邊，並重新評估

第 8 章 車用規格半導體封裝的特點與技術要求

措施後的風險 RPN,這個過程可以重複指導,直至風險降低到制定的 RPN 為止(比如 50)。打分數的過程要根據數據,集中團隊智慧,有主觀評估,也有客觀依據,為了減少主觀誤判,盡量增加評分的系統合理性。FMEA 指導委員會釋出關於嚴重度、頻率、可探測性在內的評分指南表,有相對客觀的程度描述,有興趣的讀者可以參考 FMEA 手冊,了解具體的評分指南。這裡強調的是,FMEA 一定是 Team Work,閉門造車、一言堂是不能全面客觀地評價過程風險的,同時,FMEA 也需要動態更新,生產技術的改進、產量的增加、人員的變化等,涉及過程輸入變化的因素,都會引起風險值的變化,及時把重要的變化反應出來,並採取控制風險的措施,是汽車產品生產的基本思維。

MSA 這個工具是基礎的,也是重要的,在我們得到一組一系列數據時,通常這些數據是測量而來的,在我們做進一步數據分析處理之前,常常會問自己,這些數據可不可靠,測得準不準?基於此,也基於統計技術的發展,結合六標準差(六西格瑪)方法論,推出了測量系統分析方法。針對不同的數據類型,分別有不同的分析方法和判斷依據,也包含了對測量系統的校準,及偏倚、線性度分析等評估。具體方法本書不一一介紹,有興趣的讀者可以參考 MSA 手冊或尋找六標準差管理技術裡關於 MSA 的具體方法和原理介紹。

SPC 在前面的章節中已略有介紹。主要方法是畫出一系列控制圖,描述過程的輸出穩定程度,當發現控制圖異常時,要能找出原因,使過程回到統計受控狀態,從而使產品的品質穩定。對具體方法和原理有興趣的讀者,可以參閱 SPC 手冊,以及對六標準差管理方面的介紹。

PPAP 是在量產前提交客戶確認和批准的程序,沒有特別的地方,按照列表收集數據、形成報告,連帶相關樣品提交客戶確認即可。見表 8-2 檔案清單(共 18 項)。

表 8-2　PPAP 提交檔案清單

1	設計紀錄	10	材料／效能試驗結果
2	授權的工程更改檔案	11	初始過程研究
3	要求時的工程批准	12	實驗室資格檔案
4	DFMEA（如適用）	13	外觀批准報告（AAR）
5	過程流程圖	14	樣品產品
6	PFMEA	15	標準樣品
7	控制計畫	16	檢查輔具
8	MSA	17	顧客的特殊要求
9	尺寸結果	18	零件提交保證書（PSW）

8.2　汽車半導體封裝生產的特點

汽車半導體封裝有別於消費類和一般工業類產品，其實現有以下特點：

1) 客戶標準：提供封測服務的公司，根據汽車客戶的設計要求，最終決定封裝生產和測試流程，展現以客戶為中心的導向。

2) 材料選擇：為了滿足汽車可靠性要求，在元件元件設計初期就要考慮材料選擇，並考量應用環境。即使是裝在同一汽車上，因其功能和安裝的部位，對可靠性的要求也有所差別。

3) 供應鏈管理：汽車行業有自己的供應鏈評估和稽核流程。流程稽核規則有 VDA 6.3 和 IATF 16949：2016。在實現封裝過程中所涉及的供應鏈公司，都要求有車規產品生產供貨資格，按車規要求建構品質管理系統。

4) 生產流程：汽車半導體生產包括額外的清潔步驟或流程控制監測，

第 8 章　車用規格半導體封裝的特點與技術要求

需要改進基本裝配流程。車規級產品追求零缺陷，所處的環境引起的品質問題，往往難以界定，因此在生產作業前，要確認環境符合產品生產的要求，並能有效監控環境的變化。

5）監測標準：汽車產品生產中，通常需要特殊的檢測流程和取樣方式。車規級半導體封裝過程中，按照零缺陷的思路展開品質控制方法，相對工業品和消費品，其檢查頻率增加，項目也有增加，檢查方法要求實現自動化，以盡量減少人工主觀因素的干擾，得到客觀的數據表徵。

6）品質管理：強制要求使用五大工具，為 APQP、MSA、SPC、PPAP、FMEA。

7）可靠性測試：AEC-Q100/101 等列出了關鍵的晶片和封裝應力測試方法。

8）電路測試和批次篩選：消費品和車規級產品測試的根本差別在於，對統計數據和潛在危險的處理。車規級產品的安全係數設定較高，規範邊緣的產品往往被捨棄，因此車規級產品比消費品成本高。

9）專用產線和人員培訓：要求專用產線和設備的配置。包括資格認證、防錯或全自動流程系統。

10）變更控制：變更控制通常要與客戶的變更稽核委員會協調，以評估技術危險和可能的後續問題。總之，車規級半導體元件封裝生產的主導思路是零缺陷，按照盡可能地降低生產過程產生品質缺陷的風險思維來指導生產組織和品質控制。除了上述生產特點外，還對自動化提出較高的要求，要求盡量減少人為干預的波動，或由人產生的品質波動。從過程設計來說，有兩個原則是需要牢記的：原則一，過程防錯設計，從錯誤發生的原理，也就是根本原因上，做防錯設計，使其不可能發生；原則二，從預防控制角度出發，一旦發生某種錯誤（失效），就使其不可

能流向下一道生產流程,且確保錯誤能夠百分之百地被辨識出來,並可有效被隔離。

8.3 汽車半導體產品的品質認證

　　1990 年代,克萊斯勒、福特和通用汽車為建立一套通用的零件品質系統標準,而設立了汽車電子協會(AEC),AEC 建立了品質控制的標準。AEC-Q-100 晶片應力測試的認證規範,是 AEC 的第一個標準。AEC-Q-100 於 1994 年首次發表,由於符合 AEC 規範的零件,均可被上述三家車廠同時採用,促進了零件製造商交換其產品特性數據的意願,並推動了汽車零件通用性的實施,使 AEC 標準逐漸成為汽車電子零件的通用測試規範。經過 10 多年的發展,AEC-Q-100 已成為汽車電子系統的通用標準。在 AEC-Q-100 之後,又陸續制定了針對離散元件的 AEC-Q-101 和針對被動元件的 AEC-Q-200 等規範,以及 AEC-Q001/Q002/Q003/Q004 等指導性原則。包括:

- AEC-Q100:〈基於失效原理的汽車用積體電路應力試驗鑑定要求〉。
- AEC-Q101:〈基於失效原理的汽車用離散元件應力試驗鑑定要求〉。
- AEC-Q102:〈基於失效原理的汽車用半導體光電元件應力試驗鑑定要求〉。
- AEC-Q103:〈基於失效原理的汽車用感測器應力試驗鑑定要求〉。
- AEC-Q104:〈基於失效原理的汽車用多晶片元件(MCM)應力試驗鑑定要求〉。
- AEC-Q200:〈基於失效原理的汽車用被動元件應力試驗鑑定要求〉。
- AEC-Q001〈半導體元件電性參數控制指南〉:規範中提出了所謂的

第 8 章 車用規格半導體封裝的特點與技術要求

參數零件平均測試（Parametric Part Average Testing，PPAT）方法。PPAT 是用來檢測離群值（Outliers）半導體元件異常特性的統計方法，用以將異常元件從所有產品中剔除。

- AEC-Q002〈統計結果分析指南〉：基於統計原理，屬於統計良率分析的指導原則。AEC-Q002 的統計性良率分析（Statistical Yield Analysis，SYA）分為統計性良率限制（Statistical Yield Limit，SYL）和統計箱限制（Statistical Bin Limit，SBL）兩種。

- AEC-Q003〈對積體電路電效能進行表徵的指南〉：是針對晶片產品的電特性表現所提出的特性化（Characterization）指導原則，其用來生成產品、過程或封裝的規格與數據表，目的在收集元件、過程的數據並進行分析，以了解此元件與過程的屬性、表現和限制，及檢查這些元件或設備的溫度、電壓、頻率等參數特性表現。

- AEC-Q004〈產品零缺陷指南〉：提出一系列流程步驟，包括元件設計、製造、測試和使用，以及在這些流程的各個階段中，採用何種程度零缺陷的工具或方法，實質上是零缺陷指導原則。

- AEC-Q005〈無鉛元件元件測試要求〉：該標準規定了汽車用無鉛電子元件與無鉛特性相關試驗方法，及最低的鑑定要求。

- AEC-Q006〈採用銅引線互連元件元件的鑑定要求〉：該標準規定了採用銅引線互連的元件元件鑑定要求。

AEC-Q100 主要用於預防產品可能發生的各種狀況或潛在的故障狀態，引導零件供貨商在開發的過程中，就能選擇符合該規範的晶片。AEC-Q100 對每一個晶片個案進行嚴格的品質與可靠度確認，確認製造商提出的產品數據表、使用目的、功能說明等，是否符合最初需求的功能，以及在連續使用後，每個功能與效能是否始終如一。AEC-Q100 標

準的目標，是提高產品的良率，這對晶片供貨商來說，不論是在產品的尺寸、合格率及成本控制上，都面臨很大的挑戰。AEC-Q100 又分不同的產品等級，其中第 1 級標準的工作溫度範圍在 -40 ～ 125°C之間，最嚴格的第 0 級標準工作溫度範圍可達到 -40 ～ 150°C。

- 0 等級：環境工作溫度範圍 -40 ～ 150°C
- 1 等級：環境工作溫度範圍 -40 ～ 125°C
- 2 等級：環境工作溫度範圍 -40 ～ 105°C
- 3 等級：環境工作溫度範圍 -40 ～ 85°C
- 4 等級：環境工作溫度範圍 0 ～ 70°C

AEC-Q101 規定了汽車用半導體離散元件（電晶體、二極體等）最低應力測試要求的定義和參考測試條件，目的是要確定某種積體電路在應用中能夠通過應力測試，以及被認為能夠提供某種級別的品質和可靠性。標準規定了半導體離散元件的最低工作環境溫度範圍為 -40 ～ 125°C，LED 的最低環境工作溫度範圍為 -40 ～ 85°C。

AEC-Q104 認證規範中，共分為 A ～ H 八大系列的測試。其中一大原則是 MCM 上使用的所有元件，包括電阻、電容、電感等被動元件，二極體離散元件，以及晶片本身，在組合前若有通過 AEC-Q100、AEC-Q101 或 AEC-Q200 認證，MCM 產品只需進行 AEC-Q104H 內僅 7 項的測試，包括 4 項可靠性測試：TCT（溫度循環）、Drop（落下）、低溫保存壽命（LTSL）、啟動＆溫度步驟（STEP），以及 3 項失效性測試：X-Ray、超音波顯微鏡（AM）、破壞性物理（DPA）。若 MCM 上的元件未先通過 AEC-Q100、AEC-Q101 與 AEC-Q200 認證，那必須從 AEC-Q104 的 A ～ H 八大測試、共 49 個項目中，依據產品應用，決定驗證的項目，

第 8 章　車用規格半導體封裝的特點與技術要求

驗證項目會變得很多。依據 MCM 在汽車上的實際使用環境，為複合式的環境，因此增加順序試驗，驗證通過的難度變高。例如，必須先執行完高溫操作壽命（HTOL），才能做 Thermal Shock（TS），顛倒過來就不行。AEC-Q104 中針對 MCM，特增 H 系列的測試項目。此外，針對零件本身的可靠性測試（Component Level Reliability），也增加了熱衝擊（TS）及外觀檢視離子遷移（VISM）。AEC-Q104 適用的產品範圍：

1) 混合整合放大器（前置、脈衝、高頻放大器等）；

2) 電源元件（DC/DC 轉換器、AC/DC 轉換器、EMI 濾波器等）；

3) 功率元件（功率放大器、馬達伺服電路、功率振盪器等）；

4) 數／模、模／數轉換器（A/D、D/A 轉換器等）；

5) 軸角－數位轉換器（同步機－數位轉換器／分解器、雙數轉換器等）；

6) 訊號處理電路（取樣保持電路、數據機電路等）。

AEC-Q100 和 AEC-Q101 分別對積體電路和離散元件的車用半導體元件的品質認證方法制定出詳細規範，其中涉及使用壽命和環境耐受的測試是關鍵的認證內容，表 8-3 和表 8-4 是 AEC-Q100 和 AEC-Q101 相關的測試方法、抽樣數量和判斷基準，供讀者參考使用。

AEC-Q100 A 組測試項目，見表 8-3。

表 8-3　AEC-Q100 環境測試項目

測試項目全稱	測試項目簡稱	樣本數量	批次	測試條件	測試方法標準
預處理	PC	77	3	1）良品晶片進行 SAT，確認沒有脫層的現象。 2）將晶片烘烤，以完全排除溼氣。 3）依 MSL 等級加溼。 4）過紅外線再流銲 3 次（模擬晶片上件、維修拆件、維修再上件）。 5）SAT 檢驗是否有脫層現象及晶片測試功能。 6）溫度循環三個週期，檢測分層及電特性。	JESD22-A113
溫溼度反偏或加速老化	THB/HAST	77	3	THB（85°C /85% RH1000h）或 HAST（130°C /85% RH96h 或 110°C /85% RH264h）	JESD22-A101/A110

第 8 章 車用規格半導體封裝的特點與技術要求

測試項目全稱	測試項目簡稱	樣本數量	批次	測試條件	測試方法標準
壓力鍋試驗或不帶電加速老化	ACLV/UHAST	77	3	壓力鍋（121°C/15psig96h）或不帶電 HAST（130°C/85%RH96h，或 110°C/85%RH264h）。對一些敏感封裝如 BGA，用溫度溼度測試替代 TH（85°C/85% RH）1,000h	JESD22-A102/A118/A101
溫度循環	TC	77	3	0 等級：-55～150°C，2,000 循環；1 等級：-55～150°C，1,000 循環或：-65～150°C，500 循環；2 等級：-55～125°C，1,000 循環；3 等級：-55～125°C，500 循環。做完溫度循環後，選 5 個產品開封，做綁線拉力測試，在封裝體四個角各選兩根線，四周中間各選一根。	JESD22-A104

8.3 汽車半導體產品的品質認證

測試項目全稱	測試項目簡稱	樣本數量	批次	測試條件	測試方法標準
功率溫度循環	PTC	45	1	適用於元件的最高功率上升速率 $\geq 1w_a tt$ 或接面溫度差 $\Delta TJ \geq 40°C$ 的情形。 0 等級：T_a of -40～150°C，1,000 循環； 1 等級：T_a of -40～125°C，1,000 循環； 2 & 3 等級：T_a -40～105°C，1,000 循環。	JESD22-A105
高溫保存壽命	HTSL	45	1	適用於塑封元件： 0 等級：+175°C T_a 1,000h 或 +150°C T_a 2,000h； 1 等級：+150°C T_a 1,000h 或 +175°C T_a 500h； 2 & 3 等級：+125°C T_a 1,000h 或 +150°C T_a 500h。 陶瓷封裝體： +250°C T_a 10h 或 +200°C T_a 72h。	JESD22-A103

313

第 8 章 車用規格半導體封裝的特點與技術要求

AEC-Q101 環境壽命測試項目，見表 8-4。

表 8-4　AEC-Q101 環境壽命測試項目

測試項目全稱	測試項目簡稱	樣本數量	批次	測試條件	測試方法標準
預處理	PC	77	3	（1）良品晶片進行 SAT，確認沒有脫層的現象。 （2）將晶片烘烤，以完全排除溼氣。 （3）依 MSL 等級加溼。 （4）過紅外線再流銲 3 次（模擬晶片上件，維修拆件，維修再上件）。 （5）SAT 檢驗是否有脫層現象及晶片測試功能。 （6）溫度循環三個週期，檢測分層及電特性	JESD22-A113
高溫反偏	HTRB	77	3	根據產品的接面溫度規範，設定最大反偏直流電壓，並在高溫條件下持續 1,000h	MIL-STD-750-1 M1038Metho-dA

8.3 汽車半導體產品的品質認證

測試項目全稱	測試項目簡稱	樣本數量	批次	測試條件	測試方法標準
高溫閘極反偏	HTGB	77	3	根據產品的接面溫度和閘極最大耐受電壓，並在高溫條件下持續 1,000h，也等同於增加接面溫度 25°C 下 500h	JESD22A-108
溫度循環	TC	77	3	-55～150°C 1,000 次循環，也等同於 -55～150°C 400 次循環，當產品的接面溫度可以耐受超過 175°C 時	JESD22-A104
不帶電加速老化	UHAST	77	3	96h 在溫度 130°C /85%溼度條件下，等同於 96h 的壓力鍋試驗（121°C，100%溼度條件下，15psi）	JESD22A-118

315

第 8 章 車用規格半導體封裝的特點與技術要求

測試項目全稱	測試項目簡稱	樣本數量	批次	測試條件	測試方法標準
加速老化	HAST	77	3	96h 在溫度 130℃/85%溼度條件下，或 264h 在溫度 110℃/85%溼度條件下，同時施加 80%的反偏電壓（典型值＞42V）等同於 H3TRB（High Temperature High Humidty Reverse Bias）1,000h 在溫度 85℃/85%溼度條件下同時施加 80%的最大反偏電壓的情形	JESD22A-110
持續工作壽命（功率循環）	IOL	77	3	室溫下溫度施加功率，使接面溫度差大於 100℃。等同於功率溫度循環 PTC，如果接面溫度差不能達到 100℃的情況下	MIL-STD-750 Method1037

8.4 汽車功率模組的品質認證

第 3 節所闡述的汽車半導體認證方法和系統，都沒有涉及車用高功率的功率模組認證方法。AQG 324 標準由歐洲電力電子中心（ECPE）「汽車電力電子模組認證」工作組頒布，適用範圍包括電力電子模組和基於離散元件的等效特殊設計。標準中定義的測試項目，是基於當前已知的模組失效機制和機動車輛功率模組的特定使用說明檔案進行編寫的。標準所列的測試條件、測試要求及測試項目，適用於 Si 基功率半導體模組。後續將涉及第三代寬能隙半導體模組技術，如 SiC 或 GaN。其主要測試項目，見表 8-5。

表 8-5　AQG 324 環境壽命測試項目

測試項目	具體測試內容
QM—模組測試	閘射極閾值電壓 閘射極漏電流 集射極反向漏電流 飽和壓降連接層檢測 　（SAM）外觀檢（IPI）／目檢（VI）、光學顯微鏡評估（OMA）
QC—模組特性測試	寄生雜散電感 熱阻值 短路耐量 絕緣測試 機械參數檢測
QE—環境測試	熱衝擊 機械振動 機械衝擊

測試項目	具體測試內容
QL—壽命測試	功率循環（PC_{sec}） 功率循環（PC_{min}） 高溫保存 低溫保存 高溫反偏 高溫閘偏置 高溫高溼反偏

和常規的 JEDEC 功率離散元件可靠性測試不同，也有別於離散車規級認證 AEC-Q 的規定，車規級功率模組的驗證，注重功率循環測試，有秒級和分級，其注重對內互連銲點疲勞可靠性的考察。在環境測試中增加熱衝擊，不僅是元件級可靠性的溫度循環，還有模擬汽車實際過程中的振動衝擊等。無論選擇哪種方式，最後以通過汽車實際的環境路測為準。隨著汽車電動化趨勢的發展，車規級功率模組在汽車上的應用會變得常態化、多樣化，對車規級功率模組的驗證標準，還會隨著實際路測結果的數據累加，而得出越來越貼近實際應用驗證的檢測標準。同時，對失效模式和壽命試驗樣本做 DPA 分析也越來越標準化。此外，第三代寬能隙半導體材料 SiC 因為其高接面溫度等優勢，其用於模組，可以有效提高功率密度，減少模組體積，但 AQG 324 的標準是基於 Si 基半導體而設立的認證標準，對 SiC 半導體的認證是否充分，是業界討論的焦點，也是未來標準發展的一個方向。

8.5　ISO 26262 介紹

ISO 26262 是衍生於電子、電氣及可程式設計元件功能安全基本標準 IEC 61508，主要涵蓋了電子元件元件、電子系統和設備、可程式設計元

件等專門用於汽車領域的部件，目的是評估和提高汽車電子、電氣產品功能的安全性，是通用的國際標準。對半導體封裝來說，主要涉及實現安全性功能的設計相關領域，比如基板設計、內互連設計等。

ISO 26262 從 2005 年 11 月起正式開始制定，經歷了大約 6 年左右的時間，於 2011 年 11 月正式頒布，成為國際標準，當前的最新版本是 2018 年版。汽車從傳統燃油型向主要是電機驅動的電動化模式新能源系統轉化，再到載入了人工智慧，高效能運算和高速、高精度、大容量的數據分析處理系統的智慧化平臺，將發展成集新能源驅動、儲能、集中資訊平臺於一體的新型個人移動中心和工具。其中安全是新一代汽車研發中最為關鍵的要素，隨著系統複雜性的提高，軟體和機電設備的應用，來自系統失效和隨機硬體失效的風險也日益增加，制定 ISO 26262 標準，可以對安全相關功能有更好的理解，並盡可能明確地對它們進行解釋，同時為降低這些風險，提供了可行性的要求和流程。

ISO 26262 共分為 12 個章節，每個章節都針對不同的汽車應用領域，這裡不再一一詳細介紹，有興趣的讀者可以參考 ISO 26262 最新版內容，第 11 章特別對車用半導體提出要求，其整體內容架構如下：

Part1：定義

Part2：功能安全管理

Part3：概念階段

Part4：產品研發：系統級

Part5：產品研發：硬體級

Part6：產品研發：軟體級

Part7：生產和操作

第 8 章　車用規格半導體封裝的特點與技術要求

Part8：支援過程

Part9：基於 ASIL 和安全的分析

Part10：ISO 26262 導則

Part11：對半導體應用的要求

Part12：對摩托車的要求

在第 11 部分中，主要介紹了半導體相關失效分析（DFA）的概念，特別是說到和半導體封裝過程相關而導致的元件元件特性參數變化引起的功能性失效問題，如寄生參數的增加、抗輻射效能及機械應力帶來的電特性功能波動等。值得注意的是，可靠性問題不在這個標準範圍內闡述。這裡不一一詳細介紹，有興趣的讀者可以參考全文。

思考題

1. 汽車半導體的構成有哪些？在傳統燃油車和新能源車裡的構成比例？

2. 汽車半導體的品質管理系統名稱是什麼？有哪些要素？

3. AIAG 的全稱是什麼？五大工具名稱和內容要素是什麼？

4. 車規級半導體元件的認證系統是什麼？分別有哪些要素？

5. 功率模組應該按照哪個標準去做認證？

6. ISO 26262 主要適用於哪些方面？

參考文獻

［1］Automotive Electronics Council, Component Technical Committee. FAILURE MECHANISM BASED STRESS TEST QUALIFICATION FOR INTEGRATED CIRCUITS, AEC -Q100-Rev-H ［S/OL］.September11，2014：http：//aecouncil.com/Documents/AEC_Q100_Rev_H_Base_Docu-ment.pdf.

［2］Automotive Electronics Council, Component Technical Committee. FAILURE MECHANISM BASED STRESS TEST QUALIFICATION FOR DISCRETE SEMICONDUCTORS IN AUTOMOTIVE APPLI-CATIONS，［S/OL］.AEC -Q101 -Rev-EMarch1, 2021：http：//aecouncil.com/Docu-ments/AEC_Q101_Rev_E_Base_Document.pdf.

［3］ECPE European Center for Power Electronics e. V. ECPE Guide-line AQG 324 Qualification of Power Modules for Use in Power Electronics Converter Units（PCUs）in Motor Vehicles，Version no.：V01.05 ［S/OL］.Release date：12.04.2018：https：//www.ecpe.org/index.php？eID =dump File & t=f & f=3501 & tok en=b8ddf63f0af6ddea196f5a8cae-ae710ed05f72dd.

［4］國際標準化管理委員會.Road vehicles ── Functional safe-ty ── Part11：Guidelines on application of ISO 26262tosemiconductors，First edition ［S/OL］.2018 － 12：https：//www.iso.org/stand-ard/43464.html.

第 8 章 車用規格半導體封裝的特點與技術要求

第 9 章

第三代寬能隙功率半導體的封裝挑戰與對策

9.1 第三代寬能隙半導體的定義及介紹

以碳化矽（SiC）和氮化鎵（GaN）為代表的寬能隙化合物半導體，被稱為第三代寬能隙半導體。相對於以矽（Si）、鍺（Ge）為代表的第一代半導體材料，以砷化鎵（GaAs）、銻化銦（InSb）、磷化銦（InP）為代表的第二代半導體材料，第三代半導體材料在高溫、高頻、高耐壓等多個方面，具備明顯的優勢，因而更適用於製作高溫、高頻及高功率元件。表9-1 是材料參數比較。

表 9-1 半導體材料參數比較表

材料	Si	4H-SiC	6H-SiC	3C-SiC	GaN	鑽石
禁帶寬度／eV	1.12	3.26	3.02	2.23	3.42	5.47
電子移動速度 μ_e／($cm^2/V \cdot s$)	1350	1000	450	1000	1200	2000

第 9 章 第三代寬能隙功率半導體的封裝挑戰與對策

材料	Si	4H-SiC	6H-SiC	3C-SiC	GaN	鑽石
絕緣破壞電場強度 E_c/(V/cm)	3.0×10^5	2.5×10^6	3.0×10^6	1.5×10^6	3.0×10^6	8×10^6
電子飽和速率 /(10^7cm/s)	1	2.2	1.9	2.7	2.4	2.5
熱傳導率 λ/(W/m·k)	1.5	4.9	4.9	4.9	1.3	20

所謂寬能隙是指相比於矽的禁帶寬度為 1.1eV，SiC 的帶隙為 3.3eV，而 GaN 為 3.4eV。SiC 和 GaN 都具有較小的導通電阻，大大降低了元件的導通損耗；同時其較高的電子飽和速率和電子遷移率，還能提高元件的開關速度，從而降低電力電子元件的開關損耗，提高轉換效率。SiC 和 GaN 可以在較高的頻率下工作，較高的開關頻率還有助於將電容和電感的值減少約

75%，顯著降低了無源和濾波電子元件的成本。同時，第三代功率半導體元件擁有更高的功率密度，也大幅度降低了電路的規模、體積和重量，這點尤其對電動車來說具有極大的應用優勢。圖 9-1 所示是 SiC 和 GaN 的一些應用特性。

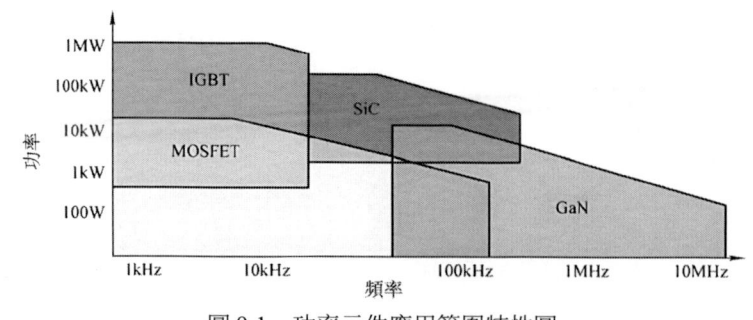

圖 9-1 功率元件應用範圍特性圖

9.1 第三代寬能隙半導體的定義及介紹

由圖 9-1 可見，GaN 具有最良好的高頻特性，所以 GaN 更多應用於射頻功率電子元件和快充場景。SiC 頻率特性良好，且其功率密度相當高，達到矽基 IGBT 的水準，同時具有高頻的優勢。因此，對於第三代寬能隙半導體的應用來說，採用 SiC 可以比矽基 IGBT 具有顯著優勢，尤其是在高接面溫度、高阻抗和高頻場合。據美國北卡羅來納州立大學稱，全球每小時總發電量為 120 億 kW。據該學校稱，全球 80% 以上的電力，是透過電力電子系統傳輸的。電力電子技術利用各種設備來控制和轉換系統中的電力，例如汽車、電機驅動器、電源、太陽能和風力發電機。通常，在系統的轉換過程中會浪費功率。舉個例子，據統計，在一年內出售的桌上型電腦中，浪費的功率相當於 17 個 500MW 發電廠。因此，需要更高效能的設備，例如功率半導體和其他晶片，選擇合適的功率半導體是關鍵。在矽片方面，精選包括功率 MOSFET、超級結面功率 MOSFET 和 IGBT。功率 MOSFET 被認為是最便宜和最受歡迎的元件，用於界面卡、電源和其他產品。它們用於 10～500V 的低壓應用。超級結面功率 MOSFET 是增強型 MOSFET，用於 500～900V 系統中。同時，領先的中端功率半導體元件是 IGBT，該元件用於 1,200V～6.6kV 的應用。矽基 MOSFET 在較低電壓段中與 GaN 元件相互競爭，而 IGBT 和 SiC 在高壓段並駕齊驅。所有功率電子元件都在 600～900V 內相互競爭。同時，在高階市場，有些公司出售 3.3～10kW 的設備，這些設備用於電網、火車和風力發電。SiC 的主要市場為 600～1,200V，為此，電動車是最大的市場，其次是電源和太陽能。多年來，電動車的原始設備製造商在車輛的許多零件中都使用了 IGBT 和 MOSFET。然後，特斯拉不再使用 IGBT，而是開始將意法半導體的 SiC 功率元件用於其 Model3/S 汽車中的牽引逆變器。牽引逆變器向馬達提供牽引力以推動車輛。SiC 元件還用於電動車的 DC/DC 轉換器和車載充電器。

9.2　SiC 的特質及晶圓製備

SiC 存在約 250 種結晶形態。由於 SiC 擁有一系列相似晶體結構的同質多型體，使 SiC 具有同質多晶的特點。地球上的 SiC（莫桑石）非常稀有，但在宇宙空間中卻相當常見。宇宙中的 SiC 通常是碳星周圍宇宙塵埃中的常見成分。在宇宙和隕石中發現的 SiC 幾乎無一例外都是 β 相晶型的。α-碳化矽（α-SiC）是這些多型體中最為常見的，它是在大於 1700°C 的溫度下形成的，具有類似鉛鋅礦的六方晶體結構。具有類似鑽石的閃鋅礦晶體結構的 β-碳化矽（β-SiC）則是在低於 1700°C 的條件下形成。各種 SiC 晶體結構，如圖 9-2 所示。

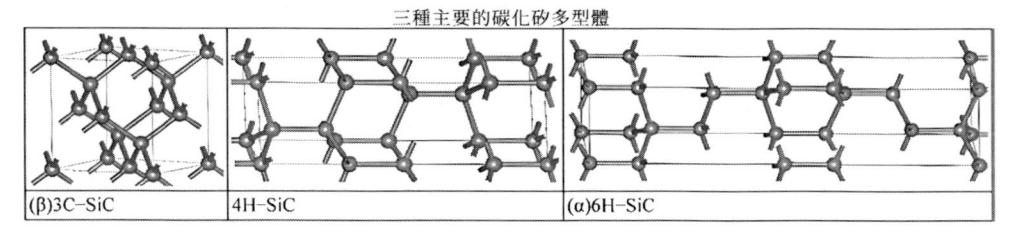

圖 9-2　各種 SiC 晶體結構示意圖

1980 年代初，Tairov 等人採用改進的昇華技術，發展出 SiC 晶體，SiC 作為一種實用半導體材料，開始引起人們的研究興趣，國際上一些先進國家和研究機構都投入巨資進行 SiC 研究。1990 年代初，Cree Research Inc 用改進的 Lely 法，發展出 6H-SiC 晶片，並實現商品化，且於 1994 年製備出 4H-SiC 晶片。這個突破性進展，立即掀起了 SiC 晶體及相關技術研究的熱潮。目前實現商業化的 SiC 晶片只有 4H-SiC 和 6H-SiC 型。研究顯示，SiC 具有以下特點：

1）熱導率高；

2）電子飽和速率和電子遷移率高；

3）抗電壓擊穿能力強；

4）熱膨脹係數也非常低（4.0×10^{-6}/K）。

6H-SiC 和 4H-SiC 最大的差異在於 4H-SiC 的電子遷移率是 6H-SiC 的兩倍，這是因為 4H-SiC 有較高的水平軸（a-axis）移動率。與矽基 IGBT 相比，SiC 是基於矽和碳的化合物半導體材料，它的擊穿場強是矽的 10 倍，導熱係數是矽的 3 倍。SiC 可以提高 5%～10% 的電池使用率。SiC 逆變器能夠提升 5%～10% 的電池續航力，節省 400～800 美元的電池成本（80kW·h 電池、102 美元／kW·h）。

SiC 元件的工作接面溫度在 200℃以上，工作頻率在 100kHz 以上，耐壓可達 20kV，這些效能都優於傳統矽元件；SiC 元件體積可減小到 IGBT 整機的 1/5～1/3，重量可減小到 IGBT 的 40%～60%；SiC 元件還可以提升系統的效率，進一步提高系統的 CP 值和可靠性。在電動車的不同工況下，SiC 元件與 IGBT 的效能對比，SiC 的功耗降低了 60%～80%，效率提升了 1%～3%，SiC 的優勢可見一斑。相關機構研究也顯示，雖然在一輛電動車上採用 SiC 會多花 200～300 美元，但整車成本可以節省 2,000 美元，比如節省 600 美元電池成本、節省 600 美元汽車空間成本，以及節省 1,000 美元散熱成本。據報導，2020 年全球碳化矽功率元件市場規模約 5 億～6 億美元，約占整個功率半導體元件市場占有率的 3%～4%，預計到 2022 年，碳化矽功率系統元件的市場規模，有望超過 10 億美元。全球 SiC 元件領域主要廠商，包括意法半導體、英飛凌、科銳、羅姆，四家一起占據 90% 的市場占有率。

SiC 晶圓的製備，SiC 是矽和碳的化合物半導體材料，因此首先需要製作 SiC 的襯底，在得到襯底的基礎上發展外延層，再進行電路刻蝕，最終形成元件，其中製作襯底是最大的挑戰。主要難題是襯底內的缺

第 9 章　第三代寬能隙功率半導體的封裝挑戰與對策

陷,基面差排和螺釘差排會產生「致命缺陷」,SiC 元件必須減少這種缺陷,才能獲得商業成功所需的高產量。至於怎麼製作電路,形成 SiC 晶圓的過程,和傳統的矽基功率元件類似,本書不做介紹,有興趣的讀者可以參考半導體製造相關圖書,了解詳細的製造過程。

SiC 晶體是六方晶型結構,根據 Si、C 原子的排列順序,SiC 存在大量的多型結構。SiC 單晶體的製備方法主要有三類:物理氣相傳輸法(PVT)、高溫化學氣相沉積法(HT-CVD)、溶液轉移法(LPE),三種方法的優缺點比較,如圖 9-3 所示。

製備方法	物理氣相傳輸法(PVT)(95%比例)	高溫化學氣相沉積法(HT-CVD)	溶液轉移法(LPE)
示意圖	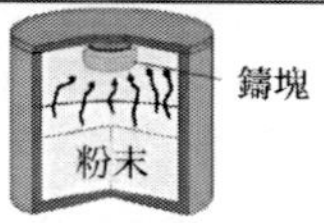 鑄塊／粉末	 鑄塊／氣體源	 鑄塊／矽矽金屬與碳成分的結合物體源
優點	最成熟、最常見的方法	可持續的原料,可調整的參數,一體化設備	和提拉法基本上一致
缺點	半絕緣製造困難、生長厚度受限、沒有一體化設備	速率和缺陷的限制	金屬雜質,在矽溶液中碳的溶解度有限
典型速率	200~400μm/h	300+μm/h	500μm/h
溫度	2200~2500°C	2200°C	1460~1800°C
晶型	4H&6H	4H&6H	4H&6H
主要廠商	Cree/II-VI/Dow Corning/Sicrystal	Norstel/日本電裝	住友金屬

圖 9-3　三種 SiC 單晶製備方法比較圖 [1]

圖 9-3 中提到的提拉法,是矽基半導體晶圓襯底的主要製備方法,又稱柴可拉斯基法,是柴可拉斯基(J. Czochralski)在 1917 年發明的、從熔體中提拉、提煉高品質單晶的方法。提拉法是將構成晶體的原料放在坩堝中加熱熔化,在熔體表面接晶種提拉熔體,在受控條件下,使晶種和熔體在交界面上不斷進行原子或分子的重新排列,隨降溫逐漸凝固而提煉出單晶體。

9.3　GaN 的特質及晶圓製備

　　1969 年日本科學家 Maruska 等人採用氫化物氣相沉積技術，在藍寶石襯底表面沉積出較大面積的 GaN 薄膜。GaN 具有禁帶寬度大、擊穿電壓高、熱導率大、飽和電子漂移速度高和抗輻射能力強等特點，是迄今為止理論上電光、光電轉換效率最高的材料。GaN 的外延生成方法，主要有金屬有機化學氣相沉積（MOCVD）、氫化物氣相外延（HVPE）、分子束外延（MBE）。MOCVD 技術最初由 Manasevit 於 1968 年提出，之後隨著原材料純度提高及工藝的改進，該方法逐漸成為以砷化鎵、銦化磷為代表的第二代半導體材料和以氮化鎵為代表的第三代半導體材料的主要製備工藝。1993 年日亞化學的 Nakamura 等人用 MOCVD 方法實現了高品質 InGaN（銦鎵氮）外延層的製備。HVPE 透過高溫下高純 Ga 金屬與 HCl 反應，生成 GaCl 蒸汽，在襯底外延面與 NH_3 反應，沉積結晶形成 GaN。該方法可大面積生成且速度快（可達 100μm/h），可在異質襯底上外延生成數百微米厚的 GaN 層，從而減少襯底與外延膜的熱失配引起的晶格失配缺陷。完成後用研磨或腐蝕的方法去掉襯底，即可獲得 GaN 單晶片。透過這種方法獲得的晶體尺寸大，差排密度控制較好。若要解決高速生成帶來的缺陷問題，可透過 HVPE 與 MOCVD 中的橫向覆蓋外延生成法相結合的方法來改善。目前除了 MOCVD，MBE 也成為重要的 GaN 等半導體材料的製備方法。MBE 是在襯底表面生成高品質晶體薄膜的外延生成方法，不過需要在高真空、甚至超高真空環境下進行。MBE 的優點是：①雖然通常 MBE 生成速率不超過 1μm/h，相當於每秒或更長時間只生成一個單原子層，但容易實現對膜厚、結構和成分的精確控制，容易實現陡峭界面的異質結構和量子結構等；②外延生成溫度低，降低了界面上因不同熱膨脹係數而引入的晶格缺陷；③相比 HVPE

第 9 章　第三代寬能隙功率半導體的封裝挑戰與對策

和 MOCVD 的化學過程，MBE 是物理沉積過程，因此無須考慮化學反應帶來的雜質汙染。從功率元件結構上看，Si 和 SiC 是垂直型的結構，而 GaN 是平面型的結構，與現有的 Si 半導體工藝相容性強，更容易整合，Si 和 GaN 半導體結構，如圖 9-4、圖 9-5 所示。

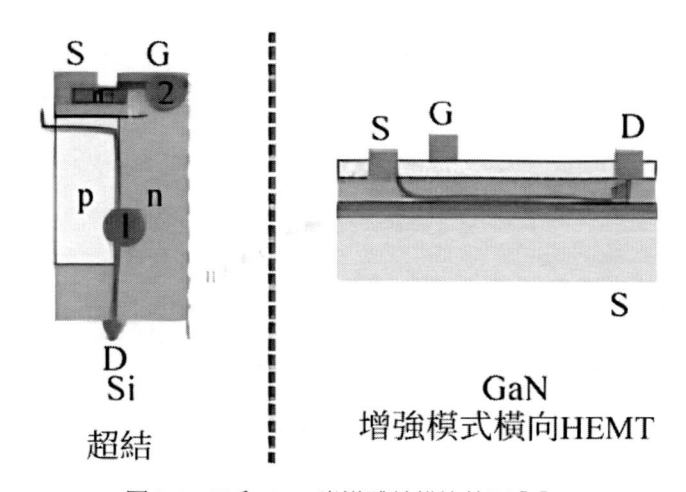

圖 9-4　Si 和 GaN 半導體結構比較圖 [2]

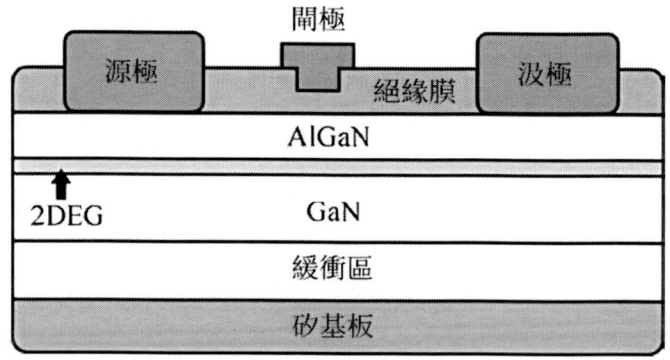

圖 9-5　GaN 半導體結構圖 [2]

如果三維固體中電子的運動在某一個方向（如 z 方向）上受到阻擋（限制），那麼，電子就只能在另外兩個方向（x、y 方向）上自由運動，這種具有兩個自由度的自由電子，就稱為二維電子氣（Two-dimensional electron gas，2DEG)。圖 9-5 顯示現在主流的 GaN 晶圓實際上是在 Si 襯底上生成出來的化合物半導體。這點對 GaN 來說，無須在晶片背面做金屬化，而 Si 及 SiC 功率晶片背面需要匯出汲極（Drain），一般是 TiNiAg 合金，相對來說，製造功率元件的晶圓製程比 Si 及 SiC 晶圓簡單。

9.4　第三代寬能隙功率半導體元件的封裝

　　因為受缺陷密度的影響，無論是 SiC 還是 GaN，其晶圓的尺寸目前都在 6 寸 [14] 以下，最近意法半導體宣稱做出了 8 寸的 SiC 晶圓，還有待觀察。由於製造第三代半導體的製程複雜，及尺寸有限，所以從成本上來看，普遍是 Si 晶圓的 8 倍以上，所以在功率離散元件領域得到的應用並不多。最近較流行的是做 SiC 肖特基二極體（SBD）替代 Si 基的快恢復二極體（FRD），而 SiC MOSFET 用於離散電子元件的場合，展現不出 CP 值優勢。所以 SiC 模組目前適用於高附加價值的汽車行業、太陽能光電發電站的逆變器等，對成本不太敏感的區域。第三代寬能隙半導體功率離散元件的封裝和傳統的 Si 基功率離散元件並無太大的差別，但由於其材料特質不一樣，所以在一些製程上還是採用了不同的加工工藝，典型的是切割，由於 SiC 是已知硬度第四高的材料，在晶圓切割時，若採用傳統的金剛刀切割方式，效率非常差，且刀的使用壽命大大縮短。同樣大小的 SiC 晶圓，其切割效率是 Si 基晶圓的十四分之一，其效率已經低於內互連接合，成為封裝的瓶頸，為了提高效率，開發出雷射隱形切割系統，再配合裂片擴片機，可以達到和 Si 基晶圓金剛刀切割一樣的效率，品質更穩定，雷射隱形切割如圖 9-6、圖 9-7 所示。

---

[14]　1 寸 =（1/30）m=0.033m。

第 9 章　第三代寬能隙功率半導體的封裝挑戰與對策

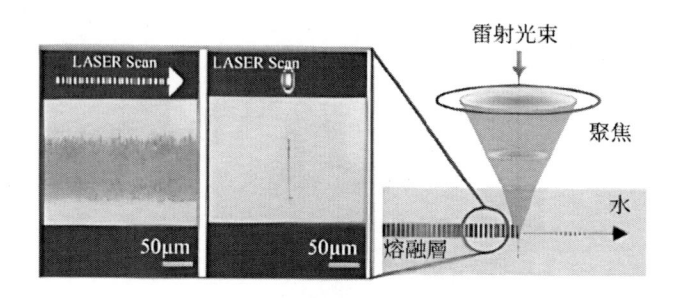

圖 9-6　雷射隱形切割示意圖[3]

圖 9-7　某雷射隱形切割機 [4]

關於晶圓切割的具體內容，在前面章節有詳細介紹，這裡不再贅述。

SiC 的模組封裝在前面的章節也有詳細介紹，主要的特點是採用銀燒結和打粗銅線，主要考慮的是提高可靠性，採用銀燒結後，其功率循環的壽命可以超過 10 萬次。採用粗銅線做內互連，不僅可以有效降低封裝內阻，提高大電流的過載能力，同時也保持內互連的靈活性。因為粗銅線接合需要先在晶片上電鍍或燒結一層薄銅層，因此這也相對提高了晶片的散熱能力。結合成本，採用高導熱的塑封料，可以進一步提高整個封裝的散熱能力。這些新材料、新工藝的綜合使用，形成了可以充分發揮第三代寬能隙半導體材料本身比矽更高的接面溫度、更高的工作頻率、更優良的熱傳導能力等方面的優勢。此外，一個有趣的現象是，據某大學的研究，傳統封裝材料和工藝條件下做出來的模組，SiC 模組的

工作壽命反而不如 Si 基模組。因為在承載相同大小的電流下，晶片面積 SiC 模組是 Si 基模組的二分之一，SiC 模組的蒲松比是 Si 基模組的 1.6 倍，SiC 模組的楊氏模量是 Si 基模組的 3 倍。據此計算，如果採用相同的銲料晶粒接合方式，SiC 模組的壽命只有 Si 基模組的 70％左右，在長時間功率循環的狀態下，銲料層首先會發生裂紋。所以，這裡再次強調，如果要使用 SiC 晶片做功率模組，且要發揮其特性優勢，一定採用銀燒結才可以得到效能更優良，可靠性更高的模組。在中小功率場合，採用 Si 基晶片的模組更具有經濟性，且工藝也較成熟。成本原因，未來很長一段時間，Si 基和 SiC 會共存。

9.5　第三代寬能隙功率半導體元件的應用

我們知道，車用功率模組（當前的主流是 IGBT）決定了車用電驅動系統的關鍵效能，同時占電機逆變器成本的 40％以上，是核心部件。由於 SiC 具有比 Si 更明顯的優勢，所以 SiC 模組首先在汽車行業得到應用嘗試和推廣。圖 9-8 和圖 9-9 是特斯拉和某製造公司在其電動車上的 SiC 模組實物圖。

圖 9-8　特斯拉車用 SiC 模組

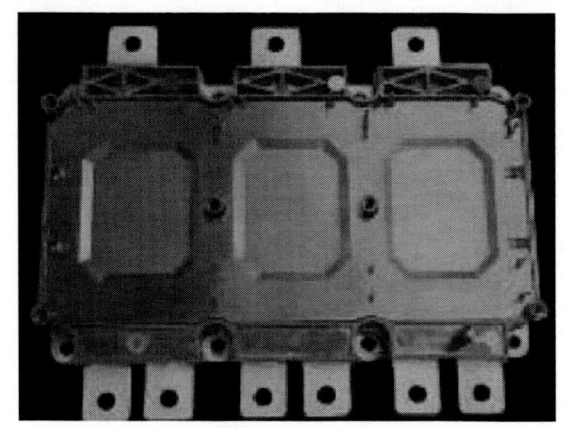

第 9 章　第三代寬能隙功率半導體的封裝挑戰與對策

圖 9-9　某製造公司車用 SiC 模組

　　新能源汽車是 SiC 功率元件及模組正在全力進入的領域，像特斯拉的 SiC MOS 並聯方案，某製造公司的三相全橋電控模組，以及各半導體廠商正在全力布局的汽車級 SiC MOS 模組。根據 SiC 材料的特性，高功率、高頻率以及高功率密度的電控，使控制器的體積大大減少，同時由於優越的高溫特性，使 SiC 在新能源汽車領域得到額外重視，並蓬勃發展。SiC SBD 和 SiC MOS 是目前最為常見的 SiC 基元件，且 SiC MOS 正在一些領域和 IGBT 爭搶市占率，而 IGBT 結合了 MOS 和 BJT 的優點，SiC 作為第三代寬能隙半導體材料又具有優於傳統 Si 的綜合特性，那為什麼只有聽說 SiC MOS，卻沒有 SiC IGBT 呢？因為 Si 基 IGBT 目前依然處於傳統的市場主導地位，隨著第三代寬能隙半導體材料 SiC 的發展，關於 SiC 的元件及模組陸續出現，且嘗試取代 IGBT 應用到相關行業。但實際上，SiC 並沒有取代 IGBT，其主要原因還是關鍵因素──成本，目前就 SiC 功率元件而言，其製造成本大約是矽的 6～9 倍，當前主流的 SiC 還是 6 寸，且需要先製造 SiC 襯底，晶圓缺陷密度高，良率相對而言就比 Si 低，所以價格並沒有太大的優勢，即使開發了 SiC

9.5 第三代寬能隙功率半導體元件的應用

IGBT，其價格在大多數應用場合並不會受市場青睞。因為在一些成本為主要因素的行業，技術優勢不如成本優勢更緊迫。就算在一些「不缺錢」的行業，如汽車行業，目前也僅開發使用 SiC MOS。當然 SiC MOS 的一些效能比 SiC IGBT 更具有優勢，在相當長的一段時間內，兩者會混合共存使用，CP 值的原因，也沒有開發更高效能的 SiC IGBT 的市場動力和技術需求。

SiC IGBT 未來最有可能先用於電力電子變壓器 (PET)，也稱固態變壓器 (SST) 或智慧變壓器 (ST)。PET 一般應用於中高壓場合，比如智慧電網／能源網路、分散式可再生能源發電併網，以及電力機車牽引用的車載變流器等。其優點是可控性高、相容性好，以及良好的電能品質。目前，傳統 PET 的主要問題是電能轉換效率低、功率密度低、造價高和可靠性差等。而問題產生的主要原因是採用的功率半導體元件的耐壓程度有限，導致 10kV 電壓需要採用多單元級聯的拓撲，從而導致功率元件、儲能電容和電感等數量相當龐大。所以想要有所突破，便需要更高耐壓、更低損耗的功率半導體元件──SiC IGBT。第三代寬能隙半導體材料 SiC 的優點是擊穿電場非常強、禁帶寬度大、電子飽和遷移速度快、熱導率高等，使其能夠滿足更高頻率、更大耐壓、更高功率等場合，可以讓目前 PET 突破瓶頸，同時 SiC IGBT 優越的通態特性、開關速度，以及良好的安全工作區域，使其在 10～25kV 的場合大顯身手 [5]。

下面我們說說 GaN 的應用，GaN 屬於第三代半導體材料（又稱為寬能隙半導體材料）。GaN 的禁帶寬度、電子飽和遷移速度、擊穿場強和工作溫度遠遠優於 Si 和 GaAs，具有作為電力電子元件和射頻元件的先天優勢。目前第三代半導體材料以 SiC 和 GaN 為主。相較於 SiC，GaN 材料的優勢主要是成本低，易於大規模產業化。儘管耐壓能力低於 SiC 元

第 9 章　第三代寬能隙功率半導體的封裝挑戰與對策

件，但優勢在於開關速度快。同時，GaN 如果配合 SiC 襯底，元件可同時適用高功率和高頻率。GaN 的擊穿場強是矽的 10 倍，電子遷移率是矽的 2 倍。GaN 用於 LED、電力電子設備和射頻場合。GaN 的射頻版本用於 5G、雷達。對於其他應用，一般來說，更大的充電功率意味著更大的體積和重量，而 GaN 材料可以避免這個問題，自然也就成為許多輕薄筆記本電腦和支援快充的手機首選。GaN 在未來幾年，將在許多應用中取代矽，其中，快充是第一個可以大規模生產的應用。在 600V 左右的電壓下，GaN 在晶片面積、電路效率和開關頻率方面的表現明顯好於矽。在 1990 年代對離散 GaN 及 21 世紀初對積體 GaN 進行了多年學術研究之後，Navitas 公司的 GaN Fast 源積體電路現已成為業界公認的、具有商業吸引力的下一代解決方案。它可以用來設計更小、更輕、更快的充電器和電源界面卡。單橋和半橋的 GaN 快速電源晶片，是由驅動器和邏輯單片整合的 650V 矽基 GaN FET，採用四方扁平無引線（QFN）封裝。Gan Fast 技術允許高達 10MHz 的開關頻率，從而允許使用更小、更輕的被動元件。此外，寄生電感限制了 Si 和較早的離散 GaN 電路的開關速度，而整合可以最大限度地減少延遲並消除寄生電感。尺寸小、充電快是 GaN 充電器的最大優勢。同時，在元件方面，GaN 半導體針對不同的市場，其中發電機電子功率控制系統（亦稱電子節氣門）和其他產品在 15 ～ 200V 的較低電壓中競爭。在這些領域中，GaN 與功率 MOSFET 競爭，其他公司則在 600V、650V 和 900V 市場中競爭。這些元件可與矽基 IGBT、MOSFET 和 SiC 元件競爭。針對不同的市場，使 GaN 在發展中相互截長補短。GaN 適用於界面卡、汽車電源。GaN 的 900V 電壓適用於汽車、電池充電器、電源和太陽能。像 SiC 一樣，GaN 試圖在電動車領域獲得更大的發展，特別是對車載充電器和 DC/DC 轉換器等。

思考題

1. 第三代寬能隙半導體的定義和特點有哪些？

2. SiC 晶體襯底的主要製備方法有哪些？

3. GaN 晶體的主要製備方法有哪些？

4. SiC 封裝的主要關鍵技術有哪些？

5. SiC 和 GaN 的主要應用場合分別有哪些？

高 第 9 章　第三代寬能隙功率半導體的封裝挑戰與對策

第 10 章

特種封裝與航太級封裝技術

10.1 特種封裝概述

電子元件一般分為商業級、工業級、汽車級、軍用級和航太級，按照使用溫度等來分級，分級如下：

1) 商業級（消費級）：0～70℃；

2) 工業級：-40～85℃，精密度要求更高；

3) 汽車級：-40～125℃，溫度要求更高；

4) 軍用級：－55～125℃（或150℃），高強度、抗衝擊、氣密性要求高、抗鹽霧等；

5) 航太級：－55～150℃，在軍用級的基礎上增加抗輻射、抗干擾功能等。

從溫度等級可以看出元件等級依次升高，也就意味著對元件的可靠性要求依次升高。通常來說，特種元件包含軍用級和航太級，主要是指對高強度的工作條件需求或太空環境進行特殊設計的元件。對特種元件封裝的研究，有非常重要的意義。特種元件——尤其是航太級元件——通常需要非常高的可靠性，因為太空環境非常惡劣，不僅要對抗極端苛刻的高低溫等條件，還要能應對無處不在的宇宙輻射。在太空環

第10章 特種封裝與航太級封裝技術

境中,微電子元件中的數位和模擬積體電路的輻射效應,一般分為總劑量效應(TID)、單粒子效應(SEE)和劑量率(Does Rate)效應。總劑量效應源於由γ光子、質子和中子照射所引發的氧化層電荷陷阱或位移破壞,包括漏電流增加、MOSFET閾值漂移及雙極型電晶體的增益衰減。單粒子效應是由輻射環境中的高能粒子(質子、中子、α粒子和其他重離子)轟擊微電子電路的敏感區引發的。在PN結兩端產生電荷的單粒子效應,可引發軟性錯誤、電路閉鎖或元件元件燒毀。單粒子效應中的單粒子翻轉(SEU),會導致電路節點的邏輯狀態發生翻轉。劑量率效應是由甚高速率的γ或X射線,在極短時間內作用於電路,並在整個電路內產生光電流引發的,可導致電路閉鎖和元件元件燒毀等破壞。上述幾種輻射效應,都有可能導致晶片損毀,因此無論是深空探測還是民用航太方面,抗輻射晶片的意義都非同小可。對於晶片的輻射加固,可以考慮兩部分內容。第一是透過增強晶片本身的抗輻射能力,即抗輻射晶片工藝加固來實現,該製程可以是製造商或軍方專有的,也可以是以加固為目的,將特殊的製程加入標準製造商的晶圓製造中去。抗輻射加固技術具有高度的專業化屬性和較高的複雜性,本書不再一一說明,有興趣的讀者可以查閱相關數據。第二部分就是從封裝的角度對晶片進行保護,尤其是從封裝材料、結構等方面進行特殊設計,從而最大化提升晶片的抗輻射能力。本章主要針對特種晶片中航太級晶片的封裝進行具體闡述,針對航太級晶片在嚴苛環境下的封裝可靠性問題等,為各位讀者一一說明。除了抗輻射問題之外,太空環境常面臨以下嚴苛環境:

1)高真空環境。在200～500km的低軌道空間,真空度為10^{-4}Pa,而在35,800km的地球同步軌道上,真空度則高達10^{-11}Pa。

2)高速度環境。在太空中有高速運動的塵埃、微流星體和流星體,

它們具有極大的動能，1mg 的微流星體甚至可以穿透 3mm 厚的鋁板。另外，隨著人類航太活動的日益增加，太空中廢棄的人造地球衛星等航太器也隨之增加，它們在太空形成太空垃圾。這些太空垃圾的執行速度與航太器的飛行速度一樣，因而會對正常執行的航太器造成潛在的撞擊威脅。圖 10-1 所示為太空站。

圖 10-1　太空站

3）極端溫度環境。由於太空中沒有空氣傳熱和散熱，所以航太器受陽光直接照射的一面，可產生高達 100℃以上的高溫，而背陰的一面，溫度則可低至 -200 ～ -100℃。

4）強振動、大噪音環境。航太器在起飛和返回，即運載火箭和反推火箭等點火和熄火時，會產生劇烈的振動和很大的噪音。為此，上天前，航太器都要做振動和噪音試驗，看其是否能承受這個考驗。

5）超重環境。航太器在加速上升和減速返回時，正、負加速度會使航太器上的一切物體產生巨大的超重，它是地球重力平均加速度的倍數，尤其對載人太空船影響巨大。

6）失重環境。航太器在太空軌道上做慣性運動時，地球或其他天體

對它的引力（重力）正好被它的慣性所抵消，因而艙內處於失重（或叫微重力）環境，其重力加速度僅為地面的 0.001%～1%。在這種環境中，氣體和液體中沒有對流現象，不同密度引起的組分分離和沉浮現象也消失，液體僅由表面張力約束，潤溼和毛細等現象加劇。因此，利用失重環境，可在航太器艙內進行許多地面上難以進行的科學實驗，生產地面上難以生產的特殊材料。

10.2 特種封裝工藝

航太級產品的封裝工藝，可以參考第 3 章塑封產品的封裝。但是因為航太級產品對可靠性的要求更高，目前還是常用氣密性的金屬或陶瓷封裝來實現。常規的金屬、陶瓷封裝製程依序為晶圓切割、管殼清洗、晶片黏結、打線接合、元件密封。與塑封產品相比，主要有以下幾點差別：

1) 支撐晶片的基座是金屬或陶瓷管殼，而非塑封產品的引線導線架；

2) 晶片黏結主要採用銲料或共晶銲接法；

3) 接合工藝主要採用鋁絲接合，常常涉及粗鋁絲接合；

4) 金屬或陶瓷管殼需要實現密閉性，所以通常要進行密封／封帽處理。

針對航太級產品封裝工藝的差別，接下來將向讀者一一解釋。

1. 封裝外形（金屬管殼或者陶瓷管殼，見圖 10-2 和圖 10-3）

10.2　特種封裝工藝

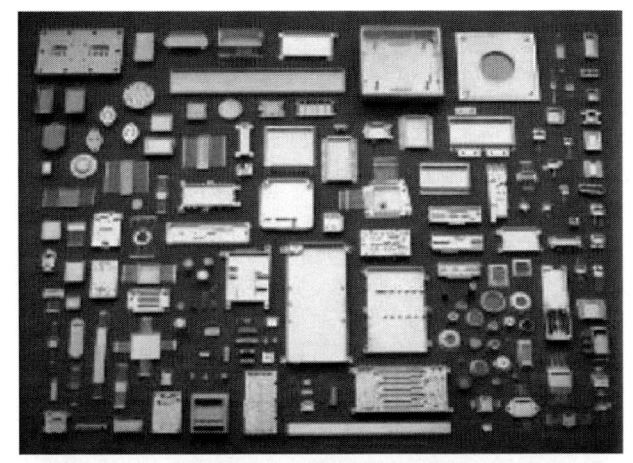

圖 10-2　金屬管殼示意圖

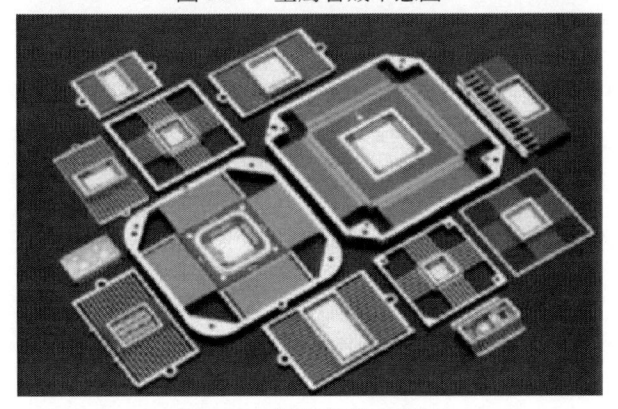

圖 10-3　陶瓷管殼示意圖

金屬因其具有較好的機械強度、良好的導熱性及電磁封鎖功能，且便於機械加工等優點，較早應用於電子封裝。金屬封裝是指以金屬作為管殼主體材料，直接或透過基板間接將晶片安裝在管座上，透過引線連接內外電路的一種電子封裝形式。金屬封裝形式多樣、加工靈活，可以和某些部件(如混合整合的 A/D 或 D/A 轉換器)融合為一體，適合低 I/O 數的單晶片和多晶片用途，也適用於射頻、微波、光電、聲表面波和高功率元件，可以滿足小批次、高可靠性的要求。此外，為解決封裝的散

343

熱問題，各類封裝也大多使用金屬作為熱沉和散熱片。傳統的金屬材料有 Cu、Al、封接合金（鐵鎳鈷合金）、Invar 合金（鎳鐵合金）及 W、Mo 合金等。

大多數金屬封裝屬於實體封裝。金屬封裝材料為實現對總片的支撐、電連接、熱耗散、機械和環境的保護，通常需要滿足以下幾項要求：①良好的導熱、散熱性；②良好的導電性，減少傳輸延遲及能源損耗；③質量輕，同時要求有足夠的強度和力學效能；④良好的加工能力，以便於批次生產；⑤較低的熱膨脹係數，以便滿足與晶片的匹配，從而減少熱應力的產生；⑥良好的銲接效能、鍍覆效能及耐蝕效能，以實現與晶片的可靠結合、密封和環境保護。陶瓷封裝也是氣密性封裝的一種常見封裝形式，主要材料有 Al_2O_3、AlN、BeO 和莫來石（鋁矽酸鹽礦物 $3Al_2O_3、2SiO_2$），具有耐溼性好、機械強度高、熱膨脹係數小和熱導率高等優點。陶瓷基封裝材料作為一種常見的封裝材料，相對於塑膠封裝和金屬封裝的優勢在於：①低介電常數，高頻效能好；②絕緣性好，可靠性高；③強度高，熱穩定性好；④熱膨脹係數低，熱導率高；⑤氣密性好，化學性能穩定；⑥耐溼性好，不易產生微裂現象。表 10-1 中列出主要封裝材料的特性 [1]。

10.2 特種封裝工藝

表 10-1 主要封裝材料的特性

參數	Al₂O₃	莫來石	AlN	Al	柯瓦 Fe₅₄Ni₂₉Co₁₇	Cu₈₀W	環氧樹脂	聚醯亞胺醇膜
熱膨脹係數/(10⁻⁶/°C)	7.1	4.2	4.4	23.6	5.2	6.5~8.3	60~80	40~50
熱導率/[W/(m·K)]	25	5	175	238	11~17	180~200	0.13~0.26	0.2
介電常數/(MHz)	9.5	6.4	8.9	—	—	—	3.5~5.0	3.4
介電損耗/(10⁻⁴Hz)	4	20	4	—	—	—	2~10	2
抗壓力度/MPa	420	196	320	137~200	—	1172	—	140~200
密度/(g/cm³)	3.9	2.9	3.3	2.7	8.1	15.7~17.0	0.98	1.3

2. 銲料片燒結、共晶銲

前面第 3 章的 3.3 節提到，功率半導體元件封裝的主要黏片方式有三種，分別為膠聯晶粒接合（分導電膠或非導電膠）、軟釬銲接（鉛錫合金為主）、共晶銲接。

在功率半導體電路中，對可靠性較高的功率晶片的組裝要求是熱阻小，傳統的晶片組裝方法如膠聯晶粒接合，無法滿足這項要求。雖然常用的膠聯晶粒接合具有工藝簡單、速度快、成本低、可修復、低溫黏結、對管芯背面金屬化無特殊要求等優點，但在高功率元件封裝中，由於膠黏結的電阻率大、熱導率小，容易造成功率元件損耗大、接面溫度高，進而對其功率效能、壽命及可靠性等方面產生影響。通常，對於航太級要求的功率半導體電路或晶片封裝來說，晶片黏結主要採用的是軟釬銲接或共晶銲接。

由表 10-2 可以看出，軟釬銲接和共晶銲接所用材料的熱效能、電效能及機械效能大大優於環氧膠。因此在頻率較高、功率較大、可靠性要求較高的情況下，應當採用軟釬銲接或共晶銲接進行晶片裝配。表 10-2 是軟釬銲接、共晶銲接與膠聯晶粒接合材料效能比較。

表 10-2　晶粒接合材料效能對比

貼片材料	熱導率／[W/(m·K)]	電阻率／($10^{-6}\Omega \cdot cm$)	剪切強度／MPa
環氧膠	2～8	100～500	6.8～40
Au/Sn	251	35.9	185
Au/Si	293	77.5	116
PbSn	50	14.5	28.5

在功率半導體元件封裝中，PbSnAg（鉛錫合金）、$Au_{80}Sn_{20}$ 等銲料被廣泛用作晶片與基板間的黏結材料。從傳統的功率元件封裝結構來看，該銲料層處於元件導電、導熱的主要通道上，對元件的效能和可靠性產生至關重要的作用。但是在晶片黏結過程中，由於銲料和各種工藝因素的影響，在銲料層中很容易形成空洞，且在元件的服役過程中，由於熱應力的作用，銲料層的品質會發生退化，空洞增大，出現裂紋、甚至是分層，從而降低了元件的導熱和導電效能，使一些電、熱參數出現漂移。

雖然可採用新型的銲接方式及散熱方式，但對於高度整合化的高功率元件或系統仍然不夠，銲接空洞仍然是影響晶片散熱的主要因素之一。如在高功率晶片真空共晶銲時，降溫速率過大，會增大銲點空洞率，晶片銲接面空洞會導致接觸熱阻變大，晶片產生的熱量無法及時散發出去，從而可能引起元件燒毀、失效等。「微電子元件試驗方法和程式」（GJB548B - 2005）中規定，銲接接觸區空洞超過整個長度或寬度範圍，且超過整個預定接觸面積的 10%，為晶片的不可接受標準。因此，應用於高功率晶片的真空共晶銲的銲點空洞率應低於 10%，這就需要對真空共晶銲工藝參數進行最佳化，以滿足高功率晶片的散熱需求。

功率晶片的銲接不同於其他銲接，除考量如何獲得較低空洞率的銲接效果，還必須綜合考量如何獲得剪切強度高的銲接，以及晶片的最高耐受溫度等因素，為此，在進行銲接溫度曲線設計時，應著重關注以下幾個參數 [2]：

1）最高銲接溫度：一般情況下要獲得好的銲接品質，銲接溫度要高於銲料合金的共晶溫度 30 ～ 40℃，同時又需要考慮晶片的最高耐受溫度。

2）熔融狀態時間：熔融狀態時間及最高銲接溫度直接決定了銲料在銲接過程中與被銲接面反應生成金屬間化合物（IMC）的厚度，最高銲接溫度越高、熔融狀態時間越長，IMC 越厚。而 IMC 厚度與銲點剪切強度密切相關，IMC 厚度在合適範圍內時剪切強度較大，且剪切強度隨厚度改變變化不大，一旦 IMC 厚度超過這個合理範圍，則剪切強度會急遽下降。因此可透過不同熔融狀態時間下銲接的剪切強度，來確定合適的 IMC 厚度範圍及熔融狀態時間範圍。

3）真空度和氣體環境：為降低氧化及因殘留氣體造成的空洞缺陷，可在銲接過程中進行抽真空和惰性氣體保護處理。但過程中，真空環境和氣體環境需要根據情況進行調控。

4）冷卻速率：銲接完成後應盡快冷卻，這樣更易形成結晶細緻、接觸角小的優良銲點。

基於上述考量，對於銲接曲線的設計，要設定升溫區、保溫區、銲接區、冷卻區，同時根據需求，在各段採取抽真空或惰性氣體保護等方法。

3. 接合工藝

功率半導體元件封裝的主要內互連方式是鋁線超音波冷壓銲，具體技術特點可以參考第 3 章。

接合工藝的失效和可靠性研究被認為是最重要的部分，因為接合是功率半導體元件封裝中最為重要的製程，其工藝的可靠性，直接影響了元件的整體可靠性。針對目前功率半導體元件經常出現的接合失效問題，總結其產生的原因，概括來說，可從原材料品質問題及接合工藝問題兩方面入手。原材料品質問題可分為晶片品質問題、外殼品質問題及

接合絲品質問題三個方面；接合工藝問題可分為操作不當、設備狀態不良、工藝參數不良，以及接合環境不良四個方面。因此，提高功率半導體元件接合的可靠性，關鍵是預防和控制圖 10-4 中所列的若干問題。

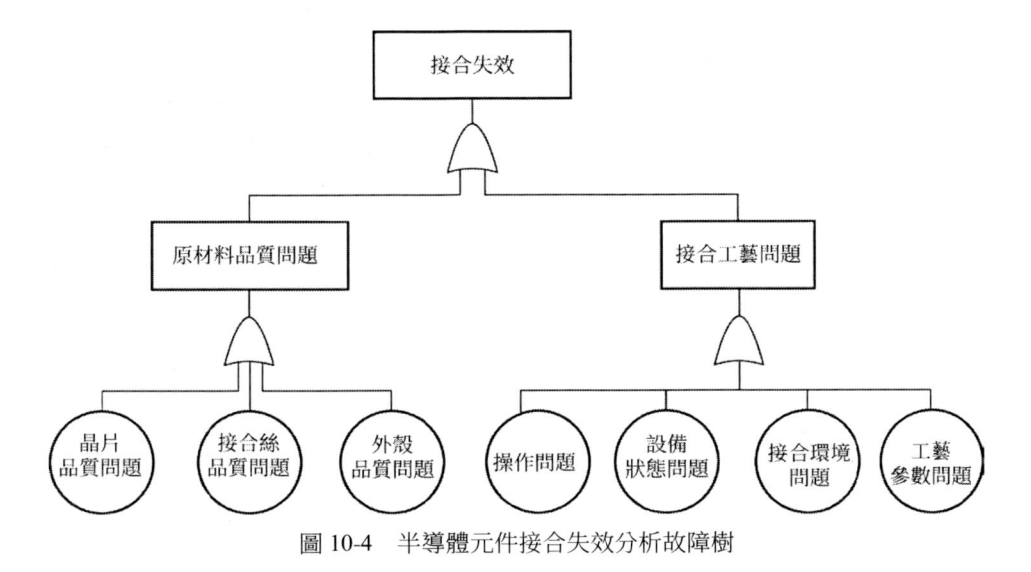

圖 10-4　半導體元件接合失效分析故障樹

4. 密封工藝（封帽工藝）

　　航太級功率半導體元件密封主要採用的是平行縫銲和儲能銲兩種[3，4]，其中平行縫銲主要用於方形管殼，儲能銲主要用於圓形管殼。

　　平行縫銲是藉助於平行縫銲系統，透過兩個圓錐形電極與蓋板接觸，提供給電流一個閉合的迴路。當兩電極沿著金屬蓋板邊緣滾動時，兩電極間經過一系列短的高頻功率脈衝訊號，在電極與蓋板接觸點處產生極高的局部熱量，使蓋板熔化、回流，從而形成一個完整、連續的縫銲區域。圖 10-5 是平行縫銲工作示意圖。

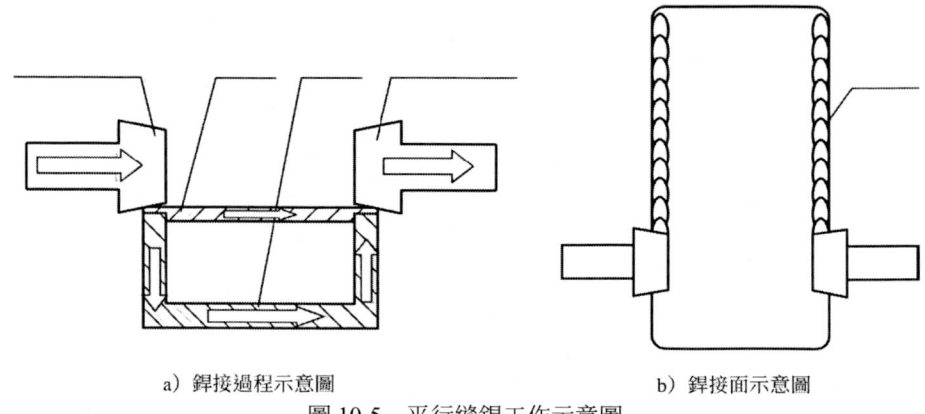

第 10 章 特種封裝與航太級封裝技術

a) 銲接過程示意圖　　　　b) 銲接面示意圖

圖 10-5　平行縫銲工作示意圖

儲能銲的工作原理是把金屬管帽、管座分別置於相應規格的上、下銲接模具中,並施加一定的銲接壓力,利用把電荷保存在一定容量的電容裡,使銲炬透過銲材與工件,瞬間以 2～3 次／s 的高頻率脈衝放電,從而使銲材與工件在瞬間接觸點部位,達到冶金結合的一種銲接技術。儲能銲的樣機和結構示意圖,見圖 10-6。

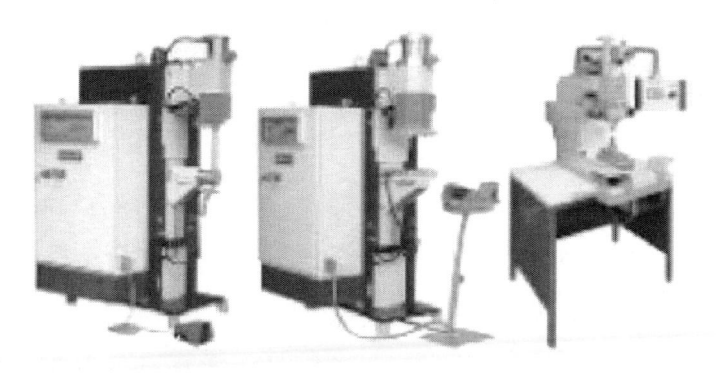

圖 10-6　儲能銲樣機結構示意圖

功率元件的密封工藝直接影響了元件的密封性,同時對元件內部氣氛有非常重要的影響。必須在材料的選用、工藝參數的設定、工藝過程的控制等方面下功夫,元件的密封對元件可靠性影響深遠。

10.3 特種封裝常見的封裝失效

本節中將針對特種封裝常見的封裝失效問題進行說明，感興趣的讀者可以閱讀相關書籍和文獻數據，以了解更多內容。

1. 氣密性失效

目前，金屬－陶瓷外殼因其各種良好的效能（如散熱性、氣密性、抗電磁干擾性等），而被廣泛應用於軍用品或特種封裝的電子產品中。隨著電子元件元件應用範圍的不斷擴大，對於金屬－陶瓷外殼各方面的效能要求越來越嚴苛，其中氣密性是其高可靠性的基本保證之一。

金屬－陶瓷外殼泛指金屬外殼、陶瓷外殼或金屬與陶瓷組合外殼，通常都是由金屬管殼、絕緣片、陶瓷墊片、蓋板等構成，由多個金屬或陶瓷零件進行釺銲組裝而成。原則上，要求金屬－陶瓷外殼必須是氣密性的，但在生產加工過程中，有多種原因可能導致元件漏率失效。其一，材料自身缺陷，主要是陶瓷孔洞或裂紋和金屬殼體孔洞或裂縫。由於外殼的陶瓷部位是將一層一層的陶瓷片疊加，透過外部作用力緊密結合在一起的，所以在陶瓷片層與層疊加的過程中，可能會在表面產生雜質、水分子附著或其他物質，當疊加好的陶瓷片放入溫度極高的爐中進行燒製時，這些雜質或水分子等受高溫影響，進而分解，在陶瓷元件上形成細小的漏孔，從而造成漏氣；其二，金屬－陶瓷外殼是經過多個部分組裝釺銲形成的，各個配件表面在銲接前處理不徹底，有黏汙、油汙殘留、氧化膜均會影響釺銲過程，導致銲料的流動不均勻，或在處理過程中溫度控制不當，使銲料無法充分填充或溢出過多，導致各層零件之間的間隙無法被銲料仔細地填充，從而造成銲接部位出現或大或小的縫隙。此外，還需要對組成管殼的各個零件的尺寸進行嚴格要求，避免裝

第 10 章　特種封裝與航太級封裝技術

配過程出現間隙增大等問題。元件的密封性常透過氦質譜檢漏來監測其密封程度。氦質譜檢漏技術是在真空檢漏技術領域裡應用最為廣泛的一種，這種檢漏方法的優點是檢漏靈敏度高（可以檢漏到 10-12Pa·m/s 的數量級）、儀器回應速度快、操作簡便、安全、高效能、成本較低、用途廣泛等，所以氦質譜檢漏儀在許多領域裡得到廣泛的應用。氦質譜檢漏儀是以氦氣作為示漏氣體，對真空設備及密封元件的微小漏隙進行定位、定量和定性檢測的專用檢漏儀器。它具有效能穩定、靈敏度高、操作簡便、檢測迅速等特點，是在真空檢漏技術中，用得最普遍的檢漏儀器，其測量工作原理如下：氦質譜檢漏儀是根據質譜學原理製成的磁偏轉型的氣密性質譜檢漏儀器，用氦氣作為示漏檢測氣體，其結構主要由進樣系統、離子源、質量分析器、收集放大器、冷陰極電離真空計等組成。離子源是氣體電離後形成一束具有特定能量的離子。質量分析器是一個均勻的磁場空間，不同離子的質荷比不同，在磁場中就會按照不同軌道半徑運動而進行分離，在設計時，只讓氦離子飛出分析器的縫隙，打在收集器上。收集放大器收集氦離子流，並送入到電流放大器，透過測量離子流，就可知漏率。冷陰極電離真空計指示質譜室的壓力及用作保護裝置。

2. 內部水氣超標

對氣密封裝而言，有一個指標是大家常常忽視的，那就是元件的內部水氣含量。在「微電子元件試驗方法和程序」（GJB548A － 1996）中，有內部水氣含量測試的程序和標準，規定了水氣含量的測試設備、檢驗方法和失效判據。為了獲得高可靠性的元件元件，我們在封裝過程中需要注意微電路內部水氣含量。

10.3 特種封裝常見的封裝失效

研究顯示，水氣含量大於 5,000ppm 的電路內部，通常含有大量雜質氣體，包括水氣、氮氣、氧氣、氫氣、二氧化碳、氦氣等。金屬－陶瓷封裝電路的失效，很大程度上是由於封裝腔體內的水氣及雜質氣體超標引起的。水氣及雜質氣體超標會對電路的效能、壽命、可靠性產生重大影響。較高的水氣含量，可能導致晶片或電路表面的結霜（結露）現象，從而造成產品漏電流的增大，從而影響元件電性參數的穩定性。在可靠性方面，水氣聚集於金線或鋁線與元件的接合點處，將導致雙金屬間的腐蝕作用，產生空洞、剝落，甚至斷裂現象，造成元件失效 [5]。

空封元件內部水氣主要是由以下三種情況造成的：一是氣密性密封差，水氣在放置、環境試驗等場合滲入引起，尤其是密封口被塗覆了有機塗層等，使漏氣孔不易被正常的檢漏篩選掉，而最易引起元件可靠性變差；二是密封氣氛中的水氣被密封入內腔中引起的，因密封氣氛未有效控制，或密封臺與周圍環境密封不良，而被周圍環境的溼氣所擴散滲透；三是內部吸附（束縛）的水氣，在烘焙過程中釋放出來的，如玻璃絕緣子、內腔壁（瓷體、金屬、銲料等）、晶片黏結材料（環氧導電膠、聚合物導電膠、銀玻璃、玻璃）等。針對水氣超標問題，常採取的控制方案有：①金屬、陶瓷封裝採用的管殼及導電膠原材料等，應為不易釋放氣體或釋放氣體中水氣含量不超過 5,000ppm；②封裝使用的原材料表面清潔、乾燥；管殼內部無吸附的氣體；管殼和蓋板的邊緣不能有毛刺，否則在銲接狀態下會產生金屬微粒；③晶粒接合材料選用無助銲劑銲料、聚合物導電膠、銀漿等，控制黏片材料的使用量，確保導電膠溢出量符合國際標準並確保材料充分固化；④封帽時，在放置蓋板前，將電路放在烘箱內烘烤一段時間，使有機物揮發後再進行封帽。總而言之，水氣含量控制是一個系統工程，需要從材料、工藝等各方面統籌考量。

3. 粒子碰撞噪音檢測（PIND）失效

封裝過程需要關注封裝腔體內的自由粒子的數量，規定對內部的可動微粒進行粒子碰撞噪音檢測（PIND）試驗。當腔體記憶體在自由粒子，即存在可動多餘物時，當元件處於高速變相運動、劇烈振動時，這些自由粒子會不斷碰撞。自由粒子為金屬等導電性物質時，可能會干擾和影響電路的正常工作，使電路時好時壞，嚴重時則使電路完全不能正常工作；即使自由粒子是非導電性的顆粒，當其足夠大時，也可能使電路的內部接合絲等發生形變 [6]。

PIND 的原理是透過對有內腔的密封元件施加適當的機械衝擊應力，使黏附在密封元件腔體內的多餘物成為可動多餘物，同時再施加一定的振動應力，使可動多餘物產生位移和振動，讓它與腔體內壁相撞擊、產生噪音，再透過換能器來檢測產生的噪音，判斷腔體內有無多餘物存在。高可靠性元件元件篩選時必須做 PIND。為了控制電路封裝腔體內的自由粒子的大小和數量，以減小粒子對電路可靠性帶來的危害，在電路的封裝過程中，需要對內腔內的可動顆粒和在試驗或使用中可能脫落下來成為顆粒的情況進行全面控制。在實際控制中，需要根據不同外殼的具體生產情況、不同的封帽工藝等，在封裝過程中採取不同的預防措施，對其進行控制。

試驗經驗中，我們發現微小顆粒一般包括以下幾種可能：①管殼內腔襯底或陶瓷墊片等配件表面有小的瓷粉顆粒或粉塵，這些小的顆粒在機械試驗後，因與瓷體基體黏接不牢固，可能會脫落下來；②因劃片產生的晶片邊沿的鋁層及鈍化層翹曲翻捲，在試驗中受到應力作用，極易脫落下來，成為自由粒子，或晶片存在裂紋，在機械試驗中，亦可能會有小的矽碎片掉落下來；③在封帽過程中，平行封銲熔化的封口，金屬

有時會飛濺出來，如果這些飛濺的金屬進入封裝腔體內，就很容易成為自由粒子。在某些情況下，熔封中合金銲料會飛濺，若銲料飛濺入密封內腔中，這些飛濺的銲料可能會造成電路短路或受到振動後掉下來成為自由粒子；④其他外來物，尤其在封帽前，腔體較長時間暴露在環境中，儘管封裝環境採取了一定的淨化措施，封裝過程中封裝腔體也保存於氮氣櫃中待加工，但電路封裝腔體內仍然有可能會掉入一些外來物。

4. 熱阻超標問題

在 10.2 節中關於銲料片燒結、共晶銲接部分的內容中，我們提到晶片黏結的空洞率控制，是高可靠性封裝的一個重要因素。

從傳統的功率元件封裝結構來看，銲料層處於元件導電、導熱的主要通道上，對元件的效能和可靠性，產生至關重要的作用。但是在晶片黏結過程中，由於銲料和各種工藝因素的影響，在銲料層中很容易形成空洞，空洞率會直接影響功率元件的熱阻。若元件的熱阻過大，在元件的服役過程中，由於熱應力的作用，銲料層會發生退化，空洞增大，出現裂紋、分層，從而降低了元件的導熱和導電效能，使一些電、熱參數出現漂移。

5. 金鋁接合失效問題

在第 3 章我們提到了金鋁接合的可靠性，金屬間化合物的產生和科肯德爾效應是討論金鋁接合可靠性的重要因素。接合的失效和可靠性研究，是功率元件封裝中最重要的部分之一，近年來很多學者都對這部分進行相關的研究，感興趣的讀者可以查閱相關書籍。

第 10 章 特種封裝與航太級封裝技術

10.4 特種封裝可靠性問題

　　隨著軍事、航太、航空、機械等各個行業的不斷發展，整機也向多功能、小型化方向發展，這就對元件元件的封裝提出更大挑戰，封裝在技術、品種、數量上，特別是對品質、可靠性、壽命、小型化和低功耗等技術指標，提出了更新、更高的要求；與此同時，電子元件元件封裝技術的好壞，直接影響其電學效能及可靠性。下面我們對可靠性這個概念做簡要介紹。可靠性的定義是指產品在規定的條件下和規定的時間內，完成規定功能的能力。所謂規定的條件，主要指使用條件和環境條件。使用條件是指那些將進入到產品或材料內部而發揮作用的應力條件，如電應力、化學應力和物理應力。環境條件是指那些只在產品外部周圍發揮作用的應力條件。通常將規定條件分為以下幾類：

　　1）工作（或自然氣候）條件，如溫度、溼度、氣壓、輻射、日照、黴菌、鹽霧、風、沙、工業氣體等。

　　2）機械環境，如衝擊、振動（變頻振動）、離心、碰撞、跌落、搖擺、引線疲勞等。

　　3）負荷條件，如電壓、電流、功率等。

　　4）工作方式，如連續工作、間斷工作等。

　　這些規定條件涉及產品內部、外部的條件，它對產品可靠性產生很大影響。所謂規定功能，主要是指產品的技術效能指標，不同類別的電子元件元件，各有不同的技術效能指標。即使是同一類產品，不同小分類或用於不同的設備中，所要求的主要效能指標也不盡相同。對於現場使用，不管哪類電子元件元件，必須滿足產品的規定功能，完成規定功能就是指產品滿足工作狀態要求而無失效（故障）地工作。

10.4 特種封裝可靠性問題

　　產品的可靠性可以針對產品完成某種功能，也可以針對多種功能的綜合，產品喪失規定的功能，就稱為失效。所謂「規定時間」是泛指壽命單位。例如，指「年」、「天」、「小時」、「里程」等。「時間」對評價產品的可靠性極為重要，一般來說，產品的可靠性會隨著「時間」的延長而降低。

　　電子元件元件的廣義品質包括產品的外部特徵、技術效能指標、可靠性、經濟性和安全性等諸多方面，其中，技術效能指標是產品品質的一個最基本要求，所以，一般來說，狹義的品質僅指其技術效能指標。

　　產品可靠性與其品質特性的最大差別是：品質特性是確定性概念，能用儀器測量出來，而產品的可靠性是不確定性概念，是遵循一種機率統計規律，不能用儀器測量出來。對某一具體產品在沒有使用到壽命終止或發生失效之前，它的真實壽命或可靠性是不知道的，只有透過對同類產品進行大量試驗和使用，經過統計分析和評定後，才能做出預估。總之，產品的可靠性，實際上就是其效能隨時間的保持能力，或者說，要長時間地保持效能在某一規定的範圍內、不失效，這是產品很重要的品質特性。

　　隨著電子系統的發展，電子設備和系統的複雜程度在不斷提高，所用元件元件數量也在不斷增加，電子設備的複雜性和可靠性成了尖銳的矛盾。系統越複雜，所用的元件元件越多，失效的機率就越大，可靠性問題就越突出。對於一個串聯系統，只要一個元件元件失效，就會導致整個系統故障，往往價值百萬、千萬，乃至上億美元的電子系統，因價值幾美元的元件元件失效，而全部化為灰燼，造成無法挽回的政治和經濟損失。電子設備的可靠度，為所用各元件元件可靠度的乘積，假定每個元件元件的可靠度為 0.995，用 10 個這種元件元件組成的設備，它的

第 10 章　特種封裝與航太級封裝技術

可靠度就是 0.995x10=95.1％，假如某系統包含 40,000 個電晶體，為確保系統的可靠度為 95％，則要求每個元件元件的可靠度為 0.9999987。因此，電子設備越複雜，使用的元件元件數目越多，對元件元件可靠性的要求就越高。

　　可靠性工程是一種包含了可靠性技術和可靠性管理的綜合技術，可靠性試驗是可靠性工程中的一個重要組成部分。儘管可靠性試驗本身並不能提高產品的可靠性，但卻能暴露問題，找到影響產品可靠性的薄弱環節，以便有方向、有目的地採取改進措施，以提高產品的可靠性。可靠性試驗可以促使產品可靠性程度的提升，是對產品進行可靠性評定的重要方法，在可靠性工程中，占有很重要的地位。因此，可靠性試驗是可靠性工作的重要組成部分，是確保和提高產品可靠性的必要方法。可靠性試驗的數據和理論是合理使用產品、正確設計產品結構、選擇製造工藝和實施工藝控制的重要依據。為評價、分析電子元件元件的可靠性而進行的試驗，稱為電子元件元件的可靠性試驗，其目的是考核電子元件元件在運輸、使用等情況下的可靠性。因此試驗條件必須是類比電子元件元件在運輸、使用時的客觀條件，這就要求實驗時對受試樣品施加一定的應力，諸如電氣應力、氣候應力和機械應力等。所謂應力，是指在某一瞬時，外界對元件施加的部分或全部影響，例如溫度、溼度、酸鹼度、機械力、電流、電壓、頻率、射線強度等，這些都是應力。從廣義上來說，時間也是一種應力，所以電子元件元件一旦製造好，就已經在受到一定應力的作用。其中每個應力可視為一個應力向量，各種應力向量組成一個應力空間。在應力空間內，各個應力向量線性組合而成一個新的應力向量。這些應力可以單獨作用，也可以幾種應力綜合作用。試驗目的是要看在這些應力的作用下，電子元件元件反應出的效能是否

穩定，其結構狀態是否完整，或是否有變形，從而判別其產品是否失效。常見的可靠性測試，主要有以下幾種：

1) 機械衝擊。機械衝擊實驗的主要目的是為了模擬產品或設備在運輸過程中可能會遭遇的衝擊（衝擊效應為主），並透過衝擊波瞬間暫態能量的交換，分析產品承受外界衝擊環境的能力。試驗的目的在於了解其結構弱點，以及功能退化情況，有助於了解產品的結構強度及外觀抗衝擊、跌落等特性，並且能有效地評估產品的可靠性，同時監控生產線產品的一致性。圖 10-7 所示為機械衝擊試驗原理圖。機械衝擊試驗主要是透過可控的加速度和脈寬的衝擊，來衡量產品耐受衝擊的能力，也可以透過專業的衝擊分析，結合相應的跌落數據，去衡量產品包裝的強度。圖 10-8 所示為機械衝擊測試設備示意圖。

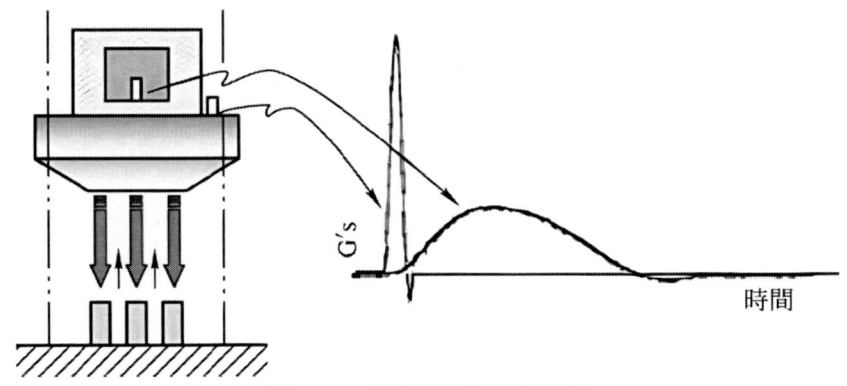

圖 10-7　機械衝擊試驗原理圖

图 10-8　機械衝擊測試設備示意圖

2) 溫度循環。電子產品在實際使用的過程中，經常會遇到溫度急遽變化的環境條件。例如，飛機從地面起飛，迅速爬升至高空，或從高空俯衝著地時，機載電子元件元件就會遇到大幅度的溫度變化環境；又如在嚴寒的冬天，將電子產品從室內移到戶外工作，或從戶外移到室內工作，元件元件也會經歷溫度的大幅度變化。因此，通常要求電子元件元件具有承受溫度迅速變化的能力，所以對元件進行溫度循環試驗是非常有必要的。

溫度循環試驗是模擬溫度交替變化環境對電子元件元件的機械效能及電氣效能影響的試驗。溫度循環試驗的嚴格度等級，由以下因素確定：組成循環的高、低溫溫度值，平衡時間，高、低溫轉換時間及溫度循環次數等。主要是控制產品處於高溫和低溫時的溫度、時間及高、低溫狀態轉換的速率。溫度循環試驗箱內氣體的流通情況、溫度感測器的位置、夾具的熱容量等，都是確保試驗條件的重要因素。溫度控制的原則是：試驗所要求的溫度、時間和轉換速率等，都是指被試樣品，不是

指試驗的局部環境。根據半導體離散元件試驗方法 GJB128A － 1997「半導體離散元件試驗方法」的試驗標準,溫度循環試驗可分為七個等級,如表 10-3 所示。

表 10-3　溫度循環試驗條件

步驟	時間／min	試驗溫度／°C							
		A	B	C	D	E	F	G
1 冷	≧ 10	+0 -55 -10	+0 -55 -10	+0 -55 -10	+0 -65 -10	+0 -65 -10	+0 -65 -10	+0 -55 -10
2 熱	≧ 10	+15 85 -0	+15 120 -0	+15 175 -0	+15 200 -0	+15 300 -0	+15 150 -0	+15 150 -0

由步驟 1 和步驟 2 組成的一次循環,必須不間斷地完成,才記作一次循環。一次循環的過程,如圖 10-10 所示。

其中,T_A 為低溫值;t_1 為高、低溫下保持時間;T_B 為高溫值;t_2 為高、低溫轉換時間;T_0 為室溫值;A 點為第一次循環的起點。溫度循環試驗中,電子元件元件在短期內反覆承受溫度變化,其結果是使電子元件元件反覆承受熱脹冷縮變化,熱脹冷縮會產生交變應力,這個交變應力會造成材料開裂、接觸不良、效能變化等有害的影響。對於半導體元件,溫度循環試驗主要是檢驗不同結構材料之間的熱匹配效能是否良好。它能有效地檢驗黏片、接合、內塗料和封裝製程等潛在的缺陷,能加速矽片潛在裂紋的暴露。

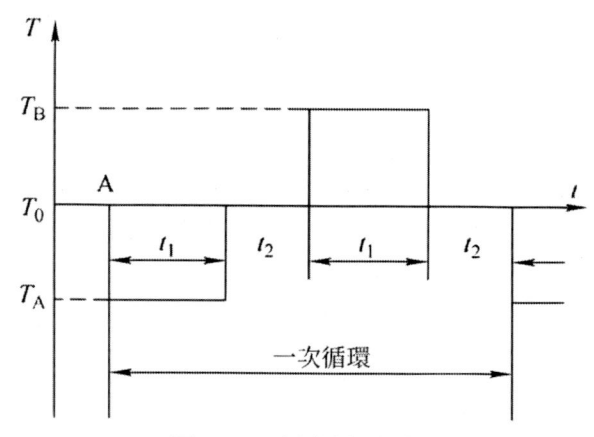

圖 10-10　溫度循環過程

3) 加速老化測試。電子元件元件有些缺陷可能是本身固有的，有些則可能是由於對製造工藝的控制不當而產生的缺陷。這些缺陷可能會造成元件與時間和應力相關的失效。如果不進行加速老化測試，這些有缺陷的元件元件，在使用條件下，就會出現初期致命失效或早期壽命失效。

加速老化測試的目的，是為了篩選或剔除那些勉強合格的元件元件。試驗樣品在規定的溫度下保存或工作較長的一段時間，如果試驗前後其相關電效能的變化超過允許值，則該元件元件為不合格品，應被剔除掉。

功率老化測試通常是將積體電路產品置於高溫條件下，施加最大的電壓，以獲得足夠大的篩選應力，達到剔除早期失效產品的目的。所施加的電應力，可以是直流偏壓，也可以是脈衝功率老化，使電路內的元件元件在老化時能承受工作狀態下的最大功耗和應力。

4) 高溫保存試驗。高溫保存試驗簡便、經濟，同時對穩定元件元件的電效能有良好的影響，它是有效的篩選方法之一。

通常大氣溫度只是為元件元件提供一個所在環境溫度的基數，而元件元件的應用過程中，更重要的是考慮各種微氣候條件，如艦艇的機艙內，夏天可達 60℃；停開的坦克，車內溫度可達 45℃。高溫保存試驗主要用來考核高溫對電子元件元件的影響，確定電子元件元件在高溫條件下工作和保存的適應性。

有嚴重缺陷的電子元件元件，通常處於一種非平衡態，這種狀態是不穩定的，由非平衡態向平衡態的過渡過程，也是誘發有嚴重缺陷產品失效的過程，這種過渡，一般情況下是物理變化。對元件元件施加高溫應力的目的，是為了加速這種變化，縮短變化的時間，促使元件元件由非平衡態向平衡態轉化。所以高溫保存試驗又可以視為一項穩定產品效能的工藝。

通常高溫保存試驗的試驗方法為：將試驗樣品放置在正常大氣條件下，使之達到溫度穩定。然後對試驗樣品進行電效能測試。使元件元件在規定的環境下（通常是最高溫度）保存一定時間，結束後，把樣品從規定的環境條件下移開，並使其達到試驗的標準大氣條件，進行電效能測試。

10.5 特種封裝未來發展

1. 無鉛銲料及無鉛環保問題

鉛錫合金作為軟釺銲材料，因其成本低廉、良好的導電性、良好的力學效能和可銲性，一直以來是微電子封裝領域最主要的釺銲材料。然而，鉛及含鉛物質是危害人類健康和汙染環境的有毒、有害物質，長期大量地使用含鉛銲料，會為人類環境和安全帶來不容忽視的危害。同

時，隨著微電子封裝的迅速發展，銲接點越來越小，而所需承載的力學、電學和熱學負荷越來越重，對銲銲的效能要求也不斷提高。傳統的鉛錫銲料由於抗蠕變效能差，導致銲點過早失效，已不能滿足電子工業對其可靠性的要求。所以，需要研發更高效能的無鉛銲料來替代傳統的錫鉛銲料，以提高銲接產品的可靠性。

國際上對無鉛銲料的定義如下：以 Sn 為基，添加 Ag、Cu、Zn、Bi 等元素構成的二元、三元，甚至四元的共晶合金，其中鉛的含量應小於 0.1%。透過近 20 年的研究開發，各國都獲得了一定研究成果，在有限改變製程條件的前提下，無鉛銲料已可部分取代 SnPb 銲料。目前開發出的無鉛銲料有百餘種，且多數為二元、三元無鉛合金。表 10-4 列出了主要無鉛銲料系列及效能優缺點。這些合金系列相對於 SnPb 共晶銲料整體的力學效能、銲接接頭的可靠性及成本等方面，還有一些差距，目前只能應用於一些特殊的領域。必須在研製新型無鉛銲料的同時，對與其匹配的系統工藝及銲劑進行開發，還要對銲料本身的力學效能及銲接接頭的力學效能和可靠性進行研究，這樣才能圓滿地解決無鉛銲料的替代問題。

表 10-4　無鉛銲料合金效能優缺點

種類	熔點／°C	特點
SnAg 系列	220～245	優點：蠕變特性、強度、耐疲勞程度、力學效能等方面優於 SnPb 缺點：熔點高，潤溼性不良
SnCu 系列	200～237	優點：高強度、銲接性好、製造成本低 缺點：抗拉強度較低、熔點高

種類	熔點/°C	特點
SnAgCu 系列	217～221	優點：良好的物理和力學效能、良好的可靠性、熔點低、可銲性好 缺點：價格偏高
SnZn 系列	195～200	優點：熔點低、價格低 缺點：易被氧化
SnBi 系列	140～180	優點：潤溼性好 缺點：耐熱性差、強度差
SnAgCuBi 系列	208～213	優點：潤溼性好、強度高 缺點：價格高

微電子封裝無鉛化技術的開發和利用，不僅有利於環境保護，還擔負著提高電子產品品質的重要任務。

與傳統的含鉛工藝相比，無鉛化銲接由於銲料的差異和工藝參數的調整，必然會對銲點可靠性帶來一定的影響。首先，一般無鉛銲料合金的熔點相對較低，在服役條件下，電路的週期性通斷和環境的週期性變化，容易造成封裝材料間的熱膨脹失配。所以在微電子封裝中，無鉛銲料的銲點將產生週期性的應力應變過程，容易導致銲點裂紋的萌生和擴展，最終使銲點失效。其次，由於銲料不含鉛，銲料的潤溼性能較差，容易導致產品銲點的自校準能力、拉伸強度、剪切強度等無法滿足要求。

鑑於無鉛銲料可靠性方面目前仍存在許多問題，有必要在無鉛銲料的研發和使用過程中加深對可靠性知識的了解，結合功率元件實際應用，進一步提高無鉛銲料的可靠性。

第 10 章　特種封裝與航太級封裝技術

隨著功率半導體晶片的不斷發展和廣泛應用，元件功率不斷增高，黏結材料面臨散熱、環保等多方面的挑戰，需要新的封裝材料來滿足其可靠性需求。相信未來無鉛銲料等新型材料是迫切需要拓展的一個重要方向。

2. 輕量化、小型化（塑封可能性）

近年來，越來越多的塑封元件被應用於軍用和航太級高可靠性領域中。塑封元件具有各種優勢，主要表現在以下三個方面：

1）尺寸小、質量小。航太產品對質量都有嚴格的限制要求。塑封元件的這種特性，能充分地滿足衛星、太空船等空間飛行器對質量和體積的要求。而品質等級較高的軍用產品，一般都採用金屬或陶瓷密封結構。這種可靠性設計，本身決定了產品的尺寸和質量較小，因此，運用在其上的元件的尺寸和質量也應較小，塑封元件恰好能夠滿足這方面的要求。

2）效能好。微電子元件快速發展，先進的技術、設計方案的研發，最初都是塑封形式。其基本效能（例如整合度、工作速度、容量和功耗等）遠遠優於航太用的高等級元件，從而讓它有條件滿足空間任務高效能的需求。

3）採購週期短、成本低。低等級元件有廣泛的市場需求，也有穩定的生產工藝，在連續、穩定的生產線上批次化生產、組裝，因而其製造成本低廉。採購方不需要支付高昂的研製費用，生產方也無需進行耗時且繁雜的試驗，因而其採購週期也較短，有些產品在市場上即可買到現貨，採購相對容易。

雖然塑封元件擁有不少優勢，但塑封元件由於其固有的結構特點，

其可靠性程度較低，主要存在以下問題：

1) 工作溫度範圍較窄。塑封元件的工作溫度範圍一般為 -40 ～ 85℃，而航太用高等級元件的工作溫度，範圍一般為 － 55 ～ 125℃。塑封層在高溫時容易變軟，低溫時容易變脆，當外部環境溫度高於塑封元件的額定工作溫度範圍，或高於塑封料的玻璃轉換溫度時，就會導致塑封料的效能快速退化。此外，塑封料的散熱效能差，溫度過高有可能導致晶片被燒毀，這也限制了塑封元件的工作溫度範圍。

2) 塑封元件的塑封層與元件元件分層現象較普遍。塑封元件因各種材料的膨脹係數不同，當溫度變化時，塑封料與基片及引線導線架之間可能會發生分層、開裂現象。尤其是在低溫下，分層現象更為嚴重。此外，在分層和開裂的過程中，塑封料與晶片之間會產生相對的移動，從而會劃傷晶片表面的金屬化層及鈍化層，進而導致電路出現開路或短路，且潮溼環境會加速分層現象的發生。分層的另一個問題是元件的散熱能力會變差，從而導致局部溫度升高，最終導致元件燒毀。

3) 吸潮問題。塑封元件為非氣密性元件，它的模塑材料本身也存在吸溼性和透水性，這種特性會導致兩種失效：腐蝕失效和「爆米花」效應。腐蝕失效是由於潮氣通過塑封料與引線導線架的界面和內引線與塑封料的界面、到達管芯，或透過塑封料的吸溼進入管芯表面，從而使晶片的金屬化層發生腐蝕；「爆米花」效應是指由於塑封料吸收了足夠的潮氣，在再流銲過程中，塑封料中的水分迅速地汽化，當壓力過大時，封裝產生開裂的現象。

4) 揮發問題。塑封元件的包封料是模塑化合物，在真空中會揮發，它的揮發物有可能會汙染某些電子成像設備，導致設備的影像解析度等參數效能下降。因此在航太產品中使用塑封元件的風險非常高，必須在

第 10 章　特種封裝與航太級封裝技術

使用之前全面地掌握其優缺點，採取包括結構分析（SA）、破壞性物理分析（DPA）、篩選試驗和鑑定考核試驗等在內的一系列保證措施後，才能將其應用於航太產品中。早在 1990 年代，國際上就開展了塑封元件應用於衛星等高可靠性領域的研究。據報導，美國國防部、美國太空總署（NASA）和歐洲航太局（ESA）等機構，每年都撥鉅款支持這方面的研究。美國於 1996 年頒布的 MIL-STD-883E 版標準，第一次將塑封元件的試驗方法列入其中。根據研究成果，各個機構陸續釋出關於塑封電子元件用於高可靠性領域的資料，例如，美國的噴氣推進實驗室（JPL）在 2005 年釋出了〈空間應用的塑封微電路可靠性和使用指南〉；NASA 在 2003 年頒布了〈塑封微電路選用、篩選和鑑定指南〉（PEM-INST-001），歸納總結了多年來在航太領域高可靠性系統中應用塑封微電路的大量實踐經驗，以及獲得的成果，並在此基礎上，為塑封微電路在高可靠性領域的應用，提供了一個共性平臺。PEM-INST-001 對塑封元件鑑定涉及的篩選、考核、破壞性物理分析和輻射效應評價等多個方面，給出了指導性建議，感興趣的讀者可以參閱相關數據。

思考題

1. 晶片抗輻射加固技術有哪些方法？
2. 從材料角度來看，元件的水氣含量如何控制？
3. 無鉛技術可靠性提高的方法有哪些？
4. 塑封技術是否有可能應用於航太元件？

參考文獻

［1］湯濤，張旭，許仲梓. 電子封裝材料的研究現狀及趨勢［J］. 南京工業大學學報，2010，32（4）：105-110。

［2］賈耀平. 功率晶片低空洞率真空共晶銲接工藝研究［J］. 中國科技資訊，2013（8）：125-126。

［3］薛靜靜，李壽勝，侯育增. 平行縫銲工藝對金屬管殼玻璃絕緣子裂紋的影響［J］. 電子與封裝，2015，15（2）：1-4。

［4］黎小剛，許健. TO 型封裝的真空儲能銲密封工藝研究［J］. 電子與封裝，2016，16（6）：10-13。

［5］丁榮崢. 氣密性封裝內部水氣含量的控制［J］. 電子與封裝，2001（1）：34 — 38。

［6］趙鶴然，田愛民. 長方形封口元件儲能銲的 PIND 控制［J］. 電子與封裝，2019，19（9）：1-4。

第 10 章　特種封裝與航太級封裝技術

附錄　半導體術語中英文對照表

英文術語及縮寫	英文全稱	中文術語	解釋說明
5M+E	Man，Machine，Material，Method，Measurement，Environment	過程輸入要素	過程基本要素，分析不良時，按此展開分析
Ag EPOXY		銀漿	一種特殊的樹脂，類似於黏著劑，連接晶片與導線架基島，主要由銀製成
AIAG	Automotive International Action Group	國際汽車行動集團	
AIR SHOWER		風淋	在進入有較高畫質潔度等級（一般小於10,000）的潔淨室前，為了清除附著在防塵服／防塵鞋上的灰塵，在一個密閉的通道中，透過吹壓縮空氣的方式來消除灰塵

附錄　半導體術語中英文對照表

英文術語及縮寫	英文全稱	中文術語	解釋說明
AMD	Advanced Micro Device	超微半導體公司	超微半導體公司成立於1969年，專門為電腦、通訊和消費電子行業設計和製造各種創新的微處理器（CPU、GPU、主機板晶片組、電腦記憶體等），以及提供快閃記憶體和低功率處理器解決方案
APQP	Advanced Product Quality Plan	先期產品品質計畫	汽車行業專有的一種用來確定和制定確保某產品使顧客滿意所需步驟的結構化專案管理方法
AQL	Acceptable Quality level	可接受品質等級	當一個連續系列批次被提交驗收時，可允許的最差過程平均品質水準。在AQL抽樣時，抽取的數量相同，而AQL數值越小，允許的瑕疵數量就越少，說明品質要求越高，檢驗就越嚴格
Assembly		組裝或封裝	半導體行業統稱封裝

英文術語及縮寫	英文全稱	中文術語	解釋說明
BCD	Bipolar, CMOS, DMOS	單片整合工藝技術	一種能夠在同一晶片上整合了 Bipolar、CMOS 和 DMOS 元件的晶片製造工藝。具有高效率、高強度、高耐壓和高速開關的特性
BentLead		彎腳	引腳彎曲變形，通常是受到外力引起的不良
BGA	Ball Grid Array	球柵陣列封裝	一種表面貼裝封裝技術，此技術常用來永久固定如微處理器之類的裝置。整個裝置的底部表面可全作為接腳使用，而不是只有周圍可使用，比起周圍限定的封裝類型，還能具有更短的平均導線長度，以具備更佳的高速效能
Blade		刀片	專指劃片用工具
BLT	Bond Line Thickness	銲料厚度	晶粒接合後的銲料厚度，是一個重要的品質指標
Bond Ability		銲接能力	指接合完成後的銲點結合力，可用推拉力樹脂來表徵

附錄　半導體術語中英文對照表

英文術語及縮寫	英文全稱	中文術語	解釋說明
Bonding Diagram		簡稱 BD 圖	用來顯示如何內互連的圖紙
Bonding Pad		銲墊	通常指晶片上的接合區域
BSOB	Bond Stich On Bond	疊層接合技術	一種接合技術，通常的做法是先在銲墊上打一個凸起，在凸起上再把第二銲點接合，常用於一些特殊要求的場合
Bur		毛刺	一種封裝過程的不良，毛刺多發生在塑封體或引腳間
C.L	Center Line	中心線	SPC 專用中心線
Capillary		劈刀，金銅合金線用	一種內互連接合工具
Certification		證書；檢定	是品質控制系統中的一條，對作業人員進行資格認定
Chip Out		晶片暴露	由於受到外力，晶片內層暴露破損
Chipping		崩角	切割後晶片邊緣的起伏程度
Class		清潔度單位	Class1,000 的定義是 $1ft^3$ [15] 的範圍內，灰塵顆粒度大於 0.5μm 的個數不大於 1,000 個

[15]　$1ft^3=0.0283168m^3$。

英文術語及縮寫	英文全稱	中文術語	解釋說明
Clean Paper		清潔紙	用於無塵室中的無塵、無異物的特殊紙張
Clean Room		無塵室	一個特殊的工作室,其中的溫度、溼度、清潔度都被控制在一個特殊的標準之下
COF	Chip On Flex	柔性基板封裝	
COG	Chip On Glass	玻璃基板封裝	
Collet		橡膠嘴	在晶粒接合時,將晶片從晶圓貼到導線架基島上的工具,一般多為橡膠成分
Container		盒子	保存一個批次的料盒的盒子
C_{pk}	Process capability index	製程能力指數	用來衡量製程穩定性的指標
Copper Clip		銅片、銅夾	一種內互連材料和方法
CPU	Central Processing Unit	中央處理器	
Crack		裂紋	特指在晶片或封裝體上的裂痕
CSP	Chip Scale package	晶片尺寸級封裝	特指和晶片面積之比在 1～1.2 倍的封裝體

附錄　半導體術語中英文對照表

英文術語及縮寫	英文全稱	中文術語	解釋說明
CTE	Coefficient of Thermal Expansion	熱膨脹係數	材料受溫度變化而有脹縮現象，一般金屬的熱膨脹係數單位為 1/°C
DA / DB	Die Attach / Die Bonding	固晶／晶粒接合	特指晶粒接合工藝，即將晶片從晶圓貼到指定的材料上的過程
DBC	Direct Bonded Copper	雙面覆銅陶瓷基板	特指功率封裝專用的基板材料，又稱 DCB
Delamination		分層	一種失效現象，特指材料界面分離的現象
Device		元件或產品	半導體元件的統稱，在半導體行業中特指產品
DFMEA	Design Failure Mode Effect Analysis	設計失效模式與影響分析	在一個設計概念形成時或開始前，或在產品開發各階段中，當設計有變化或得到其他資訊時，及時不斷地修改，並在圖樣加工完成之前結束。其評價與分析的對象是最終的產品及每個與之相關的系統、子系統和零件。為過程控制提供良好的基礎
DFN	Dual Flat No-leads Package	雙面扁平無引腳封裝	

英文術語及縮寫	英文全稱	中文術語	解釋說明
DI Water	De-Ionized Water	去離子水	又稱 Semiconductor Grade water，用於清洗灰塵、異物或用於晶圓切割，去離子水的電阻率極高，可達十幾兆歐姆，呈現絕緣狀態
Die		晶片	同 Chip，半導體工業中統稱晶片
DST	Die Shear Test	晶片推力測試	晶粒接合後晶片推力，破壞性試驗
DIP	Dual Insert Package	雙列直插式封裝外形	

功率半導體元件與封裝解析：
從傳統 TO 封裝到異質多晶片模組，解析驅動、保護、散熱等全方位功率封裝設計核心

編　　　著：	朱正宇，王可，蔡志匡，肖廣源
發 行 人：	黃振庭
出 版 者：	機曜文化事業有限公司
發 行 者：	機曜文化事業有限公司
E - m a i l：	sonbookservice@gmail.com
粉 絲 頁：	https://www.facebook.com/sonbookss/
網　　　址：	https://sonbook.net/
地　　　址：	台北市中正區重慶南路一段 61 號 8 樓 8F., No.61, Sec. 1, Chongqing S. Rd., Zhongzheng Dist., Taipei City 100, Taiwan
電　　　話：	(02)2370-3310
傳　　　真：	(02)2388-1990
印　　　刷：	京峯數位服務有限公司
律 師 顧 問：	廣華律師事務所 張珮琦律師

-版 權 聲 明-

本書版權為機械工業出版社有限公司所有授權機曜文化事業有限公司獨家發行繁體字版電子書及紙本書。若有其他相關權利及授權需求請與本公司聯繫。

未經書面許可，不可複製、發行。

定　　　價：750 元
發 行 日 期：2025 年 08 月第一版
◎本書以 POD 印製

國家圖書館出版品預行編目資料

功率半導體元件與封裝解析：從傳統 TO 封裝到異質多晶片模組，解析驅動、保護、散熱等全方位功率封裝設計核心 / 朱正宇，王可，蔡志匡，肖廣源 編著 .-- 第一版 .-- 臺北市：機曜文化事業有限公司，2025.08
面；　公分
POD 版
ISBN 978-626-99909-6-2(平裝)
1.CST: 半導體
448.65　　　　　114010977

電子書購買

爽讀 APP　　　　臉書